全国高等职业教育计算机类规划教材·实例与实训教程系列

Java编程技术基础

刘勇军　孙　璐　主　编

陈虹君　罗国涛　吴雪琴　副主编

電子工業出版社

Publishing House of Electronics Industry

北京·BEIJING

内 容 简 介

本书以工程为导向，强化实训和案例教学。通过案例与工程的训练，加深对理论知识的理解，掌握这些知识后能够开发完整的Java项目。

全书共13章，内容包括Java开发环境介绍、Java语言基础、面向对象基础、数组、常用类与集合、图形用户界面、异常处理、输入/输出流、线程、数据库应用、Applet与Java网络编程等。本书结构清晰，知识点分布合理。每章都有与本章知识点结合紧密的案例以及相应实训操作和习题。本书案例非常丰富，体现的形式多样。在各章后有对本章知识应用的小案例。全书提供3个完整的项目：贪吃蛇游戏、学生成绩管理系统和公共聊天室程序；其中，贪吃蛇游戏项目按知识点体现在相应章节后面，并对知识的应用思路有较详细的介绍。

本书可作为大专院校计算机专业的教材，也适合作为Java培训教材。

图书在版编目（CIP）数据

Java编程技术基础 / 刘勇军，孙璐主编. —北京：电子工业出版社，2012.1
全国高等职业教育计算机类规划教材·实例与实训教程系列
ISBN 978-7-121-15180-4

Ⅰ. ①J… Ⅱ. ①刘… ②孙… Ⅲ. ①JAVA语言－程序设计－高等职业教育－教材 Ⅳ. ①TP312

中国版本图书馆CIP数据核字（2011）第238554号

策划编辑：程超群
责任编辑：程超群　　文字编辑：王艳萍
印　　刷：
装　　订：三河市鑫金马印装有限公司
出版发行：电子工业出版社
　　　　　北京市海淀区万寿路173信箱　邮编 100036
开　　本：787×1 092　1/16　印张：20.5　字数：523.2千字
印　　次：2012年1月第1次印刷
印　　数：3 000册　　定价：36.00元

凡所购买电子工业出版社图书有缺损问题，请向购买书店调换。若书店售缺，请与本社发行部联系，联系及邮购电话：（010）88254888。

质量投诉请发邮件至zlts@phei.com.cn，盗版侵权举报请发邮件至dbqq@phei.com.cn。
服务热线：（010）88258888。

前　言

Java 语言以其面向对象、平台无关性、安全性等特征而得到越来越多人的认可和使用。目前，Java 作为一种非常流行的编程语言，在各高校和培训机构都有开设。出版的教材也比较多，但大部分理论性较强，学生在学习过程中感到枯燥、困难，因此我们编写了本书。

全书共 13 章，小案例比较多，综合性较强的案例有 3 个，每章后有相应的案例、实训和习题。本书注重编程能力，即动手能力的培养，同时也强调对章节知识的及时巩固。

第 1 章介绍 Java 的集成开发环境：JDK6 与 MyEclipse7。第 2 章介绍贪吃蛇游戏项目的整体情况，而具体开发步骤将通过学习各章相应知识点后进行具体应用的方式来体现。第 3 章介绍 Java 语言的语法和语句等基础知识。第 4 章介绍面向对象的知识：类、对象、继承、抽象、接口等。第 5 章介绍数组和字符串类、日期类、随机数类等常用类，还介绍了集合。第 6 章介绍异常的处理。第 7 章介绍输入/输出流。第 8 章介绍 Applet 的图像类和画图等。第 9 章介绍 AWT、Swing 等图像组件以及事件的处理等。第 10 章介绍线程。第 11 章介绍网络编程。第 12 章介绍 Java 连接数据库的知识，同时在本章后有一个综合性较强的数据库连接项目：学生成绩管理系统。第 13 章介绍公共聊天室程序项目的开发过程。

另外，本书的 3 个综合项目侧重各不同：贪吃蛇游戏项目侧重 Java 游戏的开发，学生成绩管理系统侧重 JDBC 编程应用，公共聊天室程序项目侧重基于 Socket 的网络编程应用。这 3 个项目做到了对本书知识的全覆盖。

本书由刘勇军、孙璐主编，陈虹君、罗国涛、吴雪琴副主编。其中刘勇军编写了第 11 章和第 13 章，孙璐编写了第 4 章、第 6 章、第 12 章，陈虹君编写了第 2 章、第 7 章、第 8 章、第 10 章，罗国涛编写了第 1 章、第 5 章、第 9 章，吴雪琴编写了第 3 章。各章后的贪吃蛇项目程序由陈虹君编写。

本书适合高职高专院校、Java 培训机构使用。

由于编者水平有限，错误和不足之处在所难免，恳请广大读者和同仁批评指正。

编　者

目　录

第 1 章　Java 开发环境

本章要点：

- Java 语言简介
- Java 程序举例
- Java 开发环境搭建
- MyEclipse 集成开发工具使用

Java 是由 Sun 公司于 1991 年开发的新一代计算机高级编程语言，该语言与平台无关且移植性很强，在很多领域被广泛使用，如 Java 程序可以在便携式计算机、电视、电话、手机和其他大型设备上运行。本章主要内容包括 Java 语言简介、开发环境的配置以及开发工具的配置与使用。

1.1　Java 语言简介

1．Java 语言的产生

Java 语言产生的原因是为家电类电子产品开发一个分布式代码系统。它由 Java 之父詹姆斯·戈士林博士设计。作为 Sun 研究院院士，詹姆斯·戈士林亲手设计了 Java 语言，并完成了 Java 技术的原始编译器和虚拟机（Virtual Machine）。Java 最初的名字是 Oak，在 1995 年被重命名为 Java。

Java 发展速度很快。Sun 公司于 1995 年 3 月发布 Java，Java 语言诞生。1996 年 1 月，JDK1.0 发布。次年 2 月，JDK1.1 发布。1998 年 12 月，JDK1.2 发布，这是 Java 语言的里程碑，Java 也首次被划分为 J2SE、J2EE、J2ME 三个平台。不久 Sun 公司将 Java 改称 Java 2。2004 年 10 月，JDK1.5 发布。2006 年 6 月，JDK1.6 发布，同时 Java 的各版本去掉 2 的称号，J2EE 改称 Java EE，J2SE 改称 Java SE，J2ME 改称 Java ME。

Java 是一种通过解释方式来执行的语言，其语法法则和 C++类似。同时，Java 也是一种跨平台的程序设计语言，用 Java 语言编写的程序可以运行在任何平台和设备上。例如在 Mac 苹果系统、各种微处理器硬件平台以及 Windows、OS/2、UNIX 等系统平台，真正实现“一次编写，到处运行”。Java 非常适合于企业网络和 Internet 环境，由于提高了程序的可靠性与安全性，因而成为 Internet 中最有影响力、最受欢迎的编程语言之一。

Java 语言编写的程序既是编译型的，又是解释型的。程序代码经过编译之后转换成 Java 字节码，Java 虚拟机（Java Virtual Machine）对字节码进行解释和运行。编译只进行一次，而解释在每次运行程序时都会进行。编译后的字节码采用一种针对虚拟机优化过的机器码形式保存，然后在计算机上运行。Java 语言程序代码的编译和运行过程如图 1.1 所示。

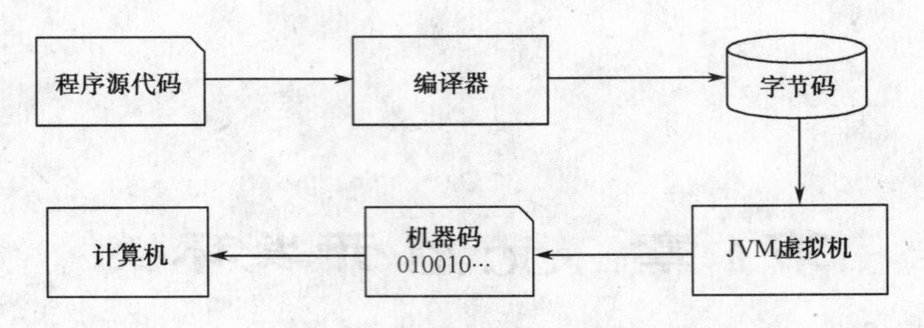

图 1.1　Java 程序的编译和运行过程

2．Java 语言的特点

Java 是一种应用比较广泛的网络编程语言，它面向对象、独立于平台运行且具有分布性、安全性、支持多线程等特性。具体特点如下：

（1）面向对象。

Java 语言跟 C++、C#一样，都是属于面向对象编程的语言。它提供类、接口、继承和重载等内容。与其他语言不一样，它只支持类之间的单继承，但接口之间可以实现多继承，通过继承实现了代码复用，从而提高开发效率。在类中还支持方法的重载与覆盖。总之，Java 语言是一种面向对象编程的高级语言。

（2）简单性。

Java 语言使用简单。它的语法与 C 语言、C++语言很接近，使得大多数学过 C 语言与 C++语言的读者很容易上手学习 Java 语言。另一方面，Java 丢弃了 C++ 中很少使用的、很难理解的特性，如自动强制类型转换、操作符重载和多继承。Java 语言不再使用比较难且容易出错的指针，并提供了自动垃圾回收机制，使得程序员不必为内存管理而担忧，从而使得编程变得十分简单。

（3）分布性。

Java 语言分布式特性主要是通过网络编程实现的。在网络编程中提供了网络访问接口（java.net），它提供了用于网络应用编程的 Socket、ServerSocket、URL 等类库。其中 URL 对象使用户能打开并访问具有相同 URL 地址上的对象，访问方式与访问本地文件系统相同。

（4）健壮性。

在程序开发过程中，经常会遇到各种各样的异常，如编译时异常、运行时异常、内存异常等。面对各种各样的问题，Java 是如何解决的呢？Java 的强类型机制、异常处理、自动垃圾回收机制等可以解决上述问题。在实际应用过程中，它丢弃了指针的应用并进行安全检查，从而使得 Java 更具健壮性。

（5）安全性。

Java 主要用于网络编程开发，因此对安全性有较高的要求。在 Internet 上如何防止恶意代码攻击是首先要解决的问题。在 Java 执行过程中，当 Java 字节码进入解释器时，首先要通过字节码校验器进行检查，没有问题后，Java 解释器将决定程序中类的内存布局。然后，类装载器负责将来自网络的类装载到单独的内存区域以防替代本地的同名类，从而保证代码以及数据的安全。

（6）解释性。

Java 程序在运行时，首先通过编译器对 Java 程序语法进行检查，如果程序没有语法错误，将生成字节码文件，然后 Java 解释器再对这些字节码文件进行解释执行，将载入的类转换成机器能够直接执行的二进制代码。因此 Java 语言是一种解释性语言。

（7）多线程。

在实际应用开发过程中，很多应用都会用到多线程。Java在两方面支持多线程：一方面，Java环境本身就是多线程，它们的主要作用是进行垃圾回收、系统维护等系统级操作；另一方面，Java语言内置多线程控制，它提供了一个类Thread，由它负责启动、终止线程，并可检查线程状态。利用Java的多线程编程接口，开发人员可以方便地写出很多支持多线程的应用程序，从而提高程序执行效率。

（8）动态性。

Java语言设计的主要目的是要适应动态变化的环境。Java程序需要的类能够动态地被载入到运行环境，同时也可以通过网络来载入所需要的类以适应新的环境要求，从而使得程序开发更加灵活有效。

1.2 Java程序举例

在Java程序开发应用过程中，Java程序可分为两大类：一种是Java应用程序，另一种是Java小应用程序。现在以具体案例讲解两个程序的使用，通过这两个案例使读者对Java程序有一个初步的认识。

1.2.1 Java应用程序

Java程序可以用文本编辑器（如Windows的记事本）编写，也可以用开发工具进行编写。现在在记事本中新建一个 Java 程序，编写如下代码。代码编辑完成后，将该文件保存为HelloWorld.java。

```
    /** 第一个比较简单的HelloWorld程序 **/
public class HelloWorld {
    public static void main(String args[]) {
        System.out.println("Hello World!");
    }
}
```

下面对上述程序进行简单说明：

（1）程序第1行代码“/**”到“**/”为注释语句，不会被解释器执行。

（2）程序中第 2 行定义了一个名字为“HelloWorld”的类，类的标志符为 class。public为访问控制符，表示该类为公共类，该类的名称必须与文件的名称相同，包括大小写。每个编译单元最多只能有一个public类（也可没有），否则编译时会报错。

（3）程序第3行中有一个方法main()。在Java中，main()方法是Java应用程序的入口方法，程序运行时，第一个执行的方法就是main()方法。这个方法和其他的方法有很大的不同，Java要求该方法的名字必须是main，修饰符必须是public static void，方法必须接收一个字符串数组类型的参数（String args[]）。Java程序中可以定义多个类，每个类可以定义多个方法，但最多只有一个类为公共类，且main()方法也只能有一个。

（4）程序第4行使用了Java API完成字符串的输出功能。System.out为标准输出流对象，println()是此对象中的一个成员方法，其功能是输出括号中的字符串或其他类型的数据并换行。与该方法类似的是print()方法，但是print()方法输出内容后不会换行。

1.2.2 Java 小应用程序（Applet）

Java 小应用程序即 Applet，该程序运行于浏览器上，可以生成生动美丽的页面，进行友好的人机交互，同时还能处理图像、声音、动画等多媒体数据。Applet 在 Java 的成长过程中起到了不可估量的作用，直到今天 Applet 依然是 Java 程序设计最吸引人的地方之一。现在以一个简单的案例讲解 Applet 程序的使用。打开记事本，编写 Applet 程序代码如下。

```
import java.awt.*;
import java.applet.*;
public class HelloWorld extends Applet
{
    public void paint(Graphics g )
    {
      g.drawString("Hello World!",5,35);
    }
}
```

将上述代码保存为 HelloWorld.java。现对该代码解释如下：

（1）第 1～2 行代码采用了 import 命令，将 awt 和 applet 包中的类引入该类中，便于该类调用包中类的属性和方法。该命令具体怎么使用，后边章节会讲到。

（2）第 3 行代码中的类 HelloWorld 继承了父类 Applet，这时 HelloWorld 拥有了 Applet 特性。继承是什么意思，后续章节会进行详细讲解。

（3）第 5 行代码为 paint()方法，该方法返回类型为 void，即该方法没有返回值。该方法中有一个参数“Graphics g”，g 为图像类 Graphics 对象，主要用于向浏览器输出图像信息。比如“g.drawString("Hello World!",5,35);”表示将“Hello World!”字符串输出到浏览器中。注意：小应用程序必须含有 paint()方法。

由于小应用程序 Applet 的执行过程比较复杂，现写出后面具体的执行步骤。

第一步已经完成源代码的编写，现在第二步需要对源代码进行编译，在 DOS（命令提示符）下的操作为：

```
javac HelloWorld.java    /*javac 命令会将 HelloWorld.java 生成 class 文件*/
```

这时将会生成 HelloWorld.class 字节码文件，便于后面 HTML 文件引用该字节码文件。

第三步，新建 HelloWorld.html 文件，代码如下：

```
<HTML>
<TITLE>HelloWorld! Applet</TITLE>
<APPLET
CODE="HelloWorld.class"
WIDTH=200
HEIGHT=100>
</APPLET>
</HTML>
```

从 HTML 文件可以看出，代码中嵌套了<APPLET>标签，在<APPLET>标签中有一个 CODE 属性，该属性主要引用字节码文件 HelloWorld.class。

第四步，执行 HelloWorld.html 文件。如果用 appletviewer 运行 HelloWorld.html，需在 DOS（命令提示符）下输入如下的命令行：

```
appletviewer  HelloWorld.html  /*该语句调用了 appletviewer 命令，表示直接运行 HelloWorld.html 中的<APPLET>程序*/
```

如果用浏览器运行 HelloWorld.html，在浏览器的地址栏中输入 HTML 文件的 URL 地址即可。

这两种方式运行后都会在浏览器中显示：

```
Hello World!
```

1.3 Java 开发环境的搭建

在上一节中讲解了 Java 应用程序和 Java 小应用程序。如果想要运行这些程序，必须首先进行环境配置。具体 JDK 的安装和环境变量的配置介绍如下。

1.3.1 JDK 的下载与安装

Sun 公司提供了自己的一套 Java 开发环境，通常称为 JDK（Java Development Kit），又称为 J2SDK。为了让客户和开发者在现有 Java 投资和 OpenJDK 参考实施的基础上获得构建和创新的机会，甲骨文和 IBM 两家公司在 OpenJDK 社区进行合作，共同开发技术领先的开源 Java 环境。现在 JDK 的较新版本是 JDK1.7，但在实际应用中使用的是 JDK1.6 稳定版本。本教材使用的即为 JDK1.6。

可以通过网络（http://www.oracle.com/technetwork/java/javase/downloads/index.html）下载稳定版本 JDK1.6。进入下载地址后，选择下载界面，如图 1.2 所示，单击“Download”按钮进行下载。

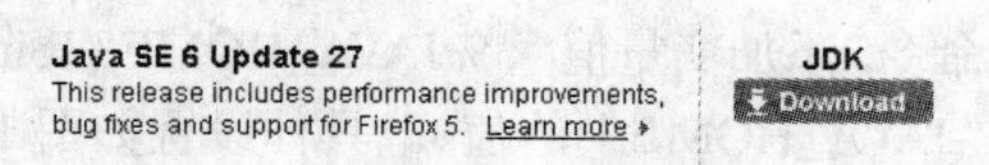

图 1.2　下载 JDK

下载完成后，双击可执行文件 jdk-6u27-windows-i586.exe，按照提示完成安装，这里的安装路径选择为“C:\Program Files\Java\jdk1.6.0_27\”，如图 1.3 所示。

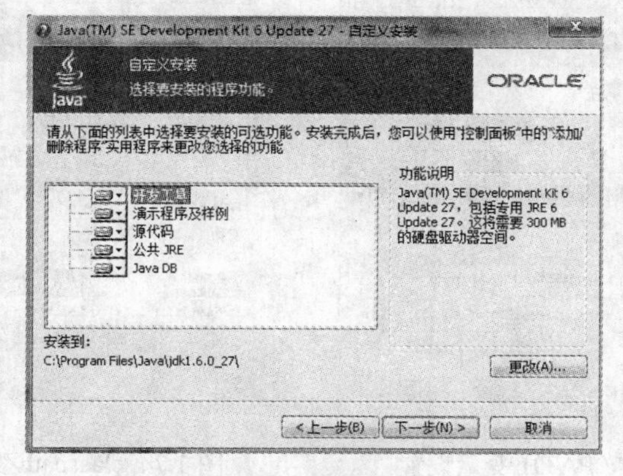

图 1.3　安装 JDK

直接单击图 1.3 中的“下一步”按钮完成 JRE 的安装后即可完成 JDK 的安装。

1.3.2 环境变量的配置

JDK 安装完成后还需要进行环境变量配置。在 Windows 系统桌面中，右击“我的电脑”图标，从弹出的快捷菜单中选择“属性”，在弹出窗口单击“高级”选项卡里面的“环境变量”按钮，如图 1.4 所示。在新打开的界面中系统变量需要设置三个属性。在没安装过 JDK 的电脑中“PATH”属性是本来存在的。

（1）如图 1.5 所示，单击“新建”按钮，弹出“新建用户变量”对话框，在“变量名”中输入“JAVA_HOME”，顾名思义就是 Java 的安装路径，然后在“变量值”中输入 1.3.1 小节中的安装路径“C:\Program Files\Java\jdk1.6.0_27”。注意：变量值后边不要添加分号“;”。

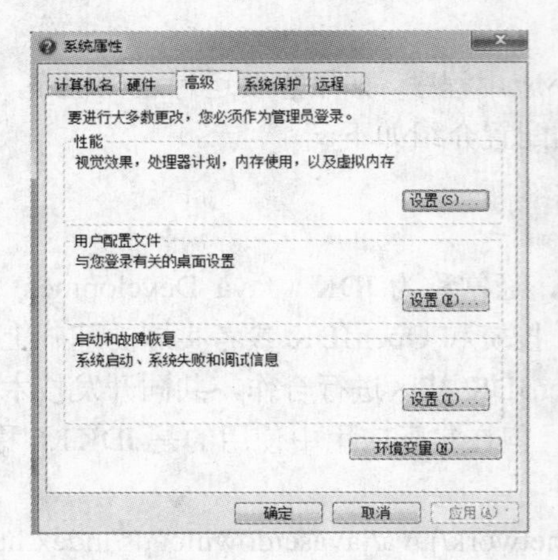

图 1.4 环境变量设置

图 1.5 JAVA_HOME 变量设置

（2）在系统变量里选择变量“PATH”，单击“编辑”按钮。PATH 的含义就是系统在任何路径下都可以识别 Java 命令。添加变量值“; %JAVA_HOME%\bin;”（其中“% JAVA_HOME %”的含义是刚才设置的“JAVA_HOME”的值）。具体设置如图 1.6 所示。

（3）选择变量“classpath”，单击“编辑”按钮，弹出窗口如图 1.7 所示。在“变量值”中填写“.;% JAVA_HOME %\lib;”（要加圆点“.”，表示当前路径）。该变量的含义为 Java 加载类（bin 或 lib）的路径，只有类在 classpath 中，Java 命令才能识别。

图 1.6 PATH 变量设置

图 1.7 classpath 变量设置

环境变量配置完成后，验证是否安装成功。单击“开始”菜单→“运行”，输入“cmd”，进入命令行界面，输入“java -version”，如果安装成功，则系统显示“java version "1.6.0_27"”（不同版本号则显示不同），如图 1.8 所示。

```
C:\Users\Administrator>java -version
java version "1.6.0_27"
Java(TM) SE Runtime Environment (build 1.6.0_27-b07)
Java HotSpot(TM) Client VM (build 20.2-b06, mixed mode, sharing)
```

图 1.8 JDK 测试

JDK 安装成功后，会生成很多目录，具体介绍如下：

- bin 目录：该目录表示存放可执行文件（如 java.exe、javac.exe、appletviewer.exe 等）。
- lib 目录：该目录表示开发工具使用的归档包文件。
- jre 目录：该目录表示 Java 运行时环境的根目录，包含 Java 虚拟机（JVM）、运行时的类包和 Java 应用启动器，但不包含开发环境中的开发工具。
- include 目录：该目录包含 C 语言头文件，支持 Java 本地接口与 Java 虚拟机调试程序接口的本地编程技术，用于支持 native-code 库使用 JVM Debugger 接口。
- demo 目录：该目录存放 JDK 自带的案例。
- jre/bin 目录：该目录存放 JRE 执行文件及 DLL 库，与 jdk6.0/bin 目录相同。
- jre/lib 目录：该目录存放 Java APP 运行时类库、默认参数设置和资源文件。
- sample 目录：该目录是 Sun 配带的帮助开发者学习的 Java 案例。
- JavaDB 目录：该目录是 Java 增加的新目录，主要与数据库有关。

1.3.3 Java 程序的编译与运行

Java 程序写好后，Java 程序是如何进行编译与运行的呢？这是通过 Java 虚拟机（JVM）来实现的。JVM 是一个虚构出来的计算机，是通过在实际的计算机上仿真模拟各种计算机功能来实现的。它有自己完善的硬件架构，如处理器、寄存器、堆栈等，还具有相应的指令系统。Java 程序编写完成后，首先通过 javac 命令进行编译，将文件后缀名为.java 的程序编译成 JVM 可执行的字节码文件即.class 文件。其次是执行字节码文件，该过程由解释器来完成。解释器的执行过程分为代码的装入、代码的校验和代码的执行。代码装入工作由类装载器完成，它主要负责查找和导入.class 文件。字节码校验器的主要作用是对代码进行校验，如果校验没有什么问题就开始执行代码。这就是 Java 虚拟机处理 Java 程序的原理。

下面讲解 Java 程序的编译与运行步骤。

（1）用编辑器如 Windows 记事本或者开发工具编写源程序，并将源程序命名为.java 文件。

（2）在 DOS（命令提示符）下运行 javac 命令，主要作用是将.java 程序生成字节码文件。格式为：javac ×××.java。

（3）执行第二步后，如果代码没有问题则生成×××.class 文件。然后运行“java ×××”来解释执行 Java 程序（×××为 Java 文件名）。

对于 1.2.1 小节中的 HelloWorld.java 应用程序，运行过程如下：

（1）在 DOS（命令提示符）下运行“javac HelloWorld.java”，如果程序没有错误，则生成 HelloWorld.class 文件，界面如图 1.9 所示。

（2）在 DOS 下运行“java HelloWorld”，则输出“Hello World!”，界面如图 1.10 所示。

```
E:\>javac HelloWorld.java

E:\>
```

图 1.9　javac 命令

```
E:\>java HelloWorld
Hello World!
```

图 1.10　java 命令

1.4　MyEclipse 集成开发环境

前面讲解了 Java 的环境配置以及如何用记事本进行 Java 开发。比较简单的 Java 程序可以这样做，但对于比较复杂的程序这样开发起来是很痛苦的。现在介绍一个 IDE 工具 MyEclipse 来进行 Java 程序开发，该工具能提高编写 Java 程序的效率。现在就以 MyEclipse 7.0 为例讲解其配置与开发 Java 工程的过程。

1.4.1　MyEclipse 7.0 环境配置

首先通过网络（http://downloads.myeclipseide.com/downloads/products/eworkbench/ 7.0M1/ MyEclipse_7.0M1_E3.4.0_Installer）下载 MyEclipse 7.0 工具。下载完成后，直接按照提示单击“Next”按钮就可以完成安装。安装完成后，从“开始”菜单→“程序”找到 MyEclipse 7.0 的可执行文件，单击即可打开 MyEclipse 7.0 软件，界面如图 1.11 所示。

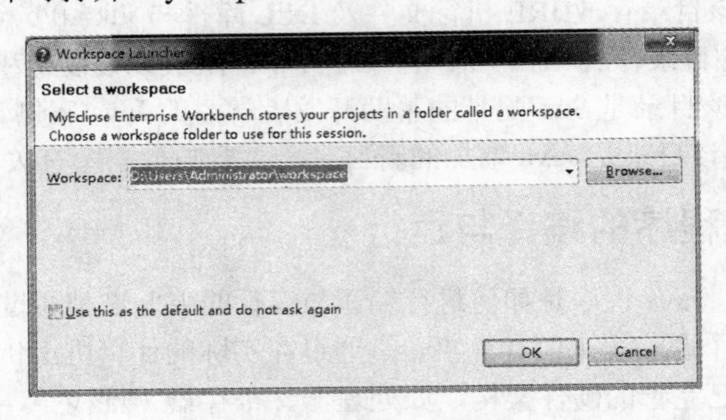

图 1.11　选择工作空间

在如图 1.11 所示界面设置程序保存的工作空间即程序保存的位置，然后单击“OK”按钮，出现如图 1.12 所示界面。

图 1.12　MyEclipse 主界面

单击图 1.12 中菜单栏上的“Window”→“Preferences”，出现如图 1.13 所示界面。

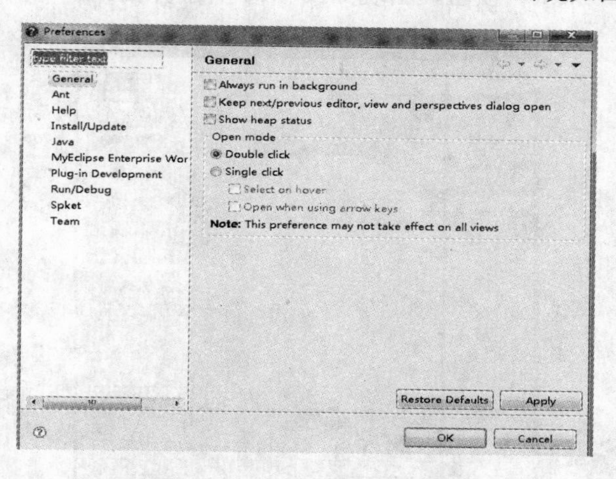

图 1.13 “Preferences”界面

单击图 1.13 中左边“Java”展开，如图 1.14 所示。

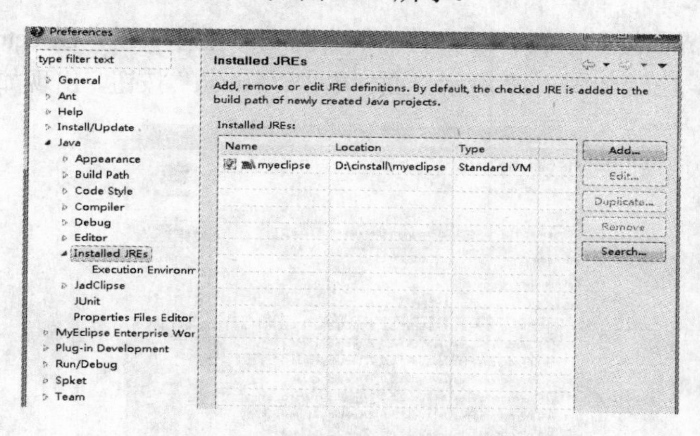

图 1.14 “Installed JREs”界面

在图 1.14 中，单击“Installed JREs”，单击右上方的“Add”按钮，出现如图 1.15 所示界面。

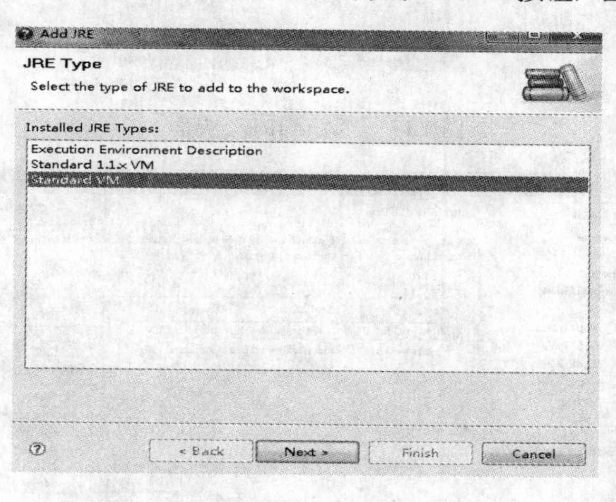

图 1.15 “Add JRE”界面

在图 1.15 中单击“Next”按钮，出现如图 1.16 所示界面。

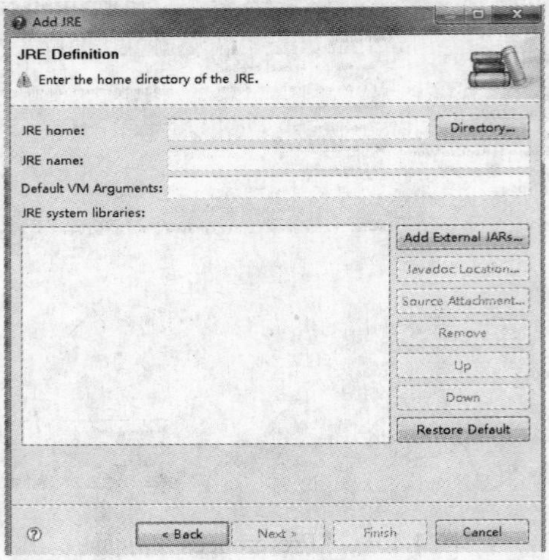

图 1.16　选择 JRE 安装路径

如图 1.16 所示界面用于添加 JRE 文件。单击图 1.16 右上方的“Directory”按钮，然后选择 JRE 的安装路径，出现如图 1.17 所示界面。单击“Finish”按钮，出现如图 1.18 所示界面。

图 1.17　“Add JRE”界面

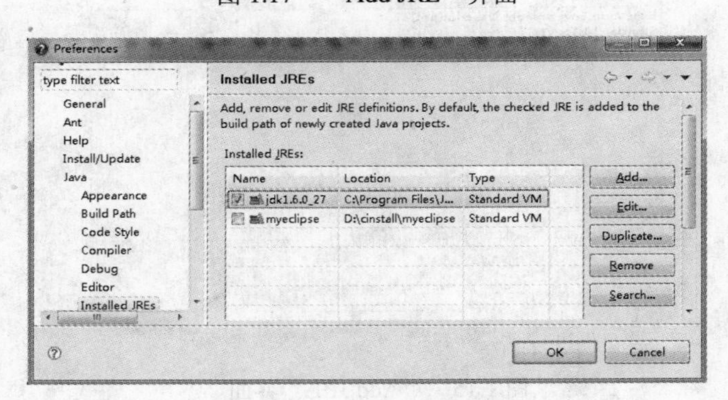

图 1.18　选中已经安装好的 JRE

在图 1.18 中，注意一定要选中 jdk1.6.0_27，表示该工具采用此 JDK 进行项目开发。单击图 1.18 中的“OK”按钮即可完成 JDK 的配置。

1.4.2 MyEclipse 下开发 Java 工程

单击 MyEclipse 主窗口左上方的菜单“File”→“New”→“Java Project”，如图 1.19 所示。

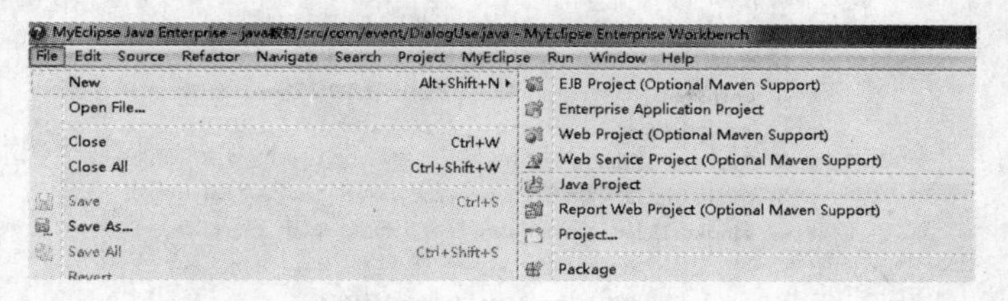

图 1.19　选择 Java 工程

出现如图 1.20 所示界面，填写工程名称为“myproject”，其他选项不变。

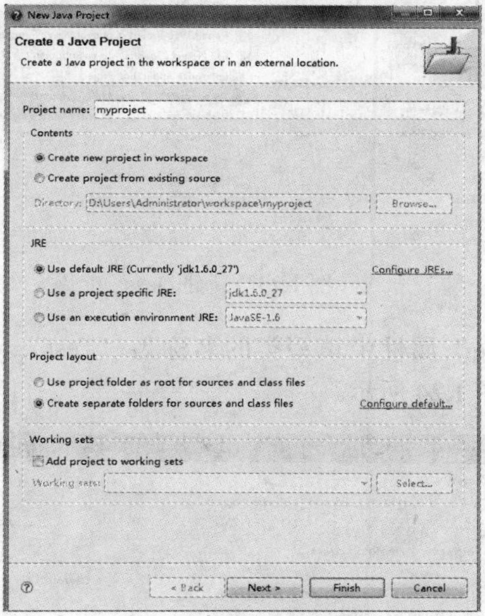

图 1.20　填写工程名称

在图 1.20 中单击“Finish”按钮，出现如图 1.21 所示界面，提示是否需要打开新的界面，单击“Yes”按钮，即可完成工程的创建。

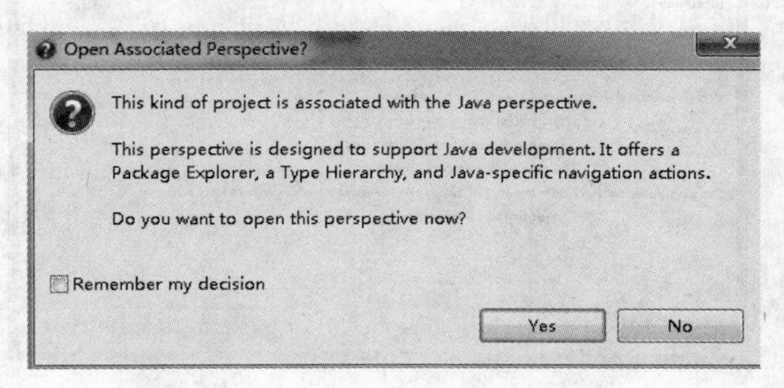

图 1.21　是否打开新界面

工程新建完成后，在主界面的左方出现工程的结构图，如图 1.22 所示。

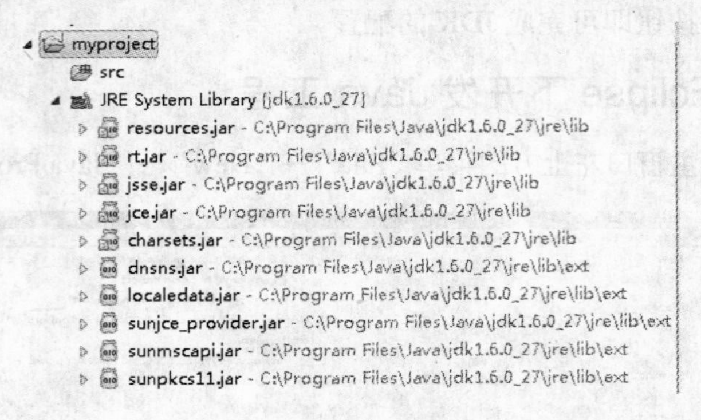

图 1.22　工程结构图

在图 1.22 中的 src 目录中单击鼠标右键，执行“New”→“Class”，新建一个 class 类，如图 1.23 所示。

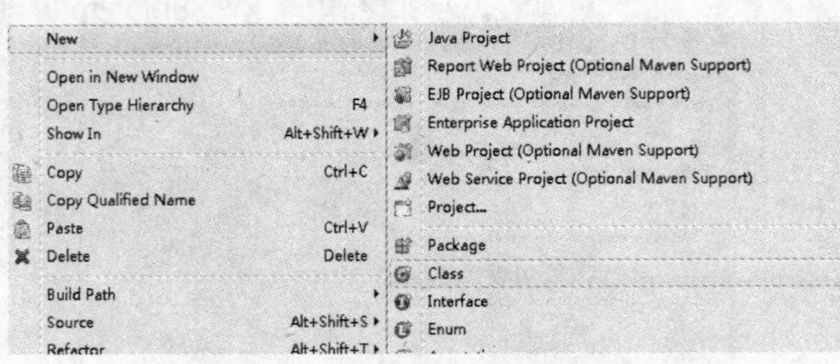

图 1.23　新建 class

在打开窗口的“Name”属性中填写类的名称为“Test”，并勾选“public static void main(String[] args)”，如图 1.24 所示。

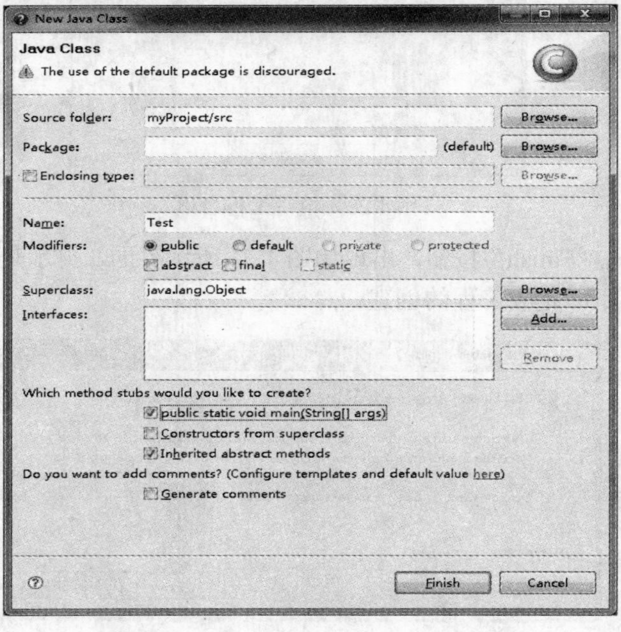

图 1.24　设置类属性

在图 1.24 中，单击“Finish”按钮，即可完成 class 的创建。

在新建的 Test 类中，打印出“Hello world!”，程序界面如图 1.25 所示。

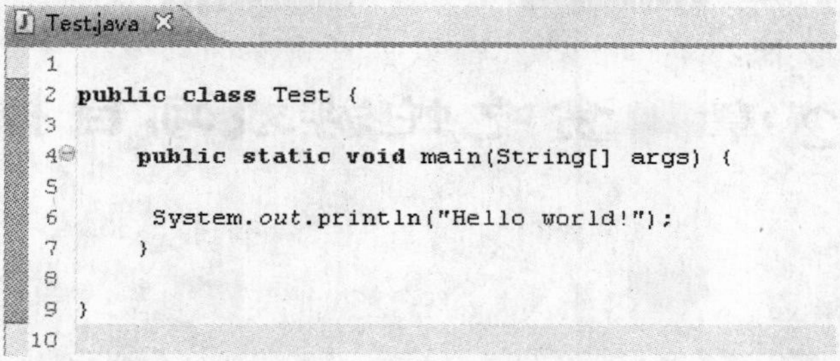

```
Test.java
1
2 public class Test {
3
4     public static void main(String[] args) {
5
6      System.out.println("Hello world!");
7     }
8
9 }
10
```

图 1.25 Test 类

在图 1.25 中的编辑区单击鼠标右键，执行“Run As”→“Java Application”，如图 1.26 所示。

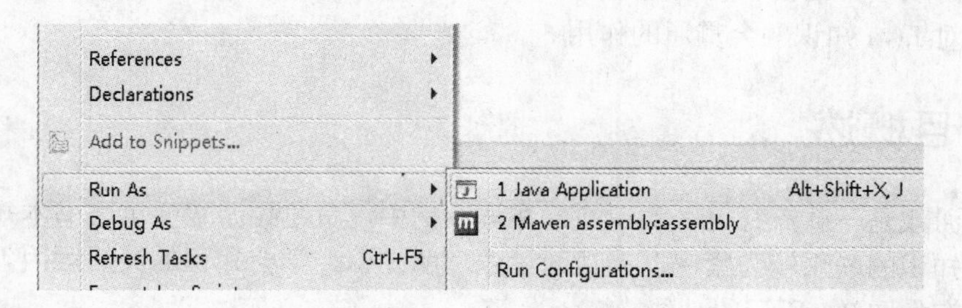

图 1.26 执行命令

这时在控制台会打印出“Hello world!”，如图 1.27 所示。

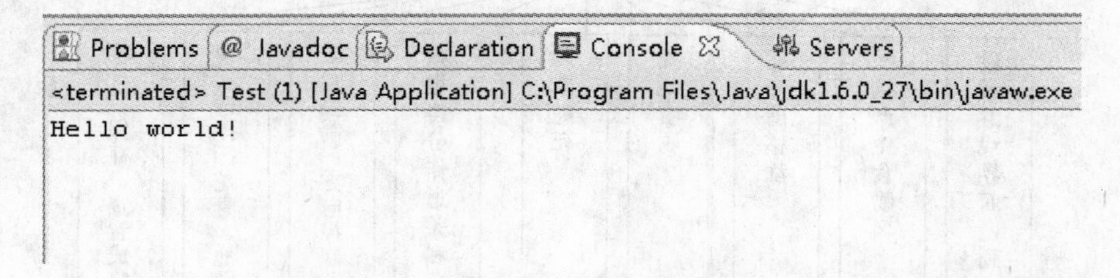

图 1.27 控制台输出

这样就完成了一个工程的创建以及一个类的创建。

1.5 实训操作

（1）安装并配置 JDK 环境变量。

（2）安装并配置 MyEclipse 环境变量，并完成一个简单的 Java 工程创建。

第 2 章　贪吃蛇游戏项目概述

本章要点：

- 项目概述
- 解决方案
- 游戏说明与运行效果
- 打包与运行

贪吃蛇游戏项目比较全面地覆盖了 Java 编程的知识点，是一个综合性较强的项目。这个项目起到了对 Java 知识融会贯通的作用。

2.1　项目概述

贪吃蛇游戏是一款流行已久的游戏。在本案例中，贪吃蛇游戏注重与书本知识的结合应用，与章节知识的联系较为紧密，能帮助学生理解知识，学会知识的灵活运用。本案例中贪吃蛇游戏具有如图 2.1 所示的功能。

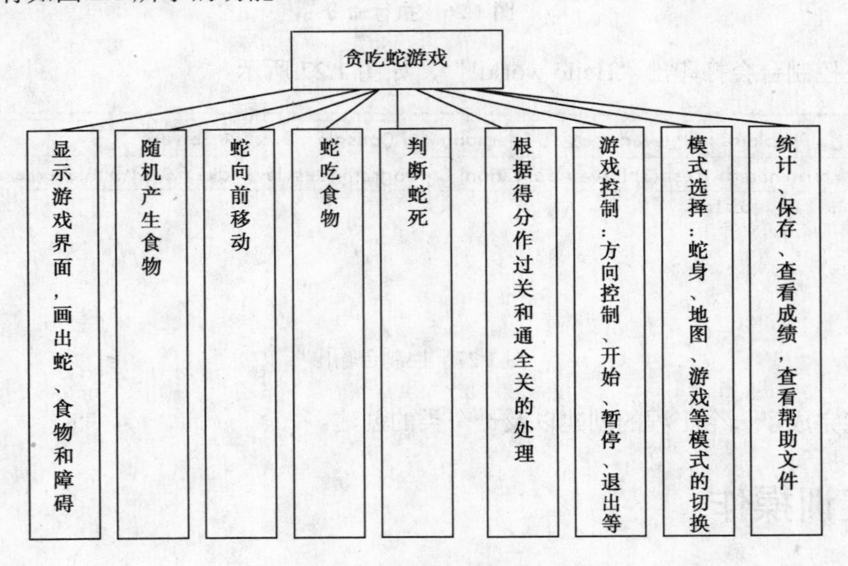

图 2.1　贪吃蛇游戏功能图

2.2　解决方案

下面从工程及类的说明两方面介绍本案例的初步解决方案，具体的设计将在后面的章节中体现，通过运用所学知识的方式来阐述相应功能的开发。

2.2.1 工程

贪吃蛇游戏的Java工程名为GreekSnake，其中包含的类和文件如图2.2所示。

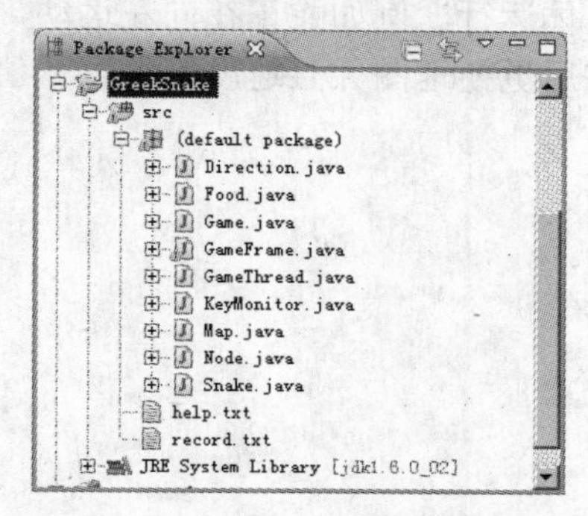

图2.2 GreekSnake工程中类和文件

2.2.2 类说明

在图2.2中，共有9个类，2个文件。这9个类的作用如下：

● Direction类：表示方向的类，其中定义了方向属性。

● Food类：表示食物的类，定义了随机产生食物坐标、画食物等行为。

● Game类：其中只有一个主方法，即程序的入口。

● GameFrame类：表示游戏界面的类，定义了游戏界面的设计和一些行为，如制作菜单、菜单项事件的实现、作过关和通全关的处理、判定游戏结束、作游戏结束后的处理、记录分数等行为。

● GameThread类：表示游戏线程类，定义了继续游戏、暂停游戏、设置速度挡、蛇运行启动等行为。

● KeyMonitor类：表示键盘按键的适配器类，定义了处理按键事件的行为。

● Map类：表示地图的类，定义了根据地图模式画出地图的行为。

● Node类：表示蛇中的一个节点，定义了构造节点、画节点等行为。

● Snake类：表示蛇的类，定义了初始化蛇，蛇移动、加尾、去尾、加头、吃食物，判断蛇死，画蛇等行为。

另外，还有两个文本文件：

● help.txt：游戏说明文件。

● record.txt：记录分数信息的文件。

2.3 游戏说明与运行效果

2.3.1 游戏说明

1．游戏规则说明

（1）运行程序出现游戏界面，蛇头自动向右移动。

（2）食物随机生成，但不能在障碍物中生成。

（3）蛇吃到食物，则蛇的身体变长一节。

（4）蛇每吃一个食物加 3 分。
（5）默认每增加 30 分提升一个速度挡次。
（6）蛇吃到自己的身体游戏结束。
（7）蛇不能穿越自己的身体运行。例如蛇正在向左运动，则如果按向右方向键则无效。
（8）默认每个速度都走完后更换地图并且速度恢复默认值，积分归零。

2．菜单及菜单项说明

（1）“游戏”菜单。
① 开始/重新开始。
② 暂停/继续。
③ 保存分数。
④ 查看分数记录。
⑤ 退出。
（2）“设置模式”菜单。
① 速度选择。
速度 1 挡、速度 2 挡、速度 3 挡、速度 4 挡、速度 5 挡。
② 地图切换。
③ 蛇身模式切换。
④ 游戏模式切换。
（3）“帮助”菜单。
游戏说明。

3．工具键说明

（1）按键盘的“上”（Up）、“下”（Down）、“左”（Left）、“右”（Right）键控制蛇头的移动方向。
（2）按“F1”键重新开始。
（3）按“空格”键暂停/继续。
（4）按数字键设置蛇的移动速度，逐渐变快。
（5）按“F2”键更换地图，地图有 3 种，默认地图 1。
（6）按“F3”键切换普通蛇/彩蛇，默认普通蛇身。
（7）按“F4”键更换游戏模式，蛇撞墙死还是从另一端出现，默认撞墙不死。

2.3.2 运行部分效果

限于篇幅，展示部分运行效果，如图 2.3 至图 2.8 所示。

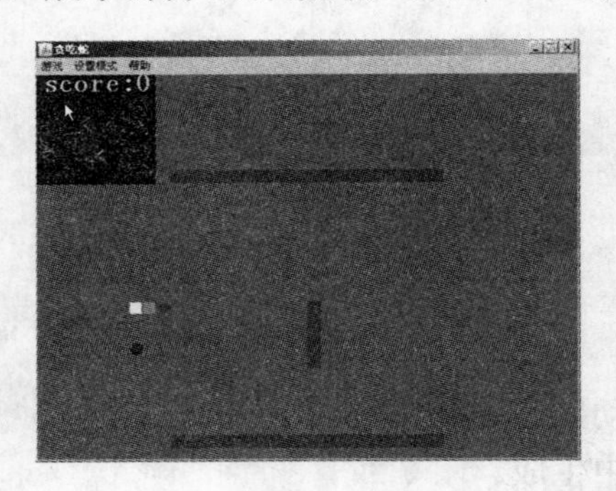

图 2.3 贪吃蛇游戏在地图 3 模式下运行

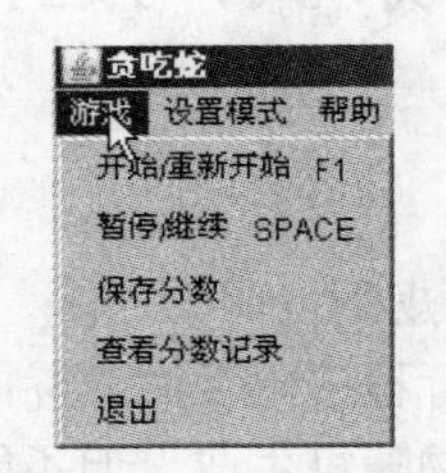

图 2.4 “游戏”菜单，进行游戏控制

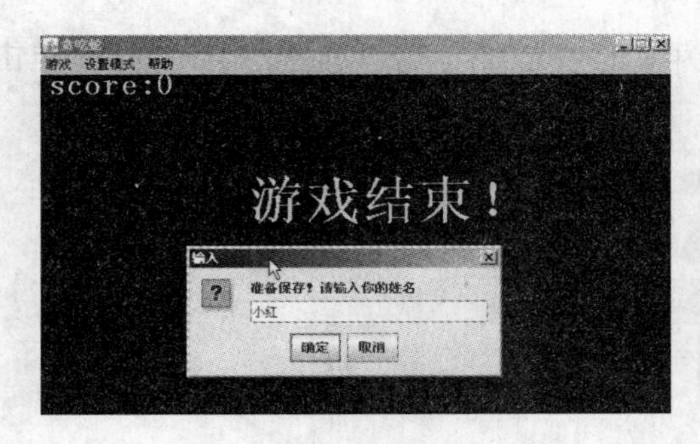

图 2.5　游戏结束准备保存记录，输入姓名

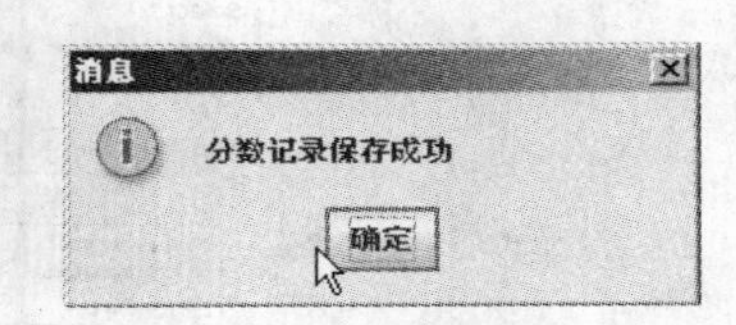

图 2.6　保存分数记录成功

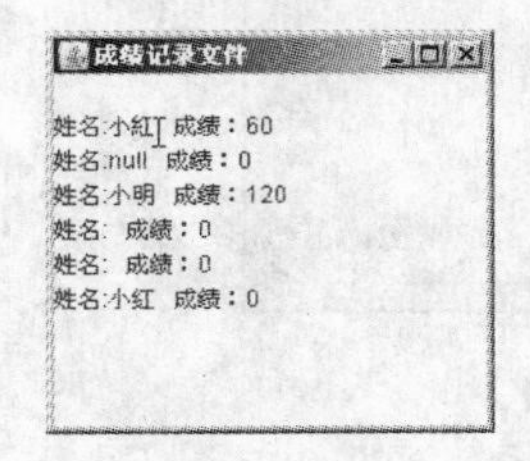

图 2.7　查看成绩记录

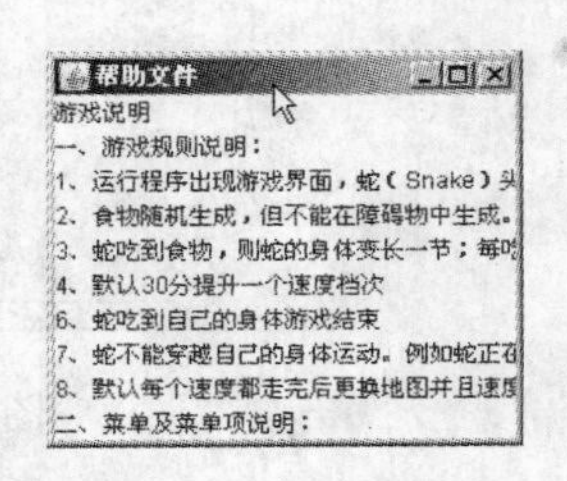

图 2.8　查看“帮助文件”

2.4　打包与运行

可以将做好的 Java 工程打包。打包后的文件可以存放在任意位置，文件名的后缀必须为.jar。打包后的文件可以脱离 MyEclipse 开发环境运行，只要有 JVM，就可以双击运行。

工程 GreekSnake 的打包过程如下：

（1）在工程名处右击，在弹出菜单中选择“Export”，如图 2.9 所示。

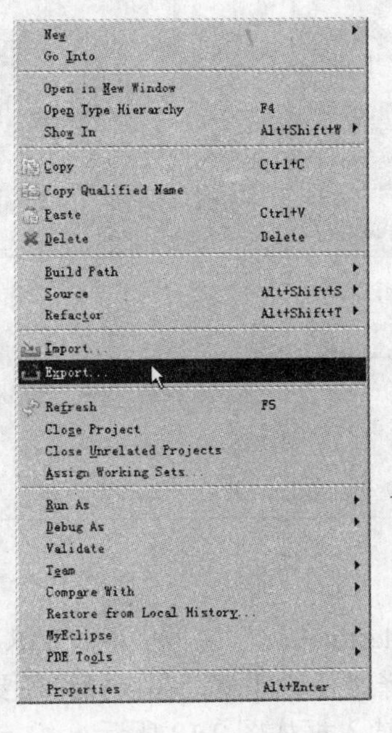

图 2.9　打包步骤 1

（2）在如图 2.10 所示“Export”窗口中，选择“Java”，再选择“JAR file”，单击“Next”按钮。

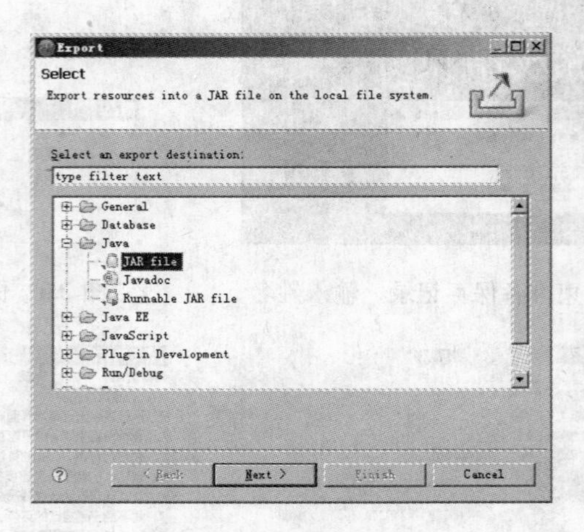

图 2.10　打包步骤 2

（3）在如图 2.11 所示“JAR Export”窗口中，在“Select the resources to export”区域中选择要打包的工程名“GreekSnake”。

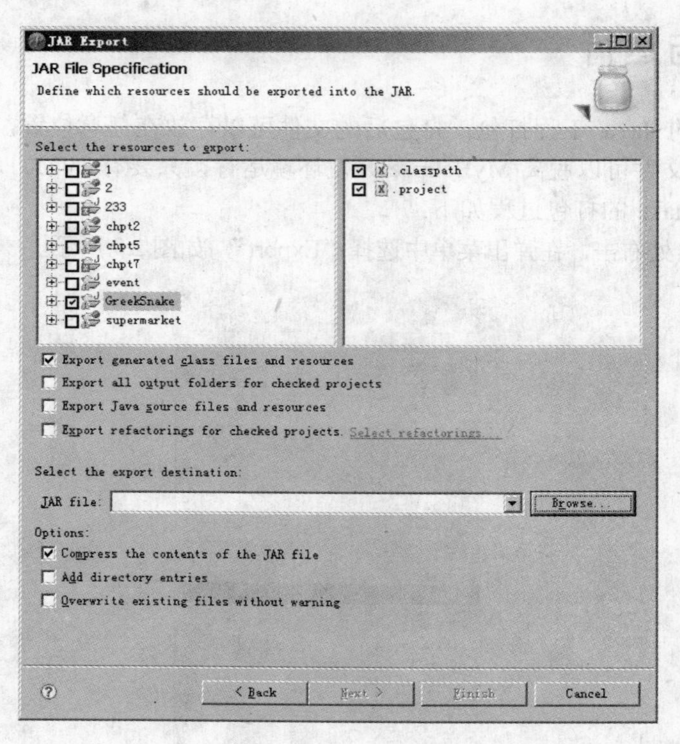

图 2.11　打包步骤 3

（4）在“Select the export destination”区域中的“JAR file”输入框中输入打包的路径，也可以单击“Browse”按钮选择路径。注意：在选择路径要求输入文件名时，文件名的后缀务必为.jar。完成路径选择后，输入框如图 2.12 所示。

图 2.12　打包步骤 4

（5）单击“Next”按钮，在出现的如图 2.13 所示窗口中单击“Next”按钮。

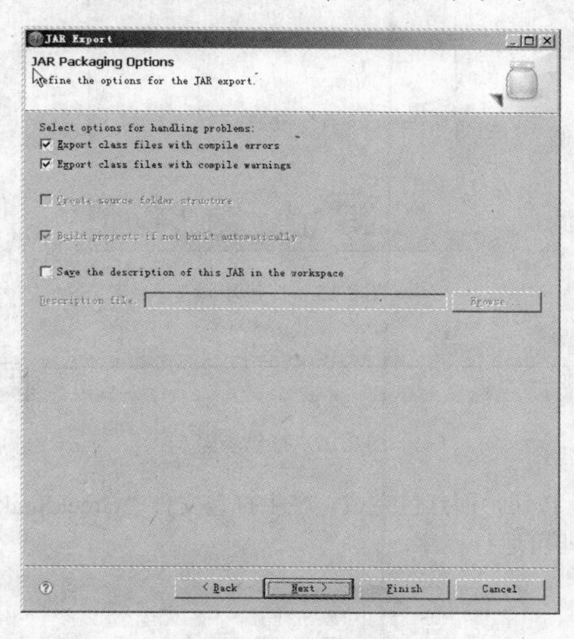

图 2.13　打包步骤 5

（6）在如图 2.14 所示窗口中的“Select the class of the application entry point”区域“Main class”输入框中输入该工程的主类名。也可以单击“Browse”按钮，出现如图 2.15 所示窗口，在该窗口中选择主类名。完成主类名选择后，输入框如图 2.16 所示。

图 2.14　打包步骤 6

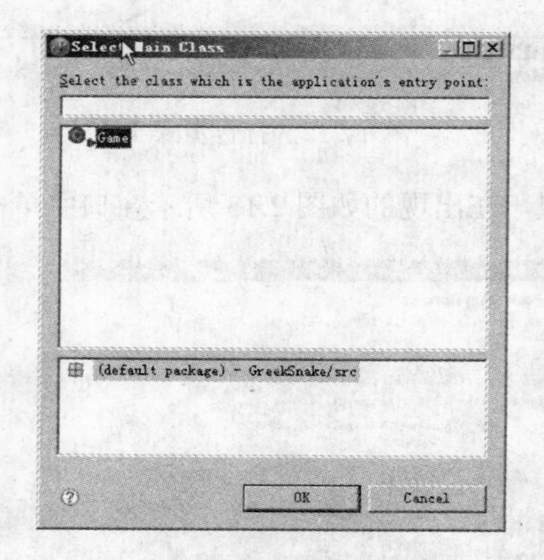

图 2.15　打包步骤 7

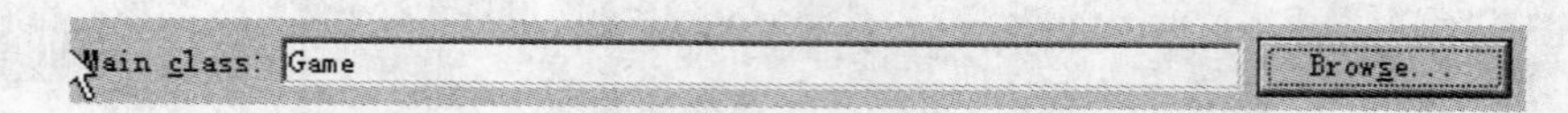

图 2.16　打包步骤 8

（7）单击“Finish”按钮，则打包完成，产生打包文件“GreekSnake.jar”，如图 2.17 所示。双击 GreekSnake.jar，即可运行程序。

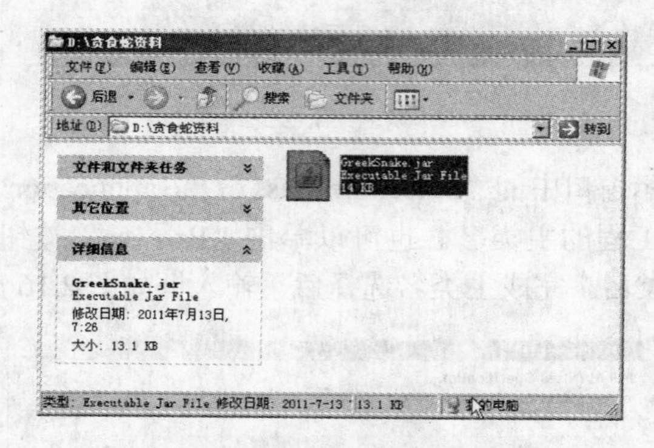

图 2.17　打包成功

第3章 Java语言基础

本章要点：

- ➢ 标识符
- ➢ 数据类型
- ➢ Java 流程控制语句

若要编出规范、可读性好的 Java 程序，就必须掌握 Java 的基本语法规则及程序设计方法，这是学习 Java 编程的基础。

3.1 标识符、关键字和注释

Java 程序由以下几部分组成：标识符、关键字、注释等。

3.1.1 标识符

标识符是指程序中包、类、接口、方法或变量名字的字符序列。通常所说的标识符是指用户自定义标识符。Java 语言要求标识符必须符合以下的命名规则：

（1）标识符由字母、数字、下画线和美元符号组成；

（2）标识符的首字符必须是英文字母、下画线“_”或美元符号“$”；

（3）关键字不能作为标识符。

在编程中，应该养成良好的书写习惯，有助于提高开发效率。因此，除了符合上述规则外，还应注意以下几个方面：

（1）标识符的名字要由具有一定实际含义的一串字符序列组成，有利于增强程序的可读性；

（2）尽量少用除英文字母、下画线、美元符号以外的字符，以减少录入难度；

（3）标识符大小写敏感，因此尽管有些标识符由相同的字符序列组成，但却大小写不同，所以它们还是不同的标识符，如“Username”、“username”和“USERNAME”是不同的标识符。

【例 3-1】 合法的标识符示例。

Identifier　　username　　DataEntity　　$change　　Customer

【例 3-2】 非法的标识符示例。

3mail　　myroom#　　class

3.1.2 关键字

关键字是构成编程语言本身的符号，又称保留字。Java 语言中有 40 多个关键字。Java 的关键字如下：

abstract	boolean	break	byte	case	cast	catch
char	class	const	continue	default	do	double

else extends false final finally float for
future generic goto if implements import inner
instanceof int interface long native new null
operator outer package private protected public rest
return short static super switch synchronized this
throw throws transient true try var void
volatile while

在使用关键字时，应该注意以下内容：

（1）无 sizeof 运算符。因为所有数据类型的长度和表示是固定的，不能在程序的运行中改变它。

（2）true、false 和 null 为小写，不能大写。严格地讲，它们不是关键字，而是一个值，但是很多地方仍然将它们作为关键字使用。

3.1.3 注释

在程序中适当地注释，会增强程序的可读性。注释不能插在一个标识符或关键字之中，即要保证程序中最基本元素的完整性。程序中允许加空白的地方就可以写注释。注释不影响程序的执行结果，在编译过程中将被编译器忽略。

下面是 Java 中的三种注释形式。

```
// 在一行的注释
/* 一行或多行的注释*/
/** 文档注释*/
```

3.2 数据类型

3.2.1 数据类型的划分

Java 的数据类型分为两大类：基本数据类型和复合数据类型。基本数据类型共有 8 种，分为 4 小类，分别是布尔型、字符型、整型和浮点类型。复合数据类型包括数组、类与接口等。本小节介绍基本数据类型，复合数据类型将在后面的章节介绍。

Java 语言的数据类型如图 3.1 所示。

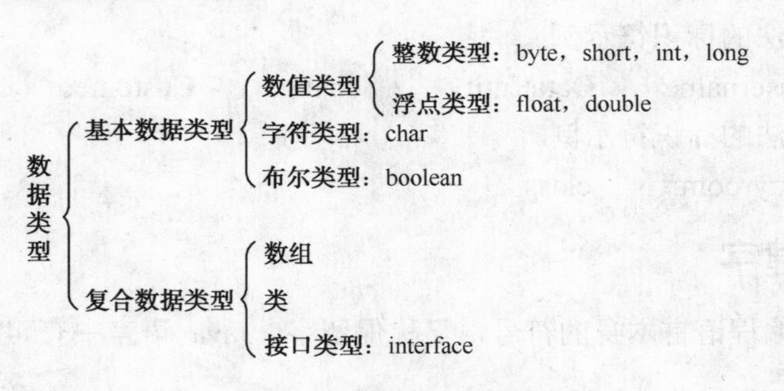

图 3.1 Java 语言数据类型示意图

简单数据类型的关键字、所占二进制位数、值大小及说明如表 3.1 所示。

表 3.1　Java 语言简单数据类型及存储空间开销

类　型	存储（bit）	最小值/值	最大值/值	说　明
boolean	1	false	true	布尔型
char	16	Unicode：0	Unicode：$2^{16}-1$	字符型
byte	8	−128	127	字节整型
short	16	-2^{15}	$2^{15}-1$	短整型
int	32	-2^{31}	$2^{31}-1$	整型
long	64	-2^{63}	$2^{63}-1$	长整型
float	32	IEEE754	IEEE754	单精度浮点型
double	64	IEEE754	IEEE754	双精度浮点型

在 Java 中可以使用的基本数据类型，都可以用于常量和变量。

1．布尔型——boolean

布尔型有两个常量值：true 和 false，它们全是小写，计算机内部用 1 位来表示。布尔型又称为逻辑类型，一般用于逻辑测试，在程序的流程控制中经常使用。

2．字符类型——char

单个字符用 char 类型表示。一个 char 表示一个 Unicode 字符，其值用 16 位无符号整数表示，范围为 0～65535。char 类型的常量值必须用一对单引号（''）括起来，如“'a'”、“'\t'”等。

3．整型——byte、short、int 和 long

Java 语言提供了 4 种整型数据类型：byte、short、int 和 long。整型常量可用十进制、八进制或十六进制形式表示。以 1～9 开头的数为十进制数，以 0 开头的数为八进制数，以 0x 开头的数为十六进制数。如十进制数 2、八进制数 077、十六进制数 0xBABD。Java 中 4 种整型量都是有符号的。

在程序中可以以下方式给一个整型变量赋值：

```
int salary=193;
```

如果给一个长整型变量赋值，则在数字后面加一个 L，表示该值是长整型：

```
long salary=193L;
```

注意：Java 中使用大写 L 或小写 l 均有效，但小写字母不太适合，因为在有些情况下，它和数字 1 分不清。

4．浮点型——float 和 double

Java 浮点类型遵从标准的浮点规则，用 Java 编写的程序可运行在任何机器上。浮点类型有两种：一种是单精度浮点数，用 float 关键字说明；另一种是双精度浮点数，用 double 关键字说明。它们都是有符号数。

在 Java 中，浮点类型的数值默认是双精度类型的，若要给单精度类型的变量赋值时需要在后面加上 F 或 f，以表示该数值是单精度类型的。如果使用下面的赋值语句：

```
float price=0.8;
```

编译器会报错，因为 0.8 默认是 double 类型的，赋值给 float 类型的变量会丢失精度。正确的赋值方法应该是：

```
float price=0.8f;    //或 float price=0.8F;
```

但是给 double 类型的变量赋值时，可以在数值后面加上 D 或 d，也可以不加，例如：

```
double price=0.8d;
double price=0.8;
double price=0.8D;
```

均是正确的。

3.2.2 变量和常量

变量是指在程序运行过程中其值可以发生变化的量。一个变量在内存单元中占据一定的存储单元，用来存放变量的值。程序运行时从变量中取值，实际上是通过变量名找到相应的内存地址，从其存储单元中读取数据。

1. 变量的声明

变量使用之前，必须先定义。变量的声明包括两个部分：变量的数据类型和变量的名称。变量是通过下列形式的声明语句实现的：

```
数据类型  标识符[=初值][,标识符[=初值]];
```

其中：

数据类型确定了变量的存储开销、数据的存储形式，以及对变量能进行的操作。

标识符即变量名，在变量声明语句中，可以同时把多个变量声明成相同的类型。变量取名要遵循标识符的取名规则。

初值表示创建变量时赋给变量的初值。

【例 3-3】 变量的说明和赋值。

```
public class Assign{
    public static void main(String args[ ]){
        int x,y;                        //说明整型变量
        float z=3.1415f;                //说明浮点型变量并赋初值

    }
}
```

2. 变量的作用域

变量的作用域是指程序执行中能够对变量访问的范围。变量一经声明，它在声明的语句块中有效，所以变量的作用域就是变量所在声明的语句块，且不允许有相同标识符的变量出现在同一个语句块中。按照变量的作用域，可将变量分为如下的四类。

- 成员变量；
- 方法的局部变量；
- 语句块的局部变量；
- 异常处理的局部变量。

成员变量是指在类中声明的变量。它的作用范围在类中是全局的，可以被该类的所有方法访问。所以在这个类中，也可以称它为全局变量。

方法的局部变量是指在方法体中声明的变量。在方法中，该局部变量的作用范围是从声明处开始，到本段代码块结束为止。

语句块的局部变量，是在语句块中声明创建的变量。它的作用范围也是从声明处开始，到这个块结束为止。只有当程序执行到语句块时变量才可以访问。

异常处理的局部变量是在异常处理代码段中声明创建的变量。它的作用域也只能在相关异常程序段被访问时才有效，并随着这个程序段结束而消失。

【例 3-4】 变量作用域的程序片段示例。

```
class  VarExample{
    int Int_Value;
    char Ch1_Value,Ch2_Value;
    float Float_Value;
    boolean Bool_Value;
    public static void main(String args[ ]){
        boolean Bool_Value =true;
        int x=25;
        …
        while(Bool_Value){
            int x=55;
            int Int_Value=10;
            …
            }
        …
    }
    public void testProg( ){
        char Ch3_Value;
        …
    }
}
```

本例中，在类体中定义的变量 Int_Value、Ch1_Value、Ch2_Value、Float_Value、Bool_Value 是成员变量；在 main()方法体中定义的变量 Boo1_Value、x、args 是局部变量，以及在 testProg() 方法体中定义的变量 Ch3_Value 也是局部变量；而在 while 循环体中定义的变量 x、Int_Value 是块变量。

3. 变量的初始化

变量在声明后，可以通过赋值语句对其进行初始化，即可以先定义后赋值，且初始化后的变量仍然可以通过赋值语句赋以其他不同的值。

```
double salary;              //变量声明
salary=200d;                //初始化赋值
…
salary=400d;                //重新赋值，但不是初始化
```

变量还可以声明及初始化同时进行：

```
double salary=200d;
```

需要注意的是，给变量赋值必须要类型匹配，即变量的数据类型要和所赋值的数据类型一致。

但方法参数变量和异常处理参数变量不能以上述方式来进行赋值与初始化。这两种类型的变量值是在方法调用或是抛出异常时传递进来的。

【例 3-5】 非法与合法对变量赋值示例。

```
int y=3.1415926;
//非法：3.1415926 不是整数，需转化为 int 后赋值
int x=(int)3.1415926;
//合法：先将 3.1415926 转化为整数 3 后赋值给 x
```

4. 常量

常量操作数很简单，只有简单数据类型和 String 字符串类型才有相应的常量形式。

【例 3-6】 常量例子。

常量	含义
23.59	double 型常量
-1247.1f	float 型常量
true	boolean 型常量
"This is a string"	String 型常量

3.2.3 类型转换

在实际的应用开发过程中，常常需要在数字类型之间进行转换。一种方法是，当使用算术运算符对数字进行运算时，系统在适当的时候会自动进行数字类型的转换；另一种方法是，程序开发人员还可以显式地进行数字类型之间的转换。

1. 自动数字类型转换

```
int x=100;
double y=100.23;
System.out.println(x+y);
```

上面的代码段会输出 200.23。实际上，在运算过程中，x 首先被转换成 double 数据类型，然后再进行相加得到一个 double 类型的运算结果。因此，如果把上述代码段“x+y”的值赋给一个整型变量，编译器就会报错。例如：

```
int x=100;
double y=100.23;
int c=x+y;                    //错误，不能将一个 double 类型的值赋给 int 类型的变量
```

使用算术运算符进行运算时，得到的数值类型取决于操作数的类型。在需要时，操作数会自动进行数据类型的转换。算术返回值类型与操作数类型之间的关系如表 3.2 所示。

表 3.2 算术返回值类型与操作数类型之间的关系

算术运算结果数据类型	操作数类型
double	至少有一个操作数是 double 类型
float	至少有一个操作数是 float 类型，并且没有操作数是 double 类型
int	操作数中没有 float 和 double 数据类型，也没有 long 数据类型
long	操作数中没有 float 和 double 数据类型，但至少有一个是 long 数据类型

2. 强制类型转换

虽然系统在需要的时候会自动进行数字类型的转换，但是有的时候我们希望能够主动将一种数据类型转换为另一种数据类型。这时候就可以使用显式强制类型转换。强制类型转换形式如下：

```
(type)identifier
```

其中：

type 表示数据类型名称。

identifier 表示将被转换的变量标识符。

【例 3-7】　强制类型转换示例。

```
double salary=200.23;
int intSalary=(int)salary;                    // intSalary 的值为 200
```

这样的结果是把 salary 的小数部分的值截去，然后把整数部分的值赋给整型变量 intSalary。

需要注意的是，在不同数值类型之间转换是有可能丢失信息的。

3.3 运算符和表达式

3.3.1 运算符

Java 运算符又称操作符，它是 Java 对程序中的操作数（即数据或对象）实施的操作。每个运算符都有确定的操作数数目和功能。运算符按数目可分为以下几种：

- 单目（一元）运算符：有一个操作数；
- 双目（二元）运算符：有两个操作数；
- 三目（三元）运算符：有三个操作数。

单目运算符只能对一个操作数进行运算。单目运算符可以用两种形式表述：前缀式和后缀式。前缀式是指操作符在前，操作数在后，例如：

```
++a;
```

后缀式正好相反，操作符在后，操作数在前，例如：

```
a++;
```

双目运算符对两个操作数进行运算。加（+）、减（-）、乘（*）、除（/）、求模（%）以及赋值（=）都是双目运算符。例如：

```
a=3+8;
```

双目运算符“+”对 3 和 8 这两个操作数进行运算得到结果 11。双目运算符“=”再对 11 和 a 这两个操作数进行运算，结果就是将 a 赋值为 11。

Java 语言中还有一个特殊的三目运算符“?:”，对三个操作数进行运算。一般表示为：

```
condition?result1:result2;
```

如果第一个操作数 condition 的值为 true，那么取值 result1，反之取值 result2。例如：

```
max=x>y?x:y;
```

最终，max 的值为 x 与 y 中较大的值。

注意：三目运算符中的第一个操作数必须为布尔类型的值。

1. 算术运算符

Java 支持的双目算术运算符有：加（+）、减（−）、乘（*）、除（/）、求模（%）。算术运算符只能对浮点型和整型数据类型的操作数进行运算。与 C 或 C++不同，对取模运算符“%”而言，其操作数可以为浮点数，例如：

```
37.2%10=7.2;
```

在应用程序的开发过程中，经常会让一个变量执行加 1 或是减 1 操作（例如在循环中）。当然可以使用以下的语句：

```
i=i+1;      //或是 i+=1;
```

但是 Java 语言提供了一种更加简洁的操作符，即递增运算符（++）和递减运算符（−−）。因此要让一个变量 i 加 1，可以使用：

```
i++;        //或是 ++i;          //前者在使用变量 i 之后加 1，后者在使用变量 i 之前加 1
```

同样让一个变量 i 减 1，可以使用：

```
i--;        //或是 --i;          //前者在使用变量 i 之后减 1，后者在使用变量 i 之前减 1
```

2. 关系运算符

关系运算符用来比较两个值，包括大于（>）、大于等于（>=）、小于（<）、小于等于（<=）、等于（= =）、不等于（!=）6 种。关系运算符都是双目运算符，运算的结果是一个逻辑值。

Java 允许“= =”和“!=”两种运算符用于任何数据类型。例如可以判定两个实例是否相等。

3. 逻辑运算符

逻辑运算符包括：逻辑与（&&）、逻辑或（||）、逻辑非（!）。前两个是双目运算符，后一个是单目运算符。

在对逻辑与和逻辑或进行运算时，先计算运算符左侧表达式的值，如果使用该值能得到整个表达式的值，则跳过运算符右侧表达式的计算，否则计算运算符右侧表达式，并得到整个表达式的值。

【例 3-8】 关系运算符与逻辑运算符示例。

```
!(8>5)                    //值为 false
(3>4)&&(6>5)              //值为 false
(3>4)||(6>5)              //值为 true
(4>3)||(5>6)              //值为 true
```

4. 位运算符

位运算符用来对二进制位进行操作，包括按位取反（~）、按位取与（&）、按位取或（|）、异或（^）、右移（>>）、左移（<<）及无符号右移（>>>）。位运算符只能对整型和字符型数据进行操作。

注意：“>>”与“>>>”都是右移运算符，但是两者之间是有区别的。使用“>>>”时，前面的位填 0；而使用“>>”时，前面填充的是符号位，其右移的结果为：每移一位，则第一个操作数被 2 除一次，移动的次数由第二个操作数确定。

【例 3-9】 位运算符示例。

```
128>>1          //结果为 64
256>>4          //结果为 16
-256>>4         //结果为-16
```

5. 其他运算符

Java 中的运算符还包括扩展赋值运算符（=、+=、-=、*=、/=、%=、&=、|=、^=、>>=、<<=）及（>>>=）、条件运算符（?:）、点运算符（.）、实例运算符（instanceof）、new 运算符，数组下标运算符（[ ]）等。

【例 3-10】 其他运算符示例。

```
int a=3;   a=a*3;//等价于下面语句
int a=3;   a*=3;
```

6. 运算符的优先顺序

在对一个表达式进行计算时，如果表达式中含有多种运算符，则要按运算符的优先顺序依次从高向低进行，同级运算符则按其结合方向进行。括号可以改变运算次序。运算符的优先顺序如图 3.2 所示。

<table>
<tr><th>运算顺序</th><th>运 算 符</th></tr>
<tr><td rowspan="17">高
↓
低</td><td>., [], ()</td></tr>
<tr><td>++, --, !, ~, instanceof</td></tr>
<tr><td>new(type)</td></tr>
<tr><td>*, /, %</td></tr>
<tr><td>+, -</td></tr>
<tr><td>>>, >>>, <<</td></tr>
<tr><td><, >, <=</td></tr>
<tr><td>= =, ! =</td></tr>
<tr><td>&</td></tr>
<tr><td>^</td></tr>
<tr><td>|</td></tr>
<tr><td>&&</td></tr>
<tr><td>||</td></tr>
<tr><td>?:</td></tr>
<tr><td>=, +=, -=, *=, /=, %=, ^=</td></tr>
<tr><td>&=, |=, <<=, >>=, >>>=</td></tr>
</table>

图 3.2 运算符的优先顺序

3.3.2 表达式

表达式是变量、常量、运算符、方法等按照一定的运算规则组成的序列，它能返回一个值。它的返回值不仅与表达式中的操作数有关，而且还与运算符操作顺序有关。

在表达式运算中，运算符的操作顺序是按优先级从高到低顺序进行的。在两个相同级的运算符之间，其优先级与它的结合规则有关。

在表达式中，用括号显式标明运算顺序是一个良好的编程习惯，这样做可以使表达式结构清楚，避免混淆和出错。比如(x/y)*z 与 x/(y*z)。

3.4 Java 流控制语句

Java 流控制用于控制程序的执行顺序，包括分支语句、循环语句以及跳转控制语句。

3.4.1 分支语句

分支语句根据一定的条件，动态决定程序的流程方向，从程序的多个分支中选择一个或几个来执行。分支语句共有两种：if 语句和 switch 语句。

1. if 语句

if 语句有如下三种形式。

- 形式一：

```
if(条件表达式){
    语句;            //如果条件表达式的值为 true，则执行语句
}
```

- 形式二：

```
if(条件表达式){
    语句 1;          //如果条件表达式的值为 true，则执行语句 1
}
else {
    语句 2;          //条件表达式的值为 false 时，则执行语句 2
}
```

【例 3-11】 比较两个数的大小，并按从大到小的顺序输出。

源程序：CompareData.java

```
public class CompareData{
    public static void main(String args[ ]){
        double dou_Value1=7.12;
        double dou_Value2=12.5;
        if(dou_Value1<= dou_Value2)
            System.out.println(dou_Value2+">="+ dou_Value1+"\n");
        else
            System.out.println(dou_Value2+"<="+ dou_Value1+"\n");
    }
}
```

在程序中，由于“dou_Value1<= dou_Value2”的值为 true，这样程序流执行语句：

```
System.out.println(dou_Value2+">="+ dou_Value1+"\n");
```

输出结果为：

```
12.5>=7.12
```

- 形式三：

```
if(条件表达式 1){
```

```
        语句 1;     //如果条件表达式 1 的值为 true，则执行语句 1
    }
    else  if(条件表达式 2){
        语句 2;     //条件表达式 1 的值为 false，但条件表达式 2 的值为 true 时，则执行语句 2
    }
    …
    else{
        语句 n;     //前面的条件表达式的值全为 false 时则执行语句 n
    }
```

三种形式中的语句既可以是单语句，也可是复合语句。

【例 3-12】　根据考试成绩划分等级。

90～100 分为 A

80～89 分为 B

70～79 分为 C

60～69 分为 D

60 分以下为 E

源程序：ChengJiDengJi

```
class ChengJiDengJi{
    public static void main(String args[ ]){
        int chengJi=Integer.parseInt(args[0]);
        char dengji;
        if(chengJi >=90&& chengJi<=100){
            dengji='A';
        }
        else if(chengJi >=80){
            dengji='B';
        }
            else if(chengJi >=70){
                dengji='C';
            }
                else if(chengJi >=60){
                    dengji='D';
                }
                else dengji='E';
        System.out.println(chengJi+" is "+ dengji +"\n");
    }
}
```

介绍两种运行方式：

（1）在 MyEclipse 中运行。打开 MyEclipse 主窗口，右击“ChengJiDengJi”，选择“Run As”→“Run Configurations”菜单命令，选择“Main”标签页，在“Project”栏中选择当前工程名，在“Main class”栏中选择“ChengJiDengJi”，选择“Arguments”栏标签页，在“Program arguments”栏输入“99”，然后单击“Run”按钮，运行程序。如图 3.3 所示。

图 3.3　在 MyEclipse 中运行带命令参数的程序

（2）在命令提示符中运行：

编译：javac ChengJiDengJi.java

运行：java ChengJiDengJi 99

无论哪种运行方式，运行结果都是：

```
99 is A
```

2. switch 语句

为了方便地实现多重分支，Java 语言提供了 switch 语句，它的格式如下。

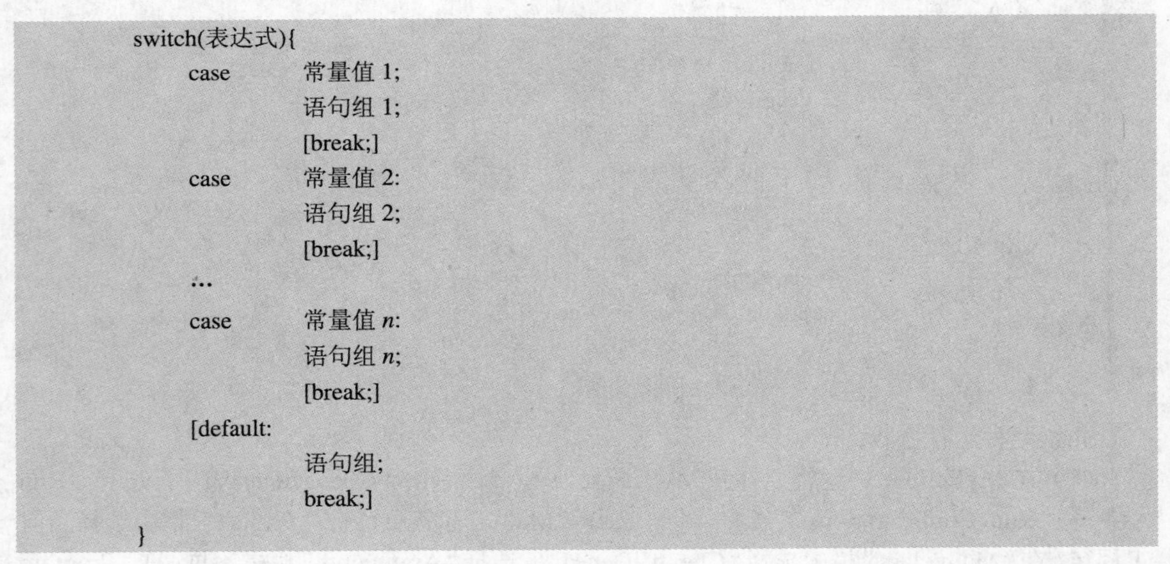

```
switch(表达式){
    case        常量值 1;
                语句组 1;
                [break;]
    case        常量值 2:
                语句组 2;
                [break;]
    …
    case        常量值 n:
                语句组 n;
                [break;]
    [default:
                语句组;
                break;]
}
```

这里，表达式的计算结果必须是整型或字符型。Java 规定 switch 语句不允许使用浮点型或长整型表达式。常量值 *n* 可以是整型或字符型常量。default 子句是可选的。另外，最后一个 break 语句完全可以不写。

switch 语句的执行情况是：先计算表达式的值，用该值依次和常量值 1、常量值 2、…、常量值 *n* 进行比较。如果该值等于其中之一，例如常量值 *n*，则执行 case 常量值 *n* 之后的语句组 *n*，直到遇到 break 语句后跳到 switch 之后的语句。如果没有匹配的常量值，则执行 default 之后的语句。switch 语句中各常量值之后的语句既可以是单语句，也可以是语句组。不论执行哪个分支，程序流都会顺序执行，直到遇到 break 语句为止。

【例 3-13】 用 switch 和 break 语句，修改例 3-12 根据考试成绩划分等级程序。

源程序：ChengJi DengJi2.java

```
class ChengJiDengJi2{
    public static void main(String args[ ]){
        int chengJi=Integer.parseInt(args[0]);
        int cj;
        char dengji=' ';
        cj=chengJi/10;
        switch(cj){
            case 10:
            case  9: dengji ='A';break;
            case  8: dengji ='B';break;
            case  7: dengji ='C';break;
            case  6: dengji ='D';break;
            default: dengji ='E';
        }
        System.out.println(chengJi +" is "+dengji+"\n");
    }
}
```

运行方法同例 3-12，如图 3.4 所示。

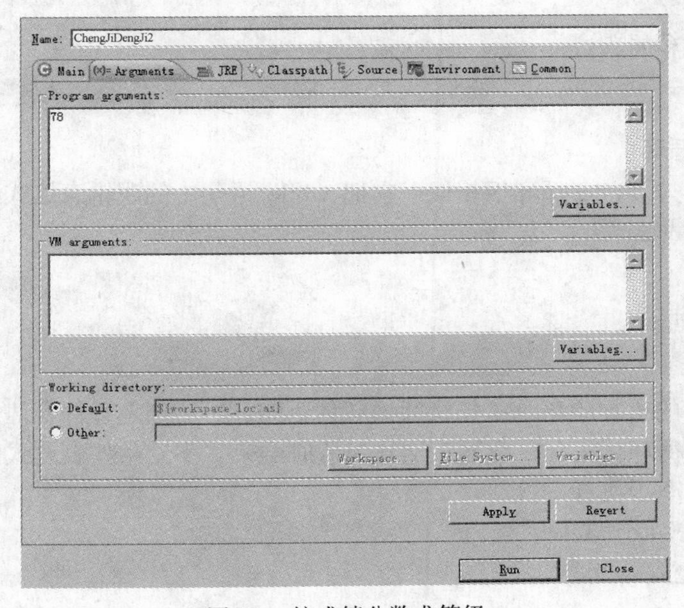

图 3.4 按成绩分数求等级

该程序的运行结果为：

```
78 is C
```

3.4.2 循环语句

循环语句控制程序流多次执行一段程序。Java 语言提供三种循环语句：for 语句、while 语句和 do-while 语句。

1. while 循环

while 循环的格式如下：

```
while(条件表达式)
    { 语句;}
```

while 语句的执行顺序是：先计算条件表达式的值，该值为真时，重复执行循环体语句，直到条件表达式为假时结束。如果第一次检查时条件表达式为假，则循环体语句一次也不执行。如果条件表达式始终为真，则循环不会终止。

【例 3-14】 求 1 至 100 之间所有整数的和。

源程序：Sum1.java

```
public class Sum1{
    public static void main(String args[ ]){
        int sum=0,i=1;
        while(i<=100){
            sum+=i;
            i++;
        }
        System.out.println("sum is "+sum+"\n");
    }
}
```

该程序的运行结果为：

```
sum is 5050
```

2. do-while 循环

do-while 循环与 while 循环很相似，它把 while 语句中的逻辑表达式移到循环体之后。do-while 循环的格式如下：

```
do
    { 语句;}
while(条件表达式);
```

do-while 语句的执行顺序是：先执行循环体语句，然后判定条件表达式的值，当表达式为真时，重复执行循环体语句，直到表达式为假时结束。不论条件表达式的值是真是假，do 循环体中的语句都至少执行一次。

【例 3-15】 改写例 3-14。

源程序：Sum2.java

```
public class  Sum2{
```

```
        public static void main(String args[ ]){
            int sum=0,i=1;
            do{
                sum+=i;
                i++;
            } while(i<=100);
            System.out.println("sum is "+sum+"\n");
        }
    }
```

该程序的运行结果为：

```
sum is 5050
```

3. for 循环

for 语句常常用来控制循环次数已知的情况，它的格式如下：

```
for(循环变量初始化;结束条件判断表达式;修改循环变量的值){
    语句;
}
```

for 循环的执行顺序是：先执行循环变量初始化，判断结束条件表达式的值，当其值为真时，执行循环体语句，执行完循环体语句后，修改循环变量的值，然后再去判断条件表达式的值。这个过程一直执行下去，直到表达式的值为假时，循环结束。

【例 3-16】　改写例 3-14。

源程序：Sum3.java

```
public class Sum3{
    public static void main(String args[ ]){
        int sum=0;
        for(int i=1;i<=100;i++)
            sum+=i;
        System.out.println("sum is "+sum+"\n");
    }
}
```

该程序的运行结果为：

```
sum is 5050
```

3.4.3　跳转控制语句

Java 中有两条特殊的流控制语句：break 和 continue 语句，它们用在分支语句或循环语句中，使得程序员更方便地控制程序执行的方向。

1. break 语句

前面学习 switch 语句时已知，使用 break 语句可以使流程跳出 switch 语句体。在循环结构中，使用 break 语句可以使程序流程从循环体内跳到循环体外，即跳过本块中余下的所有语句，转到块尾，执行其后的语句。其语法格式如下：

```
break;
```

【例 3-17】 找出 30～50 之间的素数。

源程序：SuShu.java

```
public class SuShu{
    public static void main(String args[ ]){
        int i,j;
        for(i=30;i<=50;i++){
            for(j=2;j<=i/2;j++){
                if(i%j==0) break;
            }
            if(j>i/2) System.out.println("素数："+i);
        }
    }
}
```

该程序的运行结果为：

```
素数：31
素数：37
素数：41
素数：43
素数：47
```

2. continue 语句

在循环语句中，continue 可以立即结束当次循环而执行下一次循环，当然执行前会先判断循环条件是否满足。其语法格式如下：

```
continue;
```

【例 3-18】 输出 100 以内个位数为 8 且能被 4 整除的所有自然数。

源程序：ZiRanShu.java

```
public class ZiRanShu{
    public static void main(String args[ ]){
    int i,g=0;
    System.out.println("100 以内个位数为 8 且能被 4 整除的所有自然数：");
    for(i=0;i<=9;i++)
        {
            g=i*10+8;
            if(g%4!=0) continue;
            System.out.println(g);
        }
    }
}
```

该程序的执行结果为：

```
100 以内个位数为 8 且能被 4 整除的所有自然数：
8
28
```

```
48
68
88
```

3.5 案例：输出九九乘法表程序

1. 任务

要求按如下格式输出九九乘法表。

1*1=1
2*1=2 2*2=4
3*1=3 3*2=6 3*3=9
4*1=4 4*2=8 4*3=12 4*4=16
5*1=5 5*2=10 5*3=15 5*4=20 5*5=25
6*1=6 6*2=12 6*3=18 6*4=24 6*5=30 6*6=36
7*1=7 7*2=14 7*3=21 7*4=28 7*5=35 7*6=42 7*7=49
8*1=8 8*2=16 8*3=24 8*4=32 8*5=40 8*6=48 8*7=56 8*8=64
9*1=9 9*2=18 9*3=27 9*4=36 9*5=45 9*6=54 9*7=63 9*8=72 9*9=81

2. 编程思路

该程序有行和列的循环，故可以采用二重循环来实现。

源程序：MulTable.java

```
public class MulTable {
        public static void main(String[] args) {
            for(int i=1;i<10;i++){
                for(int j=1;j<10;j++){
                    System.out.print(i+"*"+j+"="+i*j+"      ");
                    if(j==i){
                        System.out.println("");break;
                    }
                }
            }
        }
}
```

3.6 实训操作

【任务一】 if 语句的练习。

编程实现按如下 x 的范围求出 y 的值。

$$y=\begin{cases}0 & (x<=0)\\ x & (0<x<=10)\\ x^2-1 & (10<x<=20)\\ 5x+20 & (20<x<40)\end{cases}$$

【任务二】 switch 语句的练习。

编程实现以下功能：读入两个运算数（data1 和 data2）及一个运算符（op），计算表达式 data1 op data2 的值，其中 op 可为“+”、“-”、“*”、“/”。

【任务三】 循环语句的练习。

编程输出如下所示的杨辉三角形。

```
*
*   *
*   *   *
*   *   *   *
*   *   *   *   *
*   *   *   *   *   *
*   *   *   *   *   *   *
*   *   *   *   *   *   *   *
*   *   *   *   *   *   *   *   *
*   *   *   *   *   *   *   *   *   *
```

习　题

一、单项选择题

1．选出以下合法的标识符。（　　）

A．MyGame　　B．_isYout　　C．2time　　D．aBc2

2．下面哪些不是 Java 的基本数据类型？（　　）

A．short　　B．boolean　　C．Int　　D．float

3．下面的哪个赋值语句是错的？（　　）

A．float f = 11.1;　　B．long i= 13L;

C．double d = 3.14159;　　D．double d = 3.14D;

4．执行下列程序段后，i 的值为（　　）。

```
int i=2;
do{ i*=i; } while(i<16);
```

A．4　　B．8　　C．16　　D．32

二、读程序写结果

```
public class DengYaoSanJiaoXing{
  public static void main(String[] args) {
        int i, j;
        int row = 5;
        for(i=1; i<=row; i++){
          for(j=1; j<=i-1; j++){
              System.out.print(" ");
          }
        for(j=1; j<= row+1-i; j++) {
              System.out.print("* ");
```

```
            }
            System.out.println();
        }
    }
}
```

三、编程题

1．用 100 元买 100 只鸡，公鸡 5 元 1 只，母鸡 3 元 1 只，小鸡 1 元 3 只，编程求公鸡、母鸡和小鸡应各买多少只？

2．使用 switch 语句编写程序，该程序根据表示学生分数变量 score 的值，输出学生成绩等级（0～59：不及格；60～69：及格；70～79：中等；80～89：良好；90～100：优秀）。

3．编程输出 100 以内个位数为 6 且能被 3 整除的所有数。

第 4 章　面向对象基础

本章要点：

- 面向对象
- 类和对象
- 成员变量和成员方法
- 构造方法
- 重载
- 继承
- 成员变量的隐藏和成员方法的覆盖
- this 和 super
- 抽象类
- 接口
- 包

在当今计算机发展的领域，面向对象语言已经取代了面向过程的程序设计，成为当今程序设计的主流趋势。本章重点介绍面向对象程序设计的基本概念、基本理论和基本方法。为后续学习打下良好的基础。

4.1　面向对象基础概述

传统的面向过程的程序设计，符合早期的软件开发的要求，能使开发简单化。但随着 Windows 操作系统的普及，设计 Windows 界面这样复杂的程序，结构化的程序设计就显得力不从心。当程序的规模达到一定的程度时，程序员很难控制程序的复杂性，所造成的开发成本也极高，以至于维护成本也很高。

面向对象程序设计应运而生，它与程序化的设计思想有很大的不同，它将系统看成由一个一个的对象组成，这些对象包括属性和相关操作。Java、C++都是面向对象的语言，这种思想也随着 Java、C++等语言的普及而广泛流行。

面向对象的基本概念到底是什么？Coad 和 Yourdon 给出了面向对象的定义：“面向对象＝对象＋类＋继承＋通信”。也就是说，如果一个软件系统是使用这 4 种概念设计和实现的，则认为该软件是面向对象的。面向对象程序设计的本质就是把数据和处理数据的过程当做一个整体——对象。

Java 充分支持面向对象程序设计。面向对象的实现需要封装和数据隐藏技术，需要继承和多态技术。

4.1.1　类与对象概述

类的概念实际上我们从小就接触过，水果、蔬菜、文具等都体现的是类的概念。物以类聚，铅笔、橡皮、尺子之所以划归到文具类，是因为它们都有共同的属性，这就是类的概念。而对象是具体的一个事物，一本书、一辆车、一台笔记本电脑都是一个对象。对象普遍具有的特征是属性和行为。一只小狗有自己的属性——名字为“旺财”、颜色为“黄色”、品种为“牧羊犬”，并且有自己的行为——叫唤、撒欢、吃东西。

类是一种类型，而对象就是具体的某个事物。从程序的角度来看，类是相对于基本数据类型而言的，它是一种复合的数据类型；而对象则是该类型的一个变量。

从程序的发展角度来看，程序经历了基本数据类型—数组—结构体—类的过程。基本数据类型包括整型、实型、字符型等；数组是多个变量的集合，但有限制条件：必须类型相同而且必须是有序地放到一起；而结构体就更进一步，允许不同类型的数放到一起，并且没有顺序；类和结构体比起来，又进了一步，它不仅允许不同类型的数放到一起，而且还允许包括方法。

类中不仅可以放变量，还可以放方法。例如我们定义一个学生类，学生类的共同属性有：姓名、性别、学号、年龄，这些可以通过定义不同类型的变量实现，学生类中还可以输出所有基本信息，这只能通过方法来实现。其基本格式如下：

```
学生类
{
    姓名 String name;
    学号 String number;
    年龄 int age;
    性别 char sex;
    输出基本信息 void show();
}
```

具体类定义的格式如下：

```
class 类名
{
    变量定义; //属性
    函数定义;
}
```

其中，类中的变量称之为成员变量，类中的方法称之为成员方法。把上面的学生类编写完整，程序如下：

```
class Test
{
    public static void main(){
    }
}
class Student
{
    String name;
```

```
        String number;
        int age;
        char sex;
        void show()
        {
            System.out.println("name="+name);
            System.out.println("number="+number);
            System.out.println("age="+age);
            System.out.println("sex="+sex);
        }
    }
```

需要注意主程序所在的主类和自己定义的学生类之间是并列关系，不是包含关系。

类有三大特性：封装、继承和多态。

4.1.2 封装和数据隐藏

当一个技术人员要安装一台电脑时，他将各个设备组装起来。当他需要一个声卡时，不需要用原始的集成电路芯片和材料去制作一个声卡，而是到市场上购买一个所需要的声卡。技术人员关心的是声卡的功能，并不关心声卡的内部工作原理。这就称之为封装性。我们无须知道封装单元内部是如何工作就能使用的思想称为数据隐藏。

声卡的所有属性都封装在声卡中，不会扩展到声卡之外。因为声卡的数据隐藏在该电路板上。技术人员无须知道声卡的工作原理，就能有效地使用它。

Java 通过类来支持封装性和数据隐藏。自定义的类一旦建立，就可以看成完全封装的实体，可以作为一个整体单元使用。类的实际内部工作应当隐藏起来，类用户不需要知道类是如何工作的，只要知道如何使用它就可以了。

4.1.3 继承和重用

现在数码产品例如手机发展这么迅速，这些手机公司并不是从草图开始设计，否则开发速度不会这么快。他们仅仅是对现有的机型加以改进，增加一个功能或改进一个功能，新的手机很快就制造出来了，被赋予一种新的型号，于是新型手机就诞生了。这就是继承和重用的例子。

Java 采用继承支持重用的思想，程序员可以在扩展现有类型的基础上声明新的类型。新的子类是从现有类型派生出来的，称为派生类。新的手机机型是在原有型号手机的基础上增加若干种功能而产生的，所以新型手机是原有机型的派生，继承原有手机的所有属性，并在此基础上增加了新的功能。

4.1.4 多态性

通过继承的方法构造类，采用多态性为每个类指定表现行为。例如，学生类应该有一个计算成绩的操作。大学生继承了中学生，或者说大学生是中学生的延伸。对于中学生，计算成绩的操作包括数学、语文、英语、生物等课程的计算；而对于大学生，计算成绩的操作包括高等数学、计算机基础、Java 程序设计、普通物理等课程的计算。

继承性和多态性的组合，可以轻易地生成一系列虽类似但独一无二的对象。由于继承性，这些对象共享许多相似的特性。但由于多态性，一个对象可以有独特的表现形式，而对于另一个对象有另一种表现形式。

4.1.5 方法与消息概述

消息表示对象之间进行交换，以实现复杂的行为。例如我们单击一个按钮执行关闭窗口操作时，应发给它一个消息，告诉它进行关闭窗口的动作以及实现这种动作所需要的参数。一个完整的消息应包含三个方面：

（1）消息的接收者；

（2）采用何种方法接收消息；

（3）方法所需的参数。

任何一个对象的所有行为都可以用方法描述，通过消息机制就可以完全实现对象之间的交互。消息就是向对象发出的服务请求，服务通常被称为方法和函数。

4.2 类的定义及成员变量初始化

1. 类的定义

在上一节我们讨论了类的基本格式，下面我们来对类的基本格式做进一步的扩充。在前面我们已经介绍过，类有三大特性：封装、继承和多态。这三大特性在类的定义中就可以直接体现出来。通过类的修饰符来体现封装性；通过 extends 关键字来指出父类，体现继承性；通过 implements 关键字来指出接口，体现多态性。具体定义格式如下：

```
[类的修饰符] class 类名 extends 父类 implements 接口{
    变量定义  成员变量
    方法定义  成员方法
}
```

（1）class 是关键字，表示其后面定义的是一个类；类名是用户为该类起的名字，必须是一个合法的标识符。类名应尽量做到见名知义，并且类名首字母尽量大写。

（2）类的修饰符一共有 4 个：final、abstract、public 和 private。

① final。

出于安全性的考虑和面向对象设计的考虑，有的时候一些类不能被继承，例如字符串类 String，这时在类定义前面加上修饰符 final，则表示最终类，也就是类的层次结构中最下面一层，即叶子。这样的类就不能再派生子类，不能做父亲了。例如我们把学生类定义为最终类“final class Student { }”，则“class a extends Student{ }”这种写法就是错误的。

② abstract。

类定义前面如果加上 abstract，则表示该类为抽象类，没有具体的对象。例如我们定义猫类 Cat，含有成员变量体重 weight；定义狗类 Dog，含有成员变量体重 weight；定义猪类 Pig，含有成员变量体重 weight。由于这三个类都含有体重 weight 的成员变量，我们可以考虑把这三个类中共同的属性 weight 提取出来，单独地放到一个类中，这个类就是抽象类：

```
动物类 Animal
猫类 Cat    狗类 Dog    猪类 Pig
```

由于动物类并不是真实存在的，是我们为了处理问题方便起见定义的一个类，所以这个类为 abstract 抽象类，没有具体的对象。猫类 Cat、狗类 Dog、猪类 Pig 从动物类 Animal 继承即可，并且这三个类中不需要再定义成员变量体重 weight 了。例如：

```
abstract class Animal{
        int weight;
}
class Cat extends Animal{
}
class Dog extends Animal{
}
class Pig extends Animal{
}
```

详细抽象类的使用见 4.9 节。

注意：由于 final 表示最终类，不能有子类，而 abstract 表示抽象类，是专门用来做父类，让其他类来继承的，所以 final 和 abstract 不能同时存在，只能取其一。

③ public。

类定义前面加上 public，表示公共类，所有地方（同一包和不同包）都能对其进行访问，就像公开教学，任何人都可以去听课。

④ private。

类定义前面加上 private，表示私有类，为默认状态，加 private 或是不加 private 都一样，只能同一包中访问，就像单独教学，只能本班去听课，其他班上的人不能去听课。

注意：在 Java 中，一个程序可以由多个类组成，但有并且只能有一个主类，也就是 main() 函数所在的类，该类必须是共有的 public。其他类默认都是私有的。

（3）继承。

在 Java 中采用 extends 关键字来指出父类。Java 中类的根是 java.lang.Object。

（4）多态。

在 Java 中采用 implements 关键字来实现多个接口。

2. 变量的初始化

在 Java 中，定义变量的同时可以对变量进行初始化。

4.3 创建对象

对象是面向对象程序设计中最基本、最重要的概念之一，它是类的具体实例，具有状态和行为。状态可以用变量来描述，行为用方法来描述。一组在状态和行为中抽象出来的共性就是类。在 Java 程序中一般需要先定义类，然后从类中创建对象，并通过创建的许多对象之间的消息传递进行交互，完成复杂任务。

4.3.1 对象的生命周期

每个人从出生，经历婴儿、幼儿、儿童、少年、青年、中年、老年直到死亡的整个过程，为人的生命周期。对象也有生命周期，对象的生命周期也是对象在运行时从创建到销毁的一个全过程。当程序显式分配并初始化一个对象之后，对象就诞生了。一个类可以建立很多对象，这些对象通过互相发送消息进行交互。通过这些对象交互，Java 程序可以实现 GUI、运行动画或通过网络接收和发送信息。一旦一个对象完成了它的工作，就被作为垃圾收集，完成了对象的释放。

4.3.2 创建对象

在 Java 中，通过类来创建具体的对象，其格式如下：

```
类名 对象名=new 类名();
```

其中，new 为操作符，用于对象的实例化，负责调用类的构造方法初始化创建的对象。例如：

```
Student stu=new Student();
```

该语句创建了一个新的对象，Student 为我们在 4.1 节中定义的学生类。stu 是一个对象，实际上是一个变量——Student 类的变量。执行 new Student()将产生一个 Student 类的对象。

该对象实际上经历了 3 个过程：声明、实例化和初始化。

1. 声明对象

声明对象的格式如下：

```
类名   对象名
```

该语句指出了对象的名称、对象的类型。例如“Student stu”。需要注意的是该对象没有真正地创建出来。

2. 实例化对象

Java 中使用 new 操作符建立一个新对象，并进行实例化。其格式如下：

```
new 类名(参数列表)
```

类名实际上是我们后面要描述的构造方法名。实例化实际上是用 new 来创建对象并为其申请空间，分配内存。构造方法是一个方法，可以带参数，用来对对象进行初始化的操作。

3. 初始化对象

当创建一个类的对象的同时，可以对该对象进行初始化的工作。例如我们定义的学生类，对于具体创建的一个学生对象，需要给姓名 name、性别 sex、年龄 age 和学号 number 赋值。创建对象的同时给该对象的这些属性赋值称之为对象的初始化。格式如下：

```
new 构造方法(参数列表)
```

具体程序的执行过程在构造函数一节中讲述。

4.3.3 对象的使用

创建对象后，该对象就有自己的成员变量和成员方法。对象要调用自己的成员变量和成员方法必须通过对象名来完成。这是因为不同的对象其属性的值是不一样的。具体的格式如下：

```
对象名.成员方法(参数列表);
对象名.成员变量
```

【例 4-1】 学生类的实现。

源程序：Test1.java

```
package com.test;
public class Test1 {
        public static void main(String []args){
                Student stu=new Student();
                stu.name="李梅";
                stu.number="20110101";
                stu.sex='女';
                stu.age=18;
                stu.show();
        }
}
class Student
{
    String name;
    String number;
    int age;
    char sex;
    void show()
    {
        System.out.println("name="+name);
        System.out.println("number="+number);
        System.out.println("age="+age);
        System.out.println("sex="+sex);
    }
}
```

在该程序中，定义了一个学生类，含有 4 个成员变量：姓名 name、学号 number、年龄 age 和性别 sex，一个成员方法 show()完成学生信息的输出。在主函数中定义了该类的一个对象 stu，并且通过该对象调用类中的各个成员变量完成给 stu 对象的各个属性赋值。最后调用 show()方法输出各个属性的值。程序的运行结果如图 4.1 所示。

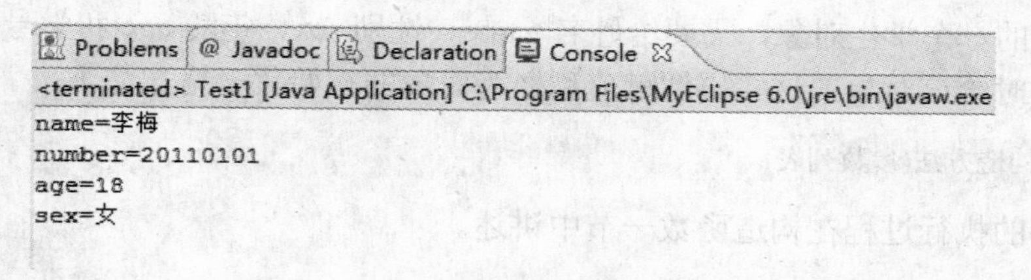

图 4.1 对象调用类中的属性和方法

注意：

（1）在类里面使用成员变量或成员方法时，不需要通过对象名引导。在学生类的 show()方法中，输出属性 name、number、age 和 sex 的值，使用的时候是直接使用，不添加对象来引导。而在类外面使用成员变量或成员方法时，必须通过对象名来引导。在 Student 类的外面，主类 Test1 中如果要使用 Student 类中的属性，必须通过对象来调用，否则会报错。

（2）成员变量与局部变量的区别：成员变量是在类中定义的变量，它的作用范围是整个类（类中所有方法）。而方法中的局部变量是在某个方法中定义的变量，它的作用范围只能在本方法中，其他方法中不能使用。

【例 4-2】 成员变量和局部变量的区别。

源程序：Test2.java

```
package com.test;

public class Test2 {
        public static void main(){
                A aa=new A();
                aa.a1=10;
                aa.fn(20);
                aa.show();
        }
}
class A {
        int a1;
        void fn(int b){
                int b1;
                b1=b;
                System.out.println("b1="+b);
                //正确：b1 为局部变量，在定义它的 fn()方法中可以使用
        }
        void show(){
                System.out.println("a1="+a1);
                //正确：a1 为成员变量，在类中的任何地方都可以使用
                // System.out.println("b1="+b1);
                //错误：b1 没有定义，局部变量只能在定义该变量的方法中使用
        }
}
```

说明：a1 为成员变量，在类中的任何地方都可以使用，所以在 show()方法中输出 a1 的值是正确的。而 b1 是 fn()方法中定义的局部变量，只能在定义它的 fn()方法中使用，因而在 show()方法中输出 b1 的值就是错误的。

4.3.4 对象的释放

为了节省空间，不用的对象要被释放。在 C++中需要在析构函数中写代码来释放对象所占的空间，比较麻烦。而在 Java 中有自动的垃圾回收机制，有 Java 虚拟机担当垃圾收集器的工作，它会定期地检查内存，发现不用的对象就会自动释放内存空间。可以任意创建多个对象而不用担心如何清除它们。

4.4 类成员的定义

类中的成员包含成员变量和成员方法。类的成员变量描述了类和对象的状态，也称之为

属性、数据。对成员变量的操作实际上就是改变类和对象属性的值、类和对象的状态。类的成员方法描述了类的行为，各种对象可以调用类中的成员方法，通过消息的传递实现对对象行为的控制。

4.4.1　成员的修饰符

和类相似，类中的成员变量和成员方法也有修饰符，这些修饰符实际上是类的封装性的体现。

成员变量和成员方法的声明语句格式如下：

```
[修饰符] 类型　变量名;
[修饰符] 返回值类型　方法名(形参列表)
```

其中，第一行是成员变量的声明语句，第二行是成员方法的声明语句。可以看到，修饰符都是加在成员变量定义和成员方法声明的最前面。成员变量和成员方法的修饰符都有 4 个，分别为 public、private、protected 和缺省。加上修饰符的成员称之为共有成员、私有成员、保护成员和成员。修饰符的作用范围如表 4.1 所示。

表 4.1　修饰符的作用范围

修 饰 符	本　类	子　类	同 一 包	不 同 包
public	√	√	√	√
private	√	×	×	×
缺省	√	×	√	×
protected	√	√	√	×

注：√表示能够访问；×表示不能访问。

1. public 成员

用 public 修饰的成员为共有成员。在任何地方都可以对共有成员进行访问，不具有任何保密性。如果拿老师上课做比喻，包代表同一个专业，本类代表本班级，共有成员相当于老师上公开课，任何人：本班的、其他班的，同一个专业、不同专业都可以对其进行访问。

【例 4-3】　共有成员的使用。

源程序：A.java

```
package com.pack;
public class A {
    public int a1=12;
    public void show(){
        System.out.println("a1 为共有方法，值为："+a1);
    }
}
```

源程序：Test3.java

```
package com.test;
public class Test3 {
    public static void main(String []args){
```

```
            A aa=new A();
            aa.a1=10;
            aa.show();
        }
    }
```

在该程序中，A 类和 Test3 类处于不同的包中，在 A 类中定义了共有的成员变量 a1 和共有的成员方法 show()，在 Test3 类中可以对 a1 和 show()进行使用。

2. private 成员

用 private 修饰的成员为私有成员，只能在定义它的类中使用，其他地方都不能用。private 成员的封装性是最好的，保密性是最高的。例如老师上课，只能本班学生听，其他任何学生都不能听。

【例 4-4】 私有成员的使用。

源程序：B.java

```
package com.pack;
public class B {
    private int b1=34;
    public void show(){
        System.out.println("b1 为私有成员，其值为："+b1);
    }
}
```

源程序：Test4.java

```
package com.test;
import com.pack.B;
public class Test4 {
    public static void main(String []args){
        B bb=new B();
    //  bb.b1=20; 错误，b1 不可见
        bb.show();
    }
}
```

在该程序中，B 类和 Test4 类处于不同的包中，在 B 类中定义了一个私有的成员变量 b1，初始化的值为 34。在类 Test4 中就不能对 b1 进行使用，因为对 Test4 类来说，b1 是不可见的，不能使用。

3. protcted 成员

修饰符为 protected 的成员为保护成员，本类、子类、同一包可以进行访问，不同包的不能进行访问。例如你父亲的小秘密，你可以知道，其他家庭成员也可以知道，但是外人不能知道。

【例 4-5】 保护成员的使用。

源程序：Father.java

```
package com.pack;
public class Father {
    protected int fatherc=33;
```

```
        public void show(){
            System.out.println("c 为保护成员，其值为："+fatherc);
        }
    }
```

源程序：Test5.java

```
package com.test;
import com.pack.Father;
public class Test5 {
    public static void main(String []args){
        Son son=new Son();
        son.fn();
    }
}
class Son extends Father{
    void fn(){
        fatherc=55;
        System.out.println("fatherc 为保护成员，子类可以访问，值为："+fatherc);
    }
}
```

在该程序中，在 com.pack 包中定义了父类 Father，含有保护成员 fatherc，在另一个包中定义了 Father 类的子类 Son。虽然 Father 类和 Son 类不在同一个包中，但是在 Son 类中可以对 Father 类中定义的变量 fatherc 进行访问赋值，这是因为 fatherc 是保护成员，子类可以对其访问，而不论子类和父类是否在同一个包中。如果把 fatherc 的修饰符改为 private，则子类不能对其进行访问。

4. 缺省成员

如果成员定义前面什么也不加，为缺省成员，也就是包成员，只能同一个包中进行访问，不同包中不能进行访问。

类中成员的修饰符一共有 4 个，那我们在定义类时到底该使用哪一个修饰符呢？一般情况下，需要子类继承的成员一般定义成 protected；成员变量一般不采用 public 修饰符，而要定义成 private 或 protected，成员方法一般定义成 public。

成员保密性从低到高的顺序为：public 4，protected 3，缺省 2，private 1。

4.4.2 常量的定义和最终方法

在 Java 类中，不仅可以定义成员变量，也可以定义常量。常量是永远不变的量，在任何地方，都不允许改变它的值。在类中定义常量的格式如下：

```
[final] 类型 常量名=常量值;
```

可以看到，常量的定义实际上是在变量定义的前面加上 final 关键字。需要注意的是，常量定义的同时必须赋值。例如：

```
final double PI=3.1415;
```

如果写成以下形式，就是错误的：

```
final double PI;
 PI=3.14;   //错误
```

常量一旦赋值，永远都不能改变，不能重新赋值，以下写法也是错误的。

```
final double PI=3.1415;
 PI=3.14;   //错误
```

【例 4-6】 定义一个圆类，求圆的面积和周长。

源程序：Test6.java

```
package com.test;
public class Test6 {
    public static void main(String []args){
        Circle c1=new Circle();
        c1.set(3);
        c1.circle();
        c1.area();
    }
}
class Circle{
    final float PI=3.1415f;
    int r;
    void set(int r1){
        r=r1;
    }
    void area(){
        float s;
        s=PI*r*r;
        System.out.println("半径为:"+r+"  面积为："+s);
    }
    void circle(){
        float l;
        l=2*PI*r;
        System.out.println("半径为:"+r+"  周长为："+l);
    }
}
```

程序的运行结果如图 4.2 所示。

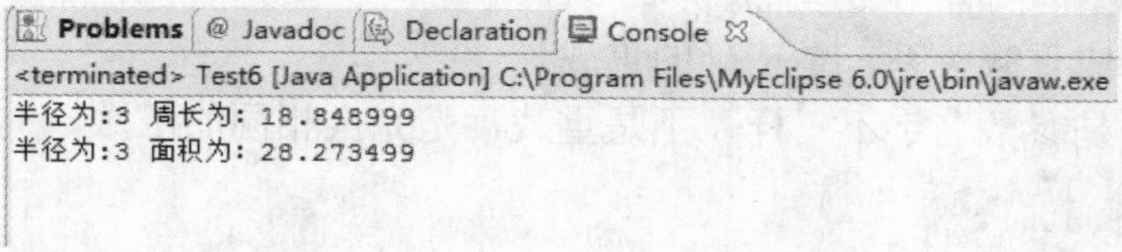

```
Problems | @ Javadoc | Declaration | Console
<terminated> Test6 [Java Application] C:\Program Files\MyEclipse 6.0\jre\bin\javaw.exe
半径为:3 周长为: 18.848999
半径为:3 面积为: 28.273499
```

图 4.2 常量的使用

属性可以声明为 final，表示常量。同样方法也可以声明为 final，表示最终方法。声明为 final 的方法在子类中不能被覆盖，子类可以继承最终方法和使用最终方法，但不能在子类中修改或重新定义它。这种修饰可以保护一些重要的方法不被修改，尤其是那些对类的状态和行为起关键作用的方法。

在面向对象程序设计中，有时不便于将整个类声明为最终类，这样的保护过于严格，不利于编程。此时我们可以有选择地将一些方法声明为最终方法，同样可以起到保护作用，子类不能对其进行修改。

4.4.3 成员方法的重载——多态性体现

1. 定义

在过程化语言中，每个函数必须有唯一的名字。例如，求一个数的绝对值，由于要求命名唯一，所以对于不同的类型需要不同名字的函数。

```
int abs(int a)
float fabs(float a)
double dabs(double a)
```

这 3 个方法所做的事是一样的，都是求一个数的绝对值。因此，使用 3 个不同的名字，感觉不是很好，若能给这 3 个方法起同样的名字就会方便得多。对于不同类型做不同运算而又用相同名字的情况，称之为重载。

成员方法的名字相同，但参数的类型、个数或者顺序不同，构成重载。

例如，上面 3 个方法的声明可以改为：

```
int abs(int a)
float abs(float a)
double abs(double a)
```

如果 3 个方法名字相同，则会出现新的问题，方法调用时到底匹配哪个方法呢？Java 规定，方法调用时根据实参的类型、个数、顺序来匹配判断。例如：

```
abs( -34 )        //匹配第一个 int abs ( int a )
abs( 45.2f )      //匹配第二个 float abs ( float a )
abs( 23.4 )       //匹配第三个 double abs ( double a )
```

注意：在方法重载时，不允许出现完全相同的方法。

2. 判断依据

（1）参数的类型、个数或者顺序，只要有一个不同，就是重载。

```
void abs(int a,float b)
void abs(float a,int b)
```

这两个方法构成重载关系，是正确的重载。

（2）如果仅仅是参数名字不一样，不是重载，是完全相同的函数。

```
void abs(int a,float b)
void abs(int b,float a)
```

这两个方法不是重载，程序会报错。

（3）如果仅仅是返回值类型不同，不是重载，是完全相同的函数。

```
float abs(int a,float b)
```

```
void abs(int a,float b)
```

这两个方法不是重载，程序会报错。

3. 调用的匹配原则

如果定义了几个构成重载的方法，在方法调用时，没有一个是匹配的，例如：

```
int abs ( int a )
double abs ( double a )
```

这两个函数构成重载。如果调用方法：

```
abs( 45.5f )
```

这时候到底匹配哪一个呢？匹配的原则如下：

（1）首先，寻找完全一致的匹配；

（2）如果没有，通过自动转换寻找匹配；

（3）如果没有，通过强制转换寻找匹配。

方法调用的匹配原则可参考以下代码：

```
class Test2{
    public static void main(String []args){
        Fn s=new Fn();
        s.abs((float)5.8);
        s.abs(6);
    }
}

class Fn{
    void abs(int a){
        if(a<=0)
            a=-a;
        System.out.println("1:"+a);
    }
    void abs(float   a){
        if(a<=0)
            a=-a;
        System.out.println("2:"+a);
    }
}
```

【例 4-7】 定义一个形状类，含有以下成员。

成员变量：int a,b;

成员方法：求面积。

用重载实现求圆的面积和长方形的面积。

源程序：Test7.java

```
package com.test;
public class Test7 {
    public static void main(String []args){
```

```
                TShape se=new TShape();
                se.setx(3,4);
                se.area();
                se.setx(3);
                se.area();
        }
    }
    class TShape{
        final double PI=3.1415;
        private int a,b;
        public void setx(int a1,int b1){
            a=a1;
            b=b1;
        }
        public void setx(int a1){
            a=b=a1;
        }
        void area(){
            double s;
            if(a==b){
                s=PI*a*a;
                System.out.println("圆的面积为："+s);
            }
            else if(a!=b){
                s=a*b;
                System.out.println("长方形的面积为："+s);
            }
        }
    }
```

在该程序中，在 TShape 类中定义了两个 setx()方法，它们参数的个数是不同的，给圆赋值的 setx()方法含有一个参数，即给圆的半径赋值；给长方形赋值的 setx()方法含有两个参数，即给长方形的长和宽赋值。这两个 setx()方法构成重载关系。在 TShape 类中还定义了一个求面积的 area()方法，首先判断成员变量 a 和 b 的值是否相等，如果相等，则是求圆的面积；如果不相等，则是求长方形的面积。在主类中，“se.setx(3,4)”调用带两个参数，匹配的是第一个 setx()方法；“se.setx(3)”调用带一个参数，匹配的是第二个 setx()方法。程序的运行结果如图 4.3 所示。

Problems | @ Javadoc | Declaration | Console

<terminated> Test7 [Java Application] C:\Program Files\MyEclipse 6.0\jre\bin\javaw.exe (

长方形的面积为：12.0

圆的面积为：28.2735

图 4.3　方法重载

4.5 构造方法

Java 的构造方法使类的对象能够轻松地被创建。构造方法创建类的对象，初始化其成员。构造方法是类的特殊的成员方法，它的实现使面向对象的机制得以充分地展示。所以构造方法是本章的重点内容，必须好好掌握。

4.5.1 构造方法的定义

我们在例 4-1 中定义的学生类，含有姓名、性别、年龄和学号 4 个属性。不同的对象给这 4 个属性赋值，在例 4-1 中是在主类中进行赋值。但类具有封装性，即类中有一部分数据是不能让外界访问的，我们需要将这 4 个属性定义为私有成员或保护成员，则在类外对保护成员或私有成员的访问是不允许的。如下所示：

```
class Student
{
    private String name;
    private String number;
    private   int age;
    private char sex;
    void show()
    {
        System.out.println("name="+name);
        System.out.println("number="+number);
        System.out.println("age="+age);
        System.out.println("sex="+sex);
    }
}
```

那我们如何对成员变量进行赋值呢？对象初始化的工作自然就考虑用普通成员方法进行赋值，因为它们可以给类的私有成员变量和保护成员变量赋值。

【例 4-8】 通过成员方法给成员变量赋值。

源程序：Test8.java

```
package com.construct;
public class Test8 {
        public static void main(String []args){
                Student s1=new Student();
                s1.set("李梅", "20110102", 18, '女');
                s1.show();
                Student s2=new Student();
                s2.set("张强", "20110101", 19, '男');
                s2.show();
        }
}
class Student{
        private String name;
```

```
        private String number;
        private int age;
        private char sex;
        void set(String sname,String snum,int sage,char ssex){
            name=sname;
            number=snum;
            age=sage;
            sex=ssex;
        }
        void show()
        {
            System.out.print("name="+name);
            System.out.print("number="+number);
            System.out.print("age="+age);
            System.out.println("sex="+sex);
        }
    }
```

在该程序中，我们通过 set()方法带参数的形式来达到给不同的对象属性赋不同值的目的。程序的运行结果如图 4.4 所示。

```
Problems  @ Javadoc  Declaration  Console
<terminated> Test8 [Java Application] C:\Program Files\MyEclipse 6.0\jre\bin\javaw.exe
name=李梅number=20110102age=18sex=女
name=张强number=20110101age=19sex=男
```

图 4.4　给不同对象的成员变量赋值

不过这种方法也存在一定的问题。

第一，如果忘记调用 set()方法给成员变量赋值，运行结果就是初始化的值，显示结果如下：

```
name=null number=null age=0 sex=_
```

第二，如果我们记着调用给成员变量赋值的方法，但是不知道是哪个方法，这时候需要到类中进行查询，比较麻烦。

我们需要有这样一个成员方法，知道类名就知道赋值的成员方法的名字，并且最好自动调用，这样就不会忘记调用，这就是构造方法。

构造方法的功能就是给成员变量赋值，完成对对象初始化的工作。

构造方法是类的成员方法，和其他成员方法比起来，它比较特殊，特殊性体现在：

（1）创建对象时自动调用；

（2）构造方法的名字和类名相同；

（3）构造方法没有返回值，方法名前没有 void。

构造方法定义的一般格式如下：

```
构造方法名([参数列表]){
```

```
    }
```

在类外创建类的对象时，自动调用类的构造方法：

```
    类名 对象名=new 构造方法名([实参列表]);
```

在我们以前的程序中，都没有编写代码调用构造方法，这时候默认在类中有一个不带参数的无参构造，该构造方法什么也不做。例如在例 4-8 中，实际上类中默认有一个无参构造，类定义如下：

```
class Student{
    private String name;
    private String number;
    private int age;
    private char sex;
    Student(){
    }
    void set(String sname,String snum,int sage,char ssex){
        name=sname;
        number=snum;
        age=sage;
        sex=ssex;
    }
    void show()
    {
        System.out.print("name="+name);
        System.out.print(" number="+number);
        System.out.print(" age="+age);
        System.out.println(" sex="+sex);
    }
}
```

4.5.2 带参数的构造方法

构造函数的作用是用来对对象进行初始化的工作，完成对成员变量的赋值。要对不同的对象进行初始化，则要求其成员变量赋不同的值，这就要求构造方法可以带参数，当然构造方法也可以不带参数。对上面的程序进一步修改如下。

源程序：Test8.java

```
package com.construct;
public class Test8 {
    public static void main(String []args){
        Student s1=new Student("李梅", "20110102", 18, '女');
        s1.show();
        Student s2=new Student("张强", "20110101", 19, '男');
        s2.show();
    }
}
class Student{
```

```
        private String name;
        private String number;
        private int age;
        private char sex;
        Student(String sname,String snum,int sage,char ssex){
            name=sname;
            number=snum;
            age=sage;
            sex=ssex;
        }
        void show()
        {
            System.out.print("name="+name);
            System.out.print(" number="+number);
            System.out.print(" age="+age);
            System.out.println(" sex="+sex);
        }
    }
```

和例 4-8 程序的运行结果一样。

4.5.3 构造方法重载

成员方法可以重载，构造方法可以带参数，同样也可以重载。进一步修改程序如例 4-9 所示。

【例 4-9】 对学生类实现构造方法的重载。

源程序：Test8.java

```
package com.construct;
public class Test8 {
    public static void main(String []args){
        Student s1=new Student("李梅", "20110102");
        s1.show();
        Student s2=new Student("张强", "20110101", 19, '男');
        s2.show();
        Student s3=new Student("王芳","20110103",'女');
        s3.show();
    }
}
class Student{
    private String name;
    private String number;
    private int age;
    private char sex;
    Student(){
    }
    Student(String sname,String snum){
        name=sname;
```

```
            number=snum;
            age=18;
            sex='男';
        }
        Student(String sname,String snum,char ssex){
            name=sname;
            number=snum;
            age=18;
            sex=ssex;
        }
        Student(String sname,String snum,int sage,char ssex){
            name=sname;
            number=snum;
            age=sage;
            sex=ssex;
        }
        void show()
        {
            System.out.print("name="+name);
            System.out.print(" number="+number);
            System.out.print(" age="+age);
            System.out.println(" sex="+sex);
        }
    }
```

程序的运行结果如图 4.5 所示。

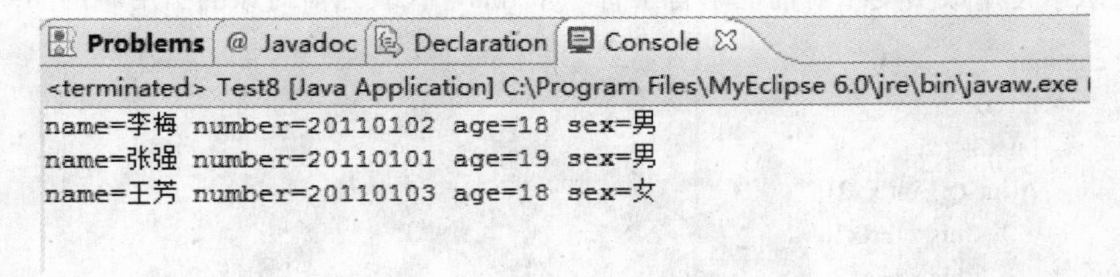

图 4.5　构造方法的重载

注意：如果类中没有定义构造方法，默认调用无参构造。

如果类中定义了有参构造方法，类中不再默认使用无参构造，这时创建对象调用无参构造会出错。

```
class A
{
    A(int a)
    {
    }
}
public class Test{
    public static void main(String []args){
```

```
            A zz=new A();   //出错
        }
    }
```

4.6 this 的用法

在 Java 中，this 是一个引用对象本身的指针，用来表示当前对象自身的引用值，它只和对象有关。在类的成员方法中，我们直接使用成员变量，例如：

```
class A{
    int x1;
    int x2;
    A(int xx1,int xx2){
        x1=xx1;
        x2=xx2;
    }
    void show(){
        System.out.println("x1="+x1);
        System.out.println("x2="+x2);
    }
}
```

在这个类的定义中，在构造方法和 show()成员方法中，直接使用 x1、x2 成员变量完成赋值和输出功能。但是 Java 编译器如何知道给哪个对象的 x1 和 x2 赋值和输出呢？实际上，在主程序中，调用方法的时候，除了传递自身的参数外，还传递了一个当前对象的引用给 this。在成员方法中使用成员变量时前面暗含了有一个 this，代表当前对象的引用。例如：

```
class A{
    int x1;
    int x2;
    A(int xx1,int xx2){
        this.x1=xx1;
        this.x2=xx2;
    }
    void show(){
        System.out.println("x1="+this.x1);
        System.out.println("x2="+this.x2);
    }
}
```

一般情况下，this 可以省略。但在成员变量和形参（局部变量）相同的时候，this 是不能省略的。这是 this 的第一种用法，格式如下：

```
this.成员变量
```

例 4-8 的程序可以修改如下。

源程序：Test8.java

```
package com.construct;
public class Test8 {
    public static void main(String []args){
        Student s1=new Student("李梅", "20110102", 18, '女');
        s1.show();
        Student s2=new Student("张强", "20110101", 19, '男');
        s2.show();
    }
}
class Student{
    private String name;
    private String number;
    private int age;
    private char sex;
    Student(String name,String num,int age,char sex){
        this.name=name;
        this.number=num;
        this.age=age;
        this.sex=sex;
    }
    void show()
    {
        System.out.print("name="+name);
        System.out.print(" number="+number);
        System.out.print(" age="+age);
        System.out.println(" sex="+sex);
    }
}
```

在该程序中，Student 类的构造方法带了 4 个参数，其形参和成员变量的名字相同，这时在方法体中使用它们时，在成员变量名前加“this.”。需要注意：是在成员变量名前面加而不是在局部变量前面加“this.”。

this 还有第二种用法，就是在构造函数重载的时候，在一个类中可以写多个构造方法。如果想在一个构造方法中调用类中其他的构造函数，以避免重复代码，可以用 this 关键字来完成一种特殊的写代码调用构造方法。其格式如下：

```
构造方法名([形参列表])
{
    this(实参列表);   //调用该类中另一个构造方法
}
```

例如对例 4-9 的程序进一步改造如下所示。

源程序：Test.java

```
public class Test {
    public static void main(String []args){
        Student s2=new Student("张强", "20110101", 19, '男');
        s2.show();
```

```
    }
}
class Student{
        private String name;
        private String number;
        private int age;
        private char sex;
        Student(){
        }
        //构造方法 1
        Student(String sname,String snum){
                name=sname;
                number=snum;
        }

        //构造方法 2
        Student(String sname,String snum,char ssex){
                this(sname,snum);
                sex=ssex;
        }

        //构造方法 3
        Student(String sname,String snum,int sage,char ssex){
                this(sname,snum,ssex);
                age=sage;
        }
        void show()
        {
              System.out.print("name="+name);
              System.out.print(" number="+number);
              System.out.print(" age="+age);
              System.out.println(" sex="+sex);
        }
}
```

在该程序中，在主类中创建 Student 类的对象 s2 的同时调用构造方法，带 4 个参数，调用的是 Student 类中的构造方法 3，在构造方法 3 中，首先使用 this 调用含有 3 个参数的构造方法 2，程序转去执行构造方法 2，在构造方法 2 中，又用 this 调用了含 2 个参数的构造方法 1。

关于使用 this 调用构造方法，需要注意以下三点。

第一，this 调用构造函数，不能自己调用自己。

```
class A{
    A(){}
    A(int x){
        this(5);   //错误，不能自己调用自己
    }
}
```

第二，this 调用构造函数，必须是该构造方法中的第一条语句。

```
class A
{
    A(){}
    A(int a){
      a=5;
      this();   //错误
    }
}
```

第三，this 调用构造函数，只能用在构造函数里面。在普通的成员方法中不能用 this 调用构造函数。

```
class A
{
    A(){}
    A(int a){
      this();   //可以
    }
    void fn(){
      this();   //错误
    }
}
```

4.7　静态成员

我们在定义类时，往往需要让类的所有对象在类的范围内共享某个数据。声明为 static 的类成员便能在类范围中共享，称之为静态成员。

4.7.1　静态成员的特性

有一些属性是类中所有对象共有的。

例如在人类 Person 中有成员变量：姓名、性别和人数。

```
class Person{
      private String name;   //姓名
      private char sex;   //性别
      private int num;   //人数
}
```

在这个类定义中，姓名 name 和性别 sex 成员变量对于不同的对象，它们的值是不同的。而人数 num 却是所有对象共有的，对于每一个人，人数的值都是相同的。这种属于类的一部分，但不适合作为普通成员的变量，用静态成员来表示。

静态成员是所有对象共有的，所有对象静态成员的值是一个。一般情况下，我们把具有统计性质的变量，如人数、总数、平均值声明成静态成员。

4.7.2 静态成员的使用

成员有成员变量和成员方法之分，静态成员也有静态成员变量和静态成员方法之分。静态成员用 static 声明。声明的格式如下：

```
封装性修饰符 static 类型 成员变量名;
```

静态成员不属于某一个对象，它是所有对象共有的，相当于全局变量。所以既可以通过对象名来调用，也可以通过类名调用。具体的访问格式如下：

```
类名.静态成员
对象名.静态成员
```

4.7.3 静态成员变量

公有静态成员变量可以被类的外部访问，私有静态成员变量只能被类的内部访问。

【例 4-10】 定义人类 Person，其中有成员变量：姓名、性别和人数。成员方法 show()输出人的相关信息。

源程序：Test9.java

```
package com.staticx;
public class Test9 {
    public static void main(String []args){
        Person per1=new Person("王来",'男');
        per1.show();
        Person per2=new Person("张丽",'女');
        per1.show();
        per2.show();
        Person per3=new Person("孙琦",'男');
        per1.show();
        per2.show();
        per3.show();
        System.out.println("所有的人数为："+Person.num);
        System.out.println("所有的人数为："+per1.num);
        System.out.println("所有的人数为："+per2.num);
        System.out.println("所有的人数为："+per3.num);
    }
}
class Person{
    private String name;  //姓名
    private char sex;  //性别
    static int num;  //人数
    Person(String name,char sex){
        this.name=name;
        this.sex=sex;
        num=num+1;
    }
    void show(){
```

```
            System.out.print(" 姓名为："+name);
            System.out.print(" 性别为："+sex);
            System.out.println(" 人数为："+num);
        }
    }
```

程序的运行结果如图 4.6 所示。

```
Problems  @ Javadoc  Declaration  Console
<terminated> Test9 [Java Application] C:\Program Files\MyEclipse 6.0\jre\bin\javaw.exe
 姓名为:王来 性别为:男 人数为:1
 姓名为:王来 性别为:男 人数为:2
 姓名为:张丽 性别为:女 人数为:2
 姓名为:王来 性别为:男 人数为:3
 姓名为:张丽 性别为:女 人数为:3
 姓名为:孙琦 性别为:男 人数为:3
所有的人数为:3
所有的人数为:3
所有的人数为:3
所有的人数为:3
```

图 4.6　静态成员变量的用法

在该程序中，Person 类中的人数 num 成员变量，由于是所有对象共有的，所以定义为静态成员变量。由于人数不能赋值得来，每创建一个对象“人”，人数就应该加 1，所以给 num 赋值放到了构造方法中。创建对象，调用构造方法，就给人数加 1。从程序可以看出，在类中的非静态的成员方法 show()和构造方法中，可以对静态成员变量进行访问。

在主类中，创建第一个对象 per1，通过 per1 调用 show()方法，显示人数为 1，只有一个人；创建第二个对象 per2，通过 per2 调用 show()方法，输出人数为 2；通过 per1 调用 show()方法，这时候输出的人数也为 2，这就是静态的好处。

对于静态成员的方法，既可以通过类名调用，也可以通过对象名调用。

```
System.out.println("所有的人数为："+Person.num);
System.out.println("所有的人数为："+per1.num);
System.out.println("所有的人数为："+per2.num);
System.out.println("所有的人数为："+per3.num);
```

注意：

（1）所有对象的静态成员的值只能有一个。

（2）只有静态的成员变量才能通过类名调用，普通的成员变量不能通过类名调用，只能通过对象名调用。

4.7.4　静态成员方法

成员变量可以是静态的，成员方法也可以是静态的。但是普通的成员方法可以处理静态成员变量，也可以处理非静态的成员变量；而静态的成员方法只能处理静态的成员变量，不能处理非静态的成员变量。

【例 4-11】　静态方法的使用。

源程序：Test10.java

```
package com.staticx;
```

```
public class Test10 {
        public static void main(String []args){
          A aa=new A();
          aa.y=2;   //正确，静态成员变量可以通过对象名引导
          A.y=3;     //正确，静态成员变量可以通过类名引导
          aa.fn(11, 22);   //正确，静态成员方法可以通过对象名引导
          A.fn(33, 44);     //正确，静态成员方法可以通过类名引导
          aa.x=1;
          A.x=1;   //错误，非静态的 x 不能通过类名来引导
          aa.set(55, 66);
          A.set(77,88);   //错误，非静态的 set()方法不能通过类名来引导
        }
}
class A{
        int x;
        static int y;
        void set(int x,int y){
              this.x=x;   //正确，非静态的成员方法中可以使用非静态的成员
              this.y=y;   //正确，非静态的成员方法中可以使用静态的成员
        }
        static void fn(int x1,int y1){
              x=x1;   //错误，静态成员方法中不能使用非静态成员变量
              y=y1;   //正确，静态方法中可以使用静态的成员变量
        }
}
```

4.8 继承

继承是面向对象的一种重要机制，该机制自动地为一个类提供来自另一个类的操作和数据，这使得程序员只需要在新类中定义已有类中没有的成分来建立新类。理解继承是理解面向对象程序设计所有方法的关键。本节是本章的重点之一。

4.8.1 继承的定义

如图 4.7 所示描述了交通工具的类层次。根为交通工具类，称之为基类。它有三个子类，分别为汽车类、飞机类、轮船类。交通工具类是汽车类的父类。每个子类都只有一个父类。汽车子类还有三个子类：小汽车类、公交车类和卡车类，每个类都以汽车类作为父类。交通工具类是它们的祖先类。小汽车类是轿车类、跑车类和面包车类这些派生类的父类。在图 4.7 中，每个类有且只有一个父类。

继承使我们描述事物非常简单。例如跑车是一种跑得非常快的小汽车，它具有小汽车的所有特点属性，但也有自己特有的属性：跑得非常快。这就是继承的好处，子类不需要再定义父类有的特点，只需要定义父类没有的特点就行了。

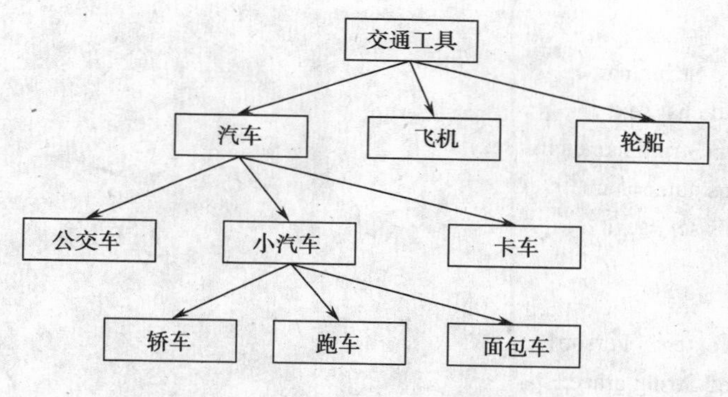

图 4.7　类的层次图

如果子类从一个父类中派生出来，称为单继承。如果一个子类有多个父类，则称为多重继承。Java 不支持多继承，只支持单继承。也就是说子类只有一个父类，这为编程带来方便。由于多重继承具有多个父类，使得类的层次关系变得复杂，而且多个父类含有相同的成员变量和成员方法时，会给子类继承和调用带来混乱。因此，Java 采用单继承，使得类的层次关系清晰，简洁明了。在 Java 中，父类又称为超类，子类又称为派生类。

4.8.2　继承说明

由于子类不能直接调用父类中的 private 私有成员，所以子类把父类中所有非私有的成员全部继承，变成自己的。例如：如果父类有 5 个成员，其中私有成员有 2 个，子类自己有 2 个成员，实际上子类应该有 5 个成员。

在定义子类时，它的父类由 extends 关键字指出。其基本格式如下：

```
[类修饰符] class 类名 extends 父类{
        成员定义
}
```

需要注意的是：第一，子类只能继承非私有的成员；第二，如果没有 extends，并不代表它没有父类、是根，而是默认该类的父类是系统软件包中的 java.lang.Object 类。

【例 4-12】　定义一个人类，含姓名、性别两个成员变量。定义一个学生类，从人类继承下来，含班级、成绩两个成员变量和一个输出信息的成员方法。

源程序：Test12.java

```
package com.extend;
public class Test12{
    public static void main(String []args){
        Student stu=new Student();
        stu.setp("张强",'男');
        stu.sets("软件 1 班",89);
        stu.show();
        Person p=new Person();
        p.setp("李梅",'女');
      // p.sets(“软件 2 班”,95);   错误
    }
}
```

```
class Person{
        protected String name;
        protected char sex;
        void setp(String name,char sex){
                this.name=name;
                this.sex=sex;
        }
}
class Student extends Person{
        protected String grace;
        protected int g;
        void sets(String grace,int g){
                this.grace=grace;
                this.g=g;
        }
        void show(){
                System.out.println("姓名为："+name);
                System.out.println("性别为："+sex);
                System.out.println("年龄为："+g);
                System.out.println("班级为："+grace);
        }
}
```

在该程序中，学生类 Student 是人类 Person 的派生类，在 Student 类中，自己含有班级 grace 属性和年龄 g 属性，sets()方法完成对这两个属性的赋值。而在 show()方法中，除了输出了自己的班级 grace 和年龄 g 信息，还输出了从 Person 类中继承下来的姓名属性 name 和性别属性 sex。如果在父类中，姓名属性 name 修饰符设置为 private，则在 show()方法中就不能访问 name 属性的值。

在主类中，定义子类 Student 类的对象 stu，可以访问自己的 sets()方法和继承下来的 setp()方法，即子类对象可以访问自己和父类中的成员。而创建的父类 Person 类的对象 p，只能访问自己的成员 setp()，而不能访问子类的成员 sets()，即父类对象只能访问父类中非私有的成员，不能访问子类中的成员。程序的运行结果如图 4.8 所示。

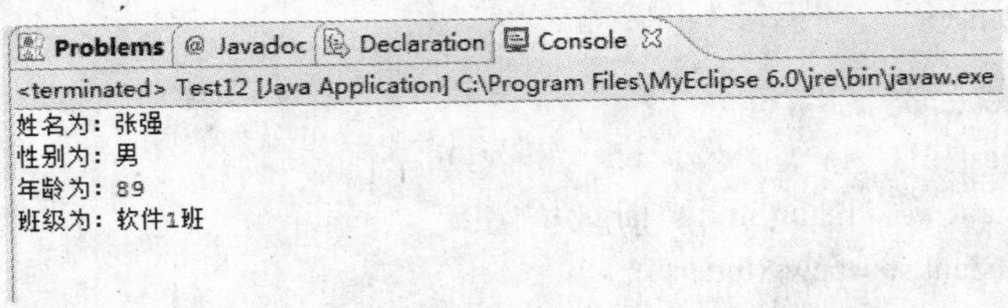

```
Problems  @ Javadoc  Declaration  Console
<terminated> Test12 [Java Application] C:\Program Files\MyEclipse 6.0\jre\bin\javaw.exe
姓名为：张强
性别为：男
年龄为：89
班级为：软件1班
```

图 4.8　继承示例

子类只继承属性，不继承属性的值。

例如下面的例子：

```
class A{
    int x1=10;
    int x2=20;
```

```
        private int x3=30;
        int getX3(){
            return x3;
        }
    }
    class B extends A{
        int y1=15;
        int y2=25;
    }
```

B 类相当于：

```
    class B {
        int y1;
        int y2;
        B(int y1,int y2){
            this.y1=y1;
            this.y2=y2;
        }
        int x1;
        int x2;
        int getX3(){
            return x3;
        }
    }
```

父类 A 有 4 个成员（不包括构造）。子类 B 自己有 2 个成员，继承下来的有 3 个成员，实际上 B 有 5 个成员。

4.8.3 成员变量的隐藏

当父类和子类有相同的成员变量名的时候，即子类定义了与父类相同的成员变量时，就会发生子类对父类变量的隐藏。对于子类的对象来说，父类中的同名成员变量被隐藏起来，子类优先使用自己的成员变量，父类成员隐藏。

【例 4-13】 成员变量的隐藏。

源程序：Test13.java

```
    package com.extend;
    class Test13{
        public static void main(String []args){
            SonA son=new SonA();
            son.showson();
            FatherA father=new FatherA();
            father.showfather();
        }
    }
    class FatherA{
        int x1=1;
```

```
        int x2=2;
        void showfather(){
                System.out.print(" x1="+x1);
                System.out.println(" x2="+x2);
        }
}
class SonA extends FatherA{
        int x1=11;
        int y1=22;
        void showson(){
                System.out.print(" x1="+x1);
                System.out.print(" x2="+x2);
                System.out.println(" y1="+y1);
        }
}
```

在该程序中，父类中定义了两个成员变量 x1 和 x2，值分别为 1 和 2。在子类中也定义了两个成员变量 x1 和 y1。在主类中创建子类的对象 son，调用 showson()方法输出成员变量的值，对于子类和父类中相同的成员变量 x1，子类对象输出自己子类的 x1 的值为 11，这时父类的 x1 发生隐藏。而对于父类对象 father，输出父类的 x1 的值为 1。程序的运行结果如图 4.9 所示。

```
Problems  @ Javadoc  Declaration  Console
<terminated> Test13 [Java Application] C:\Program Files\MyEclipse 6.0\jre\bin\javaw.exe
 x1=11 x2=2 y1=22
 x1=1 x2=2
```

图 4.9　成员变量的隐藏

需要注意两点：

第一，隐藏和类型无关。如果把例 4-13 中父类中的 x1 的类型改为 double，子类中 x1 的类型不变，还是 int，如下所示：

```
class FatherA{
        double x1=1;
        int x2=2;
        void showfather(){
                System.out.println("x1="+x1);
                System.out.println("x2="+x2);
        }
}
```

这时候隐藏依然发生，创建子类的对象，输出 x1 的值仍然是自己子类的 x1 的值 11。和前面输出结果一样。

第二，隐藏和修饰符无关。如果把例 4-13 中父类中的 x1 的修饰符改为 protected，而子类中 x1 的修饰符保持不变，还是默认，如下所示：

```
class FatherA{
        protected double x1=1;
        int x2=2;
        void showfather(){
                System.out.println("x1="+x1);
                System.out.println("x2="+x2);
        }
}
```

这时候隐藏依然发生，创建子类的对象，输出 x1 的值仍然是自己子类的 x1 的值 11。和前面输出结果一样。

4.8.4　方法的覆盖

父类和子类可以定义相同的成员变量名。同样地，父类和子类也可以定义相同的成员方法名。这时候，对于子类的对象，调用的是自己的成员，覆盖父类的成员方法。

【例 4-14】　成员方法的覆盖。

源程序：Test14.java

```
package com.extend;
class Test14{
        public static void main(String []args){
                FatherB father=new FatherB();
                father.show();
                SonB son=new SonB();
                son.show();
        }
}
class FatherB{
        int x1=10;
        int x2=20;
        void show(){
                System.out.print(" x1="+x1);
                System.out.println(" x2="+x2);
        }
}
class SonB extends FatherB{
        int y1=30;
        int y2=40;
        void show(){
                System.out.print(" y1="+y1);
                System.out.println(" y2="+y2);
        }
}
```

在该程序中，在父类 FatherB 中有一个成员方法 show()，在子类 SonB 中也有一个名字相同的成员方法 show()。那么，创建子类的对象 son，调用的是自己的成员方法 show()，父类的成员方法 show()被覆盖了。只有创建父类的对象 father，调用的才是父类自己的成员方法。

程序的运行结果如图 4.10 所示。

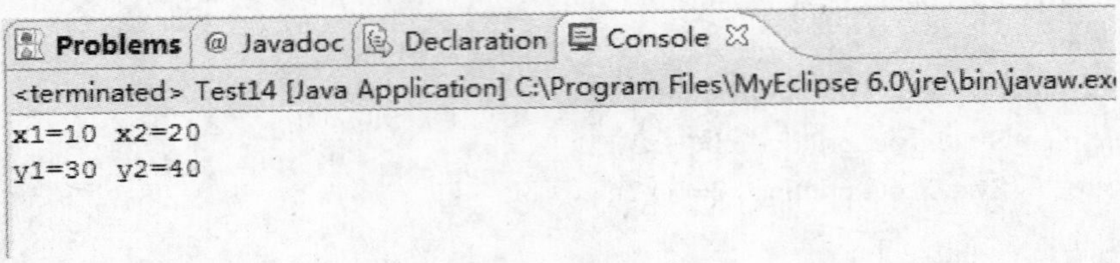

Problems @ Javadoc Declaration Console

<terminated> Test14 [Java Application] C:\Program Files\MyEclipse 6.0\jre\bin\javaw.ex

```
x1=10 x2=20
y1=30 y2=40
```

图 4.10 成员方法的覆盖

需要注意以下几点：

第一，成员方法的覆盖必须是方法名、参数类型、顺序、个数、返回值完全相同。如果方法名相同，参数类型、个数或顺序不相同时，子类继承下来形成的是重载。这是因为重载是要求方法名相同，参数类型、顺序、个数不同。

源程序：Test15.java

```
package com.extend;
class A{
    int get(int x){
        return x;
    }
}
class B extends A{
    int get(int x,int y){
        return x+y;
    }
}
class Test15{
    public static void main(String []args){
        B bb=new B();
        System.out.println(bb.get(4));
        System.out.println(bb.get(4,5));
    }
}
```

在该段程序中，父类的 get()方法带一个参数，子类的 get()方法带两个参数，子类把父类的方法继承下来，两个 get()方法形成重载关系。创建子类的对象，语句“bb.get(4)”匹配的是父类被继承下来的 get()方法，语句“bb.get(4,5)”匹配的是子类自己的 get()方法，输出结果为：

```
4
9
```

第二，如果方法名、参数类型、顺序、个数完全相同，仅仅是返回值不同，不是重载，也不是覆盖。

```
class A{
    int get(){}
}
class B extends A{
```

```
        float get(){}
    }
    //程序错误
```

第三，不能覆盖父类中的 final 方法。如果父类中的方法为 final，表示为最终方法，不能被子类覆盖，也就是说最终方法能被子类继承和使用，但不能在子类中修改或重新定义它，这和常量的概念类似。

第四，不能覆盖父类中的 static 方法，但可以隐藏。也就是说，在子类中声明的同名静态方法实际上隐藏了父类的静态方法。

4.8.5 super 关键字

如果子类和父类有相同的成员变量和成员方法时，子类会隐藏或覆盖父类的成员变量和成员方法，使用子类自己的成员变量和成员方法。但如果子类想访问父类的成员变量和成员方法，怎么办呢？解决的办法就是使用 super 关键字。要使用父类中被隐藏和覆盖的成员时，使用 super，格式如下：

```
super.父类成员变量名
super.父类成员方法名
```

【例 4-15】 super 的用法示例。

源程序：Test1.java

```
public class Test1 {
    public static void main(String []args){
        Employee emp=new Employee();
        emp.sete();
        emp.show();
    }
}
class Person{
    protected String name;
    protected char sex;
    void show(){
        System.out.println("父类中姓名为："+name);
        System.out.println("性别为："+sex);
    }
}
class Employee extends Person{
    protected int salary;
    protected String name;
    void sete(){
        name="张钱";
        super.name="李斯";
        salary=2100;
        sex='男';
    }
    void show(){
```

```
            System.out.println("子类中姓名为："+name);
            System.out.println("性别为："+sex);
            super.show();
        }
    }
```

程序的运行结果如图 4.11 所示。

```
Problems  @ Javadoc  Declaration  Console
<terminated> Test1 [Java Application] C:\Program Files\MyEclipse 6.0\jre\bin\javaw.exe
子类中姓名为：张钱
性别为：男
父类中姓名为：李斯
性别为：男
```

图 4.11 super 的用法

在该程序中，人类 Person 中含有成员变量姓名 name、性别 sex 和一个 show()输出方法，在子类中，含有成员变量工资 salary 和姓名 name。父类和子类有相同的成员变量 name，发生成员变量的隐藏。在 sete()方法中，首先给 name 赋值“张钱”，这是给子类的成员变量赋值，因为父类的成员变量被隐藏了。要给父类的成员变量 name 赋值，必须采用 super 调用给父类的成员变量 name 赋值“super.name="李斯";”。同样，父类和子类有相同的输出方法 show()方法，在子类的 show()方法中，要调用父类的 show()方法也必须通过 super 来调用“super.show();”。

super 还有第二种用法——调用父类的构造方法。在下一小节介绍。

4.8.6 子类构造方法

在前面的程序中，在父类中都没有编写构造方法，这时候父类默认有一个无参的构造方法。定义子类时，必须无条件继承父类中默认的无参构造，也就是说子类默认调用了父类中的默认无参构造。当父类存在有参数的构造方法时，子类必须调用父类的构造方法。子类调用父类的构造方法的原则是：

（1）对于父类中不含参数的构造方法，子类无条件（默认）继承。

（2）如果父类中是有参数的构造方法，子类这时不能默认继承无参构造，必须写代码 super 调用父类构造方法。

（3）如果在子类的构造方法中通过 this()调用本类中其他的构造方法，就不再默认调用 super( )。

【例 4-16】 定义一个长方体：含有长、宽、高三个成员变量，一个有参构造方法和求体积的方法。定义一个子类：含有密度成员变量，一个有参构造方法、求质量的成员方法和一个输出方法。

源程序：Test16.java

```
package com.extend;
public class Test16 {
    public static void main(String []args){
        Qun qun=new Qun(3,4,5,4.5f);
        qun.show();
```

```
            qun.quntity();
        }
    }
    class Rect{
        int length;
        int width;
        int high;
        Rect(int l,int w,int h){
            this.length=l;
            this.width=w;
            this.high=h;
        }
        int vert(){
            int v=length*width*high;
            return v;
        }
    }
    class Qun extends Rect{
        float p;
        Qun(int lx, int wx, int hx,float px) {
            super(lx, wx, hx);
            p=px;
        }
        void quntity(){
            float m;
            m=p*vert();
            System.out.println("质量为："+m);
        }
        void show(){
            System.out.println("长为："+length);
            System.out.println("宽为："+width);
            System.out.println("高为："+high);
        }
    }
```

在该程序的设计中，父类 Rect 长方形类中定义了一个有参数的构造方法，给长 length、宽 width、高 high 赋值。在它的派生类 Qun 类中，必须定义一个有参数的构造方法，并且一般要带 4 个参数，这是因为子类的构造方法需要给父类的长、宽、高和自己的密度赋值。在子类的构造方法中，第一条语句必须是用 super 调用父类的构造方法“super(lx, wx, hx);”，它不能放到其他语句“p=px;”的后面。程序的运行结果如图 4.12 所示。

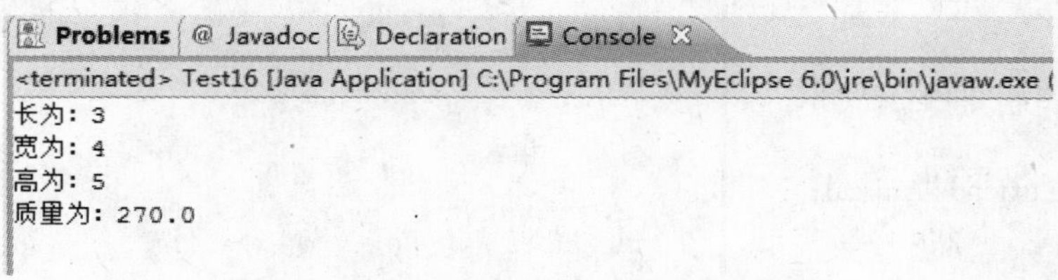

```
Problems  @ Javadoc  Declaration  Console
<terminated> Test16 [Java Application] C:\Program Files\MyEclipse 6.0\jre\bin\javaw.exe (
长为：3
宽为：4
高为：5
质量为：270.0
```

图 4.12　构造方法在继承中的作用

4.9 抽象类

类定义前面如果加上 abstract，则表示该类为抽象类，没有具体的对象。例如：我们定义猫类 Cat，含有成员变量体重 weight；定义狗类 Dog，含有成员变量体重 weight；定义猪类 Pig，含有成员变量体重 weight。程序如下：

```
class Cat{
    int weight;
}
class Dog{
    int weight;
}
class Pig{
    int weight;
}
```

由于这三个类都含有体重 weight 这个成员变量，我们可以考虑把这三个类中共同的属性 weight 提取出来，单独地放到一个类中，这个类就是抽象类，如图 4.13 所示。

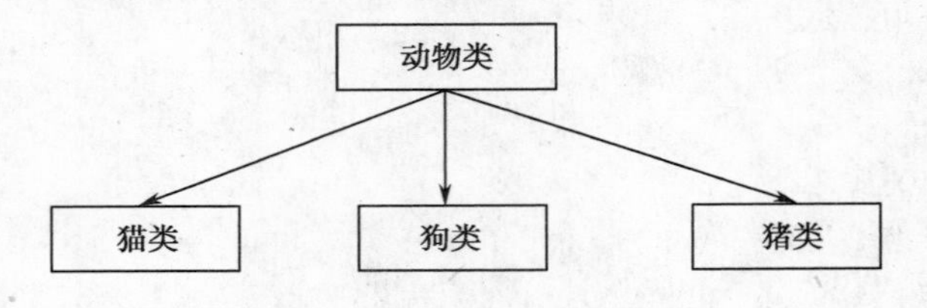

图 4.13　抽象类的结构

由于动物类并不是真实存在的，是我们为了处理问题方便起见定义的一个类，所以这个类为 abstract 抽象类。抽象类相当于一种概念或者是一个框架，已经不能作为具体事例对象的类，也就是说没有具体的对象。猫类 Cat、狗类 Dog、猪类 Pig，它们都实实在在存在于现实中，而动物类仅仅作为一种抽象概念存在着，此时它不是任何一种具体种类的动物，它代表了所有动物类的共同属性，而任何一种具体的动物都代表了特殊化的动物。猫类 Cat、狗类 Dog、猪类 Pig 是从动物类 Animal 继承而来，所以这三个类中不需要再定义成员变量 weight 体重了。例如：

```
abstract class Animal{
        int weight;
}
class Cat extends Animal{
}
class Dog extends Animal{
}
class Pig extends Animal{
}
```

从上述描述可以看出，抽象类只能用做父类来派生子类，不能用 new 运算符创建抽象类的实例。Java 中定义了一些专用的抽象类，如 java.lang.Number 类就是抽象类，不能创建具体的实例，它只是代表了数字的抽象概念。

定义抽象类的作用是将一类对象的共同特点抽象出来，成为该类共同特性的抽象概念。其后在处理具体的某个对象时，只需要添加与其他子类的不同之处即可，不需要再重复抽象类的共同特性。

如果在方法声明前面加上 abstract 就表示为抽象方法。抽象方法包含在抽象类中，只有方法头（包含修饰符、返回类型、方法名和参数列表），没有方法体和功能实现，类似于 C 语言中的函数声明。抽象方法的具体功能实现由子类完成。

由于抽象方法在抽象类中，具体的实现在各种抽象类的子类中，各种子类就形成了方法声明完全一样，只有实现的语句不一样。类外看起来名字相同，是一个统一的接口，这个统一接口的多种实现方法就是多态的体现。

【例 4-17】 抽象类的用法：定义一个抽象类图形类，派生出 3 个子类——三角形类、矩形类、圆形类，求面积。

源程序：Test17.java

```
package com.extend;
public class Test17 {
	public static void main(String []args){
		// TShape shape=new TShape(); 错误，抽象类没有具体实例
		Rectx rect=new Rectx(4,5);
		rect.area();
		Angle angle=new Angle(4,5);
		angle.area();
		Circle cir=new Circle(4);
		cir.area();
	}
}
abstract class TShape{
		int a;
		int b;
		TShape(int a,int b){
			this.a=a;
			this.b=b;
		}
		abstract void area(); //抽象类
}
class Rectx extends TShape{
	Rectx(int a, int b) {
		super(a, b);
	}
	void area() {
		double s;
		s=a*b;
		System.out.println("矩形的面积为： "+s);
```

```
        }
    }
    class Angle extends TShape{
        Angle(int a, int b) {
            super(a, b);
        }
        void area() {
            double s;
            s=0.5*a*b;
            System.out.println("三角形的面积为："+s);
        }
    }
    class Circle extends TShape{
        final double PI=3.1415;
        Circle(int r) {
            super(r, r);
        }
        void area() {
            double s;
            s=PI*a*a;
            System.out.println("圆的面积为："+s);
        }
    }
```

在该程序中，图形类 TShape 为抽象类，里面含有一个抽象方法 area()。定义了该抽象类的 3 个子类：圆类 Circle、三角形类 Angle 和矩形类 Rectx。在 3 个子类中，分别定义了抽象方法 area()的具体实现，这时 area()方法的前面不能加关键字 abstract。在主程序中，分别定义 3 个子类的对象，调用 area()方法输出各个图形面积的值。“TShape shape=new TShape();”这条语句是错误的，这是因为抽象类没有具体的实例，不能用 new 来创建对象。但是可以引用对象，我们可以仅仅创建抽象类 TShape 的对象，然后把它的子类的对象赋值给抽象类的对象，这时候抽象类的对象可以认为是子类的具体对象，通过抽象类的对象调用方法就相当于通过子类的对象调用方法。主类可以更改为如下格式：

```
    public class Test17 {
        public static void main(String []args){
            TShape shape;
            Rectx rect=new Rectx(4,5);
            shape=rect;
            shape.area(); //调用的是矩形类 Rectx 对象的面积
            Angle angle=new Angle(4,5);
            shape=angle;
            shape.area(); //调用的是三角形类 Angle 对象的面积
            Circle cir=new Circle(4);
            shape=cir;
            shape.area(); //调用的是圆形类 Circle 对象的面积
```

```
        }
    }
```

程序的运行结果是一样的，如图 4.14 所示。

```
Problems  @ Javadoc  Declaration  Console
<terminated> Test17 [Java Application] C:\Program Files\MyEclipse 6.0\jre\bin\javaw.exe
矩形的面积为: 20.0
三角形的面积为: 10.0
圆的面积为: 50.264
```

图 4.14　抽象类的应用

需要注意的是抽象方法必须在抽象类中，抽象类中不仅包含抽象方法，还可以包含其他成员方法和成员变量，但是抽象类中的非抽象方法必须要实现。例如：

```
class Animal{
    abstract void shout( ); //  正确
    abstract void fn (){ System.out.println("ok!"); }   // 错误，抽象类没有具体的实现
    void fg( ){System.out.println("ok!");} // 正确，抽象类可以有普通方法
    void fg( ) ; // 错误，普通成员方法必须写实现
}
class   A{
     abstract void fn( );   //错误，普通类中不能有抽象方法
}
```

需要注意以下几点：

第一，构造方法不能为抽象方法。

第二，静态方法不能为抽象方法。

第三，private 方法不能为抽象方法。

4.10　接口

接口 interface，顾名思义，是为一种事物与另一种事物进行交流提供的通道（手段），例如我们现在操作的 Windows 系统，我们见到的界面和各个功能的按钮都是图形用户接口，接口就是用户与应用程序内部交互的界面。接口实际上有两种含义：一是一个类所具有的方法的特征集合，是一种逻辑上的抽象；二是 Java 接口，Java 语言中存在的结构，有特定的语法和结构。前者叫做“接口”，后者叫做“Java 接口”。本节我们研究的是 Java 接口。

Java 中的接口是一系列方法的声明，是一些方法特征的集合。一个接口只有方法的特征没有方法的实现，因此这些方法可以在不同的地方被不同的类实现，而这些实现可以具有不同的行为（功能）。接口具有以下特性：

（1）在 Java 中只支持单继承。如果要实现多继承可以通过接口来实现。

（2）封装性。接口提供一种途径，使类隐藏其处理的特定事物的细节，仅对外公布它必须支持的属性。只需要知道调用的方法及其参数，而不需要知道方法内部的实现。

（3）面向接口编程。比如 A、B 实现接口 C，在一个方法的参数中可以写 C（可以代表 A 也可以代表 B），到时动态地传入 A 或 B 的实例都可以。

4.10.1　接口的定义

接口包含常量和抽象方法，没有变量和其他成员方法。一旦定义了接口，所有的类都可以实现该接口，并且由于接口支持多继承，所以一个类一次可以同时实现多个接口。接口的具体定义格式如下：

```
[public] interface  接口名  [extends  多个父接口]
{
     [public] [static] [final]  类型  常量名=值;
     [public] [abstract]  返回类型  方法名([参数]);
}
```

其中接口中默认的属性都是常量，并且常量默认必须是公有的常量，不允许有变量和普通方法，所以常量的修饰符 public 和 final 可以省略。同理，接口中的方法默认都是公有的抽象方法，不能写具体的实现，所以方法前的修饰符 public 和 abstract 也都可以省略。例如定义接口 A，如下所示：

```
interface A
{
   int p=4.14;
   void show();
}
```

接口 A 的属性 p 为一个 public 的常量，show()为一个 public 的抽象方法。需要注意的是，由于 p 是一个常量，所以 p 在定义的同时必须给它赋初值。以下写法是错误的：

```
interface A
{
   int p;       //错误
   void show();
}
```

接口定义的同时，可以指出它的封装性。如果是 public，任何地方都可以实现接口；如果没有 public，为默认状态，只能被同一包中的类访问。

接口支持多继承，多个接口之间用逗号隔开，其父亲也必须是接口。例如：

```
   public interface Father{
          void fn1( );
          void fn2( );
}
   public interface Mother{
          void fn3( );
          void fn4( );
}
   public interface Son extends Father,Mother
   {
          void fn5( );
   }
```

在 Father 接口中有 fn1()和 fn2()两个抽象方法，Mother 接口中有 fn3()和 fn4()两个抽象方法。定义的 Son 接口，自身有一个 fn5()抽象方法，由于它的父亲是 Father 和 Mother 接口，所以 Son 接口中应该具有 5 个抽象方法：从 Father 接口中继承的 fn1()和 fn2()，从 Mother 接口中继承的 fn3()和 fn4()，还有自身的 fn5()，一共 5 个抽象方法。如果一个类实现 Son 接口，它必须实现 Son、Father、Mother 中的所有 5 个方法。

需要注意，接口的父亲一定是接口，不能是类，以下写法不正确：

```
class A{
  void fn( );
}
interface B extends A{      }      //错误
```

4.10.2 接口的使用

接口定义好后，如何使用这些接口呢？只要在类的声明语句中使用关键字 implements，声明该类实现了某个或多个接口，同时要在类中实现接口中定义的所有方法。具体格式如下：

```
[类修饰符] class 类名 implements 多个接口
    {
            实现接口中的方法
    }
```

在类体中实现接口中的方法必须是公有 public 方法，如果不加 public，程序会出错。我们对上面定义的接口写出具体的实现，程序如下：

```
class A implements Son
{
    public void fn1()
    {
        System.out.println("fn1 ok");
    }
    public void fn2(){
    }
    public void fn3()
    {
    }
    public void fn5()
    {}
    public void fn4()
    {}
 }
```

【例 4-18】 接口的用法：定义一个接口图形类，派生出 3 个子类——三角形类、矩形类、圆形类，求面积。

源程序：Test18.java

```
package com.extend;
public class Test18 {
      public static void main(String []args){
```

```
            Recte rect=new Recte(3,4);
            rect.area();
            Anglex ang=new Anglex(3,4);
            ang.area();
            Circlex cir=new Circlex(5);
            cir.area();
        }
    }
    interface Shape{
        public final double PI=3.1415;
        public abstract void area();
    }
    class Recte implements Shape{
        private int l,w;
        Recte(int a1,int b1){
            this.l=a1;
            this.w=b1;
        }
        public void area() {
            double s;
            s=l*w;
            System.out.println("矩形的面积为："+s);
        }
    }
    class Anglex implements Shape{
        private int l,h;
        Anglex(int l1,int h1){
            this.l=l1;
            this.h=h1;
        }
        public void area() {
            double s;
            s=0.5*l*h;
            System.out.println("三角形的面积为："+s);
        }
    }
    class Circlex implements Shape{
        private int r;
        Circlex(int r1){
            this.r=r1;
        }
        public void area() {
            double s;
            s=PI*r*r;
            System.out.println("圆形的面积为："+s);
        }
    }
```

程序的运行结果如图 4.15 所示。

```
Problems  @ Javadoc  Declaration  Console
<terminated> Test18 [Java Application] C:\Program Files\MyEclipse 6.0\jre\bin\javaw.exe
矩形的面积为：12.0
三角形的面积为：6.0
圆形的面积为：78.53750000000001
```

图 4.15　接口的用法

前面我们已经介绍了抽象类和接口的相关概念，它们有许多相似和不同的地方，现总结抽象类和接口的区别如下：

- 继承抽象类：优势为抽象类中方法不需要全部实现，缺陷为单继承。
- 实现接口：缺陷为接口中的方法必须全部实现，优势为多继承。

在我们写程序时，可以将接口保存成一个文件，类保存成一个文件。

4.11 包

在 Windows 操作系统中，对文件的组织方式是以文件夹为单位存放的，同一个文件夹中的东西不允许同名，不同文件夹中的东西可以同名。有了文件夹，我们可以对东西进行分门别类，东西存放会变得井井有条，找东西也格外方便。Java 中对类的组织方式和 Windows 系统对文件的组织方式一样。文件夹在 Java 中称为包。一个包对应于一个文件夹，和文件夹中还可以定义文件夹相类似，包中还可以定义包。

Java 规定文件名和类名相同，一个包中的多个类不允许同名，不同包中的多个类允许同名，Java 中的包充分避免了类名冲突的问题。

在源文件中，需要声明文件所在的包，就像要说明文件保存到哪个文件夹里一样。当源文件中没有包的声明时，Java 将类放到默认的包中，即运行编辑器的当前文件夹中。这时由于在同一个包中，多个类不允许同名。

4.11.1 包的创建

前面已经描述了包的创建是要解决类和接口的重名问题，便于管理，查找方便。Java 中包的组织方式和文件的组织方式一样，是一个层次结构，就像一个根在上部的树一样。要建立自己定义的包，必须进行包的声明。格式如下：

```
package 包名;
```

声明语句必须添加在程序的第一行，表示程序中的所有类和接口都在这个包中。包名在 Java 中一般采用小写字母。需要注意的是，包的层次结构必须和文件夹的层次结构相同。例如：

```
package shap.aaa;
public class Emee
{
}
```

这时候，Emee.java 文件必须放在当前目录“\shap\aaa\”文件夹下面。

4.11.2 包的引用

在 Java 中，如果要用某个包中的类，就要在程序的开头添加 import 语句，告诉编译器源程序要使用该包中的类。例如：

```
import mypac.*;
```

表示该程序可以使用 mypac 包中的所有类。其中“*”表示所有的类。

```
import mypac.ClassA;
```

表示该程序可以使用 mypac 包中的 ClassA 类。

下面通过一个具体的例子来讲述包使用的步骤。

（1）首先自己手动创建文件夹，该文件夹的名字和你将要放的包的名字相同。例如 D:\exe\mypack 文件夹。

（2）创建自己定义的各种类或接口，放到 D:\exe\mypack\路径下面，在类或接口的定义中，第一行必须用“package mypack”命令把相应的类放到包 mypack 里面。

```
package mypack;
public class MyPackage
{
    public MyPackage()
    {System.out.println(" Package! ");}
}
```

（3）编译以后，自动生成文件夹 mypack，里面放各种类及接口相应的 class 文件。

D:\exe\mypack\ MyPackage.java：Java 源程序。

D:\exe\mypack\mypack\ MyPackage.class：class 编译后生成的文件。

（4）在其他包中建立主类 D:\exe\Test.java。

在主类中必须用 import 导入包中的类、接口：

```
import mypack.*;
public class Test{
    public static void main(String []args){
            MyPackage my=new MyPackage();
    }
}
```

4.12 内部类与匿名类

简单地说，内部（inner）类指那些类定义代码被置于其他类定义中的类；而对于一般的、类定义代码不嵌套在其他类定义中的类，称为顶层（top-level）类。对于一个内部类来讲，包含其定义代码的类称为它的外部（outer）类。

匿名类，顾名思义就是没有名字的类。并不是所有的类都可以是匿名类，只有内部类才可以是匿名类。也就是说，我们在定义内部类时，可以不给内部类起名字，称为匿名内部类，简称匿名类。

本节我们介绍内部类和匿名类的用法。

4.12.1 内部类

在一个类的内部定义另外一个类，这个类就叫做内部类（inner class）。内部类的定义和普通类的定义没什么区别，它可以直接访问和引用它的外部类的所有变量和方法（包括private），就像外部类中的其他非 static 成员的功能一样。区别是，外部类只能声明为 public 和 default，而内部类可以声明为 private 和 protected。

当我们建立一个内部类时，其对象就拥有了与外部类对象之间的一种关系，当内部类的成员方法访问某个变量/方法时，如果在该方法和内部类中都没有定义过这个变量，调用就会被传递给内部类中保存的那个外部类对象的引用，通过那个外部类对象的引用去调用这个变量。

【例 4-19】 内部类的用法示例。

源程序：Test19.java

```
package com.extend;

public class Test19 {
	public static void main(String []args){
		//Inner in=new Inner(); 错误
		Outer out=new Outer();
		out.outMethod();
	}
}
class Outer
{
    int s=10;
    void outMethod()
    {
        Inner i=new Inner();
        i.inMethod();
    }
    class Inner
    {
        int t;
        void inMethod()
        {
            t=20;
            s++;
            System.out.println(s+t);
        }
    }
}
```

在该程序中，在类 Outer 的内部包含了类 Inner 的定义，这时 Outer 类称为外部类，Inner 类称为内部类。在外部类 Outer 的里面，可以对内部类进行任何访问，在 outMethod()方法中就创建了内部类的对象，调用了内部类中的 inMethod()方法。在内部类中，可以访问在外部类中定义的各种成员，例如在 inMethod()方法中使用了外部类中定义的成员变量 s。而在类的外部，主类中，不能对内部类直接进行访问，“Inner in=new Inner();”这条语句是错误的。我们只能创建外部类 Outer 类的对象，通过外部类的成员方法对内部类进行操作。程序的运行结果为：

```
31
```

4.12.2 匿名类

匿名类是没有名字的内部类，所以在创建时，必须作为 new 语句的一部分来声明它们。这就要采用另一种形式的 new 语句，如下所示：

```
new <类或接口> <类的主体>
```

这种形式的 new 语句声明一个新的匿名类，它对一个给定的类进行扩展，或实现一个给定的接口。它还创建那个类的一个新实例，并把它作为语句的结果而返回。要扩展的类和要实现的接口是 new 语句的操作数，后跟匿名类的主体。

假如匿名类对另一个类进行扩展，它的主体能够访问类的成员、覆盖它的方法，这和其他任何标准的类都是相同的。假如匿名类实现了一个接口，它的主体必须实现接口的方法。

注意：匿名类的声明是在编译时进行的，实例化在运行时进行。这意味着 for 循环中的一个 new 语句会创建相同匿名类的几个实例，而不是创建几个不同匿名类的一个实例。

从技术上说，匿名类可被视为非静态的内部类，所以它们具备和方法内部声明的非静态内部类相同的权限和限制。假如要执行的任务需要一个对象，但却不值得创建全新的对象（原因可能是所需的类过于简单，或是由于它只在一个方法内部使用），匿名类就显得很有用。匿名类尤其适合在 Swing 应用程序中快速创建事件处理程序。

【例 4-20】 匿名类的用法，写出窗口的关闭事件。

源程序：Test20.java

```
package com.extend;
import java.awt.Frame;
import java.awt.event.WindowAdapter;
import java.awt.event.WindowEvent;
public class Test20 {
    public static void main(String []args){
        Frame frm=new Frame("产生一个窗体");
        frm.setSize(300,300);
        frm.setVisible(true);
        frm.addWindowListener(new WindowAdapter(){
            public void windowClosing(WindowEvent e){
                System.exit(0);
            }
        });
    }
}
```

4.13 案例：本章知识在贪吃蛇项目中的应用

从本章开始将逐步开发并完善贪吃蛇游戏。本章学习后能完成以下任务。

1. 任务

（1）分析贪吃蛇中涉及的类与对象及其中的方法。

（2）对方法加以说明。

（3）融合本章知识编程。

2. 编程思路

（1）在贪吃蛇游戏中涉及以下类：

① 游戏界面及其中的各个实体的类：Snake 类（蛇）、Food 类（食物）、Map 类（地图）、GameFrame 类（游戏界面）。

② 辅助蛇类的两个类：Node 类（蛇中的一个节点）、Direction 类（蛇的移动方向）。

③ GameThread 类（线程类，控制游戏的功能）、KeyMonitor 类（方向键适配器）。

④ Game 类（包含有主方法，程序入口）。

以上类有如图 4.16 所示的联系。

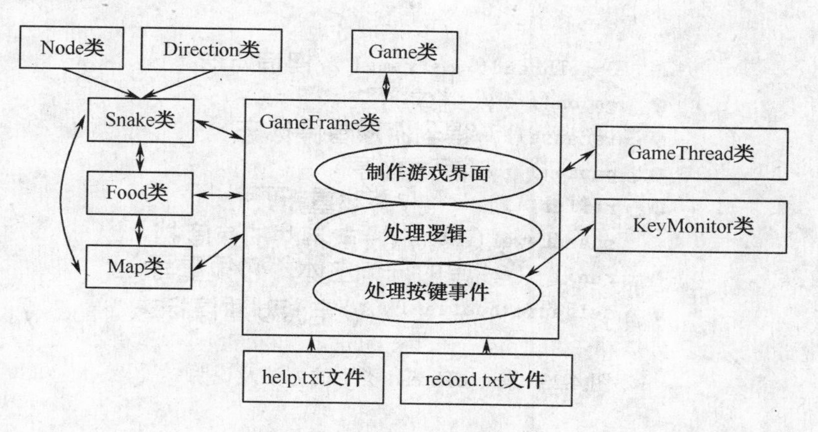

图 4.16　游戏中的类及关系

（2）分析各类中的方法，如图 4.17 至图 4.25 所示。

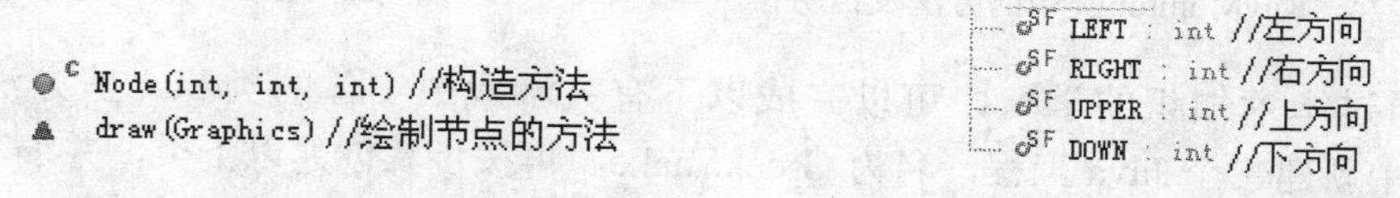

图 4.17　Node 类中的方法及说明　　图 4.18　Direction 类中属性及说明

```
Snake(GameFrame) //构造方法
addTail() //增加尾节点
delTail() //删除尾节点
addHead() //增加头节点
draw(Graphics) //绘制蛇
deadIf() //判断蛇死
die() //蛇死
move()        //蛇移动一步
eat(Food) //蛇吃食物
keyPressed(KeyEvent) //按方向键，则改变方向
```

图 4.19　Snake 类中的方法及说明

```
getM() //得到横格
setM(int) //设定横格
getN() //得到纵格
setN(int) //设定纵格
reAppear() //重新随机产生食物的坐标
draw(Graphics) //绘制食物
```

图 4.20　Food 类中的方法及说明

```
draw(Graphics)//绘制地图
```

图 4.21　Map 类中的方法及说明

```
GameFrame() //构造方法
initComponent() //初始化框架中的菜单组件
addEvent()  //为菜单组件注册监听器
actionPerformed(ActionEvent)//为菜单组件动作事件的实现
saveRecord() //保存分数记录
openTxt(MenuItem)//打开文本文件
isGameover() //得到游戏结束标志
setGameover(boolean) //设定游戏结束标志
paint(Graphics) //画地图，食物和蛇及游戏结束画面
ScoreCheck(Graphics) //检查分数，每30分提速1挡
gameStart() //游戏开始
stop() //游戏停止
getscore()  //得到分数
setscore(int)  //设定分数
processKey(int, KeyEvent)//处理按键事件
```

图 4.22　GameFrame 类中的方法及说明

```
GameThread(GameFrame) //构造方法
go_on()  //继续游戏
isPause()//得到游戏暂停标志
pause()  //游戏暂停
reStart()  //游戏重新开始
speedLevel(int) //设定游戏的速度挡
run() //线程的行为主体，必须重写
setPause(boolean)//设定游戏暂停标志
```

图 4.23　GameThread 类中的方法及说明

```
keyPressed(KeyEvent) //键盘事件监听器
```

图 4.24　KeyMonitor 类中的方法及说明

```
main(String[]) //主方法
```

图 4.25　Game 类中的方法及说明

（3）通过本章知识的学习，可以完成以下有关游戏中实体的类和一些方法。首先在 MyEclipse 中新建一个 Java 工程，名为 GreekSnake。再按步骤创建以下类，并编写代码。

① 编写 Direction 类：表示方向的类，其中只定义了有关方向的属性。

源程序：Direction.java

```
//Direction.java
public class  Direction {
    /**
     * 定义四个静态的最终常量，表示方向，常量值可以任意
     * LEFT:方向为左
     * RIGHT:方向为右
     * UPPER:方向为上
```

```
        * DOWN:方向为下
        */
       public static final int LEFT=-1;
       public static final int RIGHT=1;
       public static final int UPPER=2;
       public static final int DOWN=-2;
}
```

② 编写Node类：表示蛇中的一个节点，定义了构造节点的行为，其他方法待完善。

源程序：Node.java

```
//Node.java
class Node {
       /**
        * m:节点的横格坐标
        * n:节点的纵格坐标
        * direction:节点的移动方向
        * next:下一个节点
        * pre:前一个节点
        */
       int m;// 横格
       int n;// 竖格
       int direction=Direction.LEFT;
       Node next = null;
       Node pre = null;

     /*构造方法*/
       public Node(int m, int n, int direction) {
              this.direction = direction;
              this.n = n;
              this.m = m;
       }
}
```

③ 编写Snake类：表示蛇的类，定义了初始化蛇、加尾、去尾、加头、蛇移动、蛇吃食物、判断蛇死、蛇死的行为。画蛇和按键事件的方法待后面增加。

源程序：Snake.java

```
//Snake.java
import java.awt.Color;
import java.awt.Graphics;
import java.awt.event.KeyEvent;

public class Snake {
       /**
        * head：蛇头节点
        * tail：蛇尾节点
        * size：蛇身的长度
```

```
 * gameFrame：游戏框架对象
 * n：蛇的第一个节点
 * life：默认蛇有生命
 */
Node head = null;
Node tail = null;
int size = 0;
GameFrame gameFrame;
boolean life=true;
//蛇的第一个节点
Node n = new Node(1, 15, Direction.RIGHT);

/*构造方法，蛇的初始节点共 4 个*/
public Snake(GameFrame gameFrame) {
    head = n;
    tail = n;
    size = 1;
    this.gameFrame = gameFrame;
    for(int i=0;i<3;i++)
    this.addHead();
}

/*增加尾节点*/
public void addTail() {
    Node node = null;
    switch (tail.direction) {
    case Direction.LEFT :
        node = new Node(tail.m+1, tail.n, tail.direction);
        break;
    case Direction.UPPER:
        node = new Node(tail.m, tail.n+1, tail.direction);
        break;
    case Direction.RIGHT :
        node = new Node(tail.m-1, tail.n, tail.direction);
        break;
    case Direction.DOWN :
        node = new Node(tail.m, tail.n+1, tail.direction);
        break;
    }
    tail.next = node;
    node.pre = tail;
    tail = node;
    size ++;
}

/*删除尾节点*/
public void delTail() {
```

```
        if (size == 0)
            return;
        tail = tail.pre;
        tail.next = null;
}

/*增加头节点*/
public void addHead() {
        Node node = null;
        switch (head.direction) {
        case Direction.LEFT :
            node = new Node(head.m - 1, head.n, head.direction);
            break;
        case Direction.UPPER:
            node = new Node(head.m, head.n - 1, head.direction);
            break;
        case Direction.RIGHT:
            node = new Node(head.m + 1, head.n, head.direction);
            break;
        case Direction.DOWN:
            node = new Node(head.m, head.n + 1, head.direction);
            break;
        }
        node.next = head;
        head.pre = node;
        head = node;
        size++;
}

/**判断蛇死
 * 首先由游戏模式判断
 *（1）若为游戏模式 1，则蛇撞墙不死，从相反方向出现
 *（2）若为游戏模式 2，蛇撞墙，则蛇死
 * 接着判断蛇是否吃到自己的身体，吃到，则蛇死
 * 最后由地图模式判断，地图模式有 3 种
 *（1）地图模式 1，无障碍，则蛇什么也不做
 *（2）地图模式 2/3，有障碍，蛇碰到障碍，则蛇死
*/

public void deadIf() {
        switch(GameFrame.GAMESTYLE){
        case 2:
            if (head.m < 0 || head.n < 30/GameFrame.CELL_SIZE
                    || head.m >= (GameFrame.WIDTH / GameFrame.CELL_SIZE)
                     || head.n >= (GameFrame.HEIGHT / GameFrame.CELL_SIZE)) {
                life=false;
            }
```

```
			break;
		case 1:
				int cols = GameFrame.WIDTH / GameFrame.CELL_SIZE;
				int rows = GameFrame.HEIGHT / GameFrame.CELL_SIZE;
				if(head.m < 0) head.m = cols;
				else if (head.m >= cols) head.m = 0;
				else if (head.n < 30/GameFrame.CELL_SIZE) head.n = rows;
				else if (head.n >= rows) head.n = 30/GameFrame.CELL_SIZE;
				life=true;
				break;
		}
		for (Node p = head.next; p != null; p = p.next) {
			if (head.m == p.m && head.n == p.n) {
				life=false;
			}
		}
		switch (GameFrame.MAPSTYLE) {
		case 1://地图 1
			break;
		case 2://地图 2
			for (int j = 10; j < GameFrame.WIDTH/GameFrame.CELL_SIZE-10; j ++)
			{
				if(head.m==j&&head.n==10)
					life=false;
			}
			for (int j = 10; j < GameFrame.WIDTH/GameFrame.CELL_SIZE-10; j ++)
			{
				if(head.m==j&&head.n==20)
					life=false;
			}
			break;
		case 3://地图 3
			for (int j = 10; j < GameFrame.WIDTH/GameFrame.CELL_SIZE-10; j ++)
			{
				if(head.m==j&&head.n==10)
					life=false;
			}
			for (int j = 10; j < GameFrame.WIDTH/GameFrame.CELL_SIZE-10; j ++)
			{
				if(head.m==j&&head.n==20)
					life=false;
			}
			for (int j = 20; j < 26; j ++)
			{
				if(head.m==GameFrame.WIDTH/GameFrame.CELL_SIZE-10&&head.n==j)
					life=false;
			}
```

```
                    for (int j = 5; j < 10; j ++)
                    {
                            if(head.m==10&&head.n==j)
                                    life=false;
                    }
                    break;
            default:
                    break;
            }
    }

    //蛇死，游戏结束
    public void die(){
            gameFrame.stop();
    }

    //蛇移动一步
    void move() {
            GameFrame.MOVECHECK = true;
            addHead();
            delTail();
            deadIf();
            if(life==false){
                    die();
            }
    }

    /*蛇吃食物
     * 若蛇头格子坐标与食物的格子坐标重合，则为吃到食物
     * 蛇吃到食物后，食物重新随机产生，蛇尾变长一节，得 3 分
     */
    public void eat(Food e) {
            if (gameFrame.f.getM()==gameFrame.s.head.m&&gameFrame.f.getN()==gameFrame.s.head.n){
                    e.reAppear();
                    this.addTail();
                    gameFrame.setscore(gameFrame.getscore() + 3);
            }
    }
//画蛇和按键事件的方法待完善
}
```

④ 编写 Food 类：表示食物的类，定义了横格和纵格坐标的设定和获得方法。随机产生食物坐标的方法待完善，画食物的方法待增加。

源程序：Food.java

```
public class Food {
        /**
```

```
     * 食物坐标为随机生成
     * m:食物坐标的横格坐标
     * n:食物坐标的纵格坐标
    */
    private int m;// 横格
    private int n;// 竖格
    //得到食物坐标的横格坐标
    public int getM() {
        return m;
    }

    //设定食物坐标的横格坐标
    public void setM(int m) {
        this.m = m;
    }

    //得到食物坐标的纵格坐标
    public int getN() {
        return n;
    }

    //设定食物坐标的纵格坐标
    public void setN(int n) {
        this.n = n;
    }

    //重新产生食物坐标，方法待完善
    public void reAppear() {
    }
}
```

⑤ 编写 Map 类：表示地图的类，定义了根据地图模式画出地图的行为。这里仅仅定义一个空类，其中画出地图的方法待增加。

源程序：Map.java

```
    // Map.java
public class Map { }
```

⑥ 编写 GameFrame 类：表示游戏界面的类，界面中各个实体相互联系。为了方便其他类的调用，这里仅仅先定义部分属性，其他的方法和属性待增加。

源程序：GameFrame.java

```
// GameFrame.java
public class GameFrame
{
    /**
     * 游戏界面大小的设定
     * WIDTH：游戏界面的像素宽
```

```
 * HEIGHT：游戏界面的像素高
 * CELL_SIZE：一个格子的宽或高的像素大小
 */
public static final int WIDTH = 600;
public static final int HEIGHT = 480;
public static final int CELL_SIZE = 15;

/**
 * 游戏中的一些默认设置
 * MAPSTYLE：默认地图为 1，即无障碍
 * GAMESTYLE：默认游戏模式为 1，即撞墙不死
 * SNAKESTYLE：默认蛇身为 1，即普通蛇身
 * MOVECHECK：默认蛇在移动
 */
public static int MAPSTYLE =1;//地形
public static int GAMESTYLE =1;//模式
public static int SNAKESTYLE =1;//蛇身颜色模式
public static boolean MOVECHECK= true;

/**
 * 游戏中各实体对象及游戏线程对象的创建
 * f：食物对象
 * s：蛇对象
 */
Food f = new Food();
Snake s = new Snake(this);
private boolean gameover = false;//游戏结束否的布尔变量
public void gameStart(){};//该方法待后面完善
//增加 isGameover()、setGameover()、stop()方法，增加的代码如下
//得到游戏是否结束的标志
public boolean isGameover() {
	return gameover;
}
//设定游戏结束否
public void setGameover(boolean gameover) {
	this.gameover = gameover;
}
/*游戏停止*/
public void stop() {
	gameover = true;
}
//其他的方法和属性待增加
}
```

⑦ 编写 Game 类：其中有且只有一个主方法，即程序的入口。

源程序：Game.java

```
// Game.java
// 该类只有主方法，程序的入口
public class Game {
    public static void main(String[] args) {
        new GameFrame();
    }
}
```

4.14 实训操作

【任务一】 对象的创建和使用。

（1）Rectangle 是一个矩形类，该类包含两个成员变量 width 和 length，分别表示矩形的宽和长。成员方法 area()用来计算矩形的面积。试填写下列程序中的空白部分，以输出一个宽为 2.5、长为 8.7 的矩形的面积。（提示：应首先填写 Rectangle 的构造函数）

```
class Test{
    public static void main(String[] args){
    Rectangle myRect =____________________
    double theArea;
    theArea = myRect.area();
    System.out.println("My rectangle has area " + theArea);
    }
} //end of class Test
class Rectangle{
    double width, length;
    _______________________
    _______________________
    _______________________
    public double area(){
    double a;
    a = length * width;
    return a;
    }
} //end of class Rectangle
```

（2）编译并执行以上填写完整的程序。

（3）在上述程序的 Test 类 main()方法中添加相关语句，使之能够输出矩形的长和宽的值。编译并执行该程序，以验证更改的正确性。

（4）在（3）成功的基础上，在 Rectangle 类中添加公共方法 setWidth()和 setLength()，这两个方法分别用来设置矩形的长、宽值。在 Test 类的 main()方法中使用 Rectangle 的默认无参数构造方法创建一个新的 Rectangle 类的实例 rect，使用 setWidth()和 setLength()方法将其长、宽分别设置为 3.6 和 10.8，并输出其面积。

提示：使用默认构造函数创建实例 rect 的语句。

```
Rectangle rect = new Rectangle();
```

（5）不改变 Test 类中 main()方法，要达到（3）中同样的结果应如何做？修改相关程序，编译并执行以验证你的做法。

（6）编写一个圆形类 Circle，定义其成员变量（半径）double radius。该类含有两个构造函数：

```
public Circle(double r)          //初始化半径为 r
public Circle()                  //初始化半径为 1
```

该类含有下列方法：

```
public double area()                  //返回圆形的面积
public double circumference()         //返回圆形的周长
public String toString()              //返回该类对象的文字描述，如“Circle with radius 2.5”
public void setRadius(double r)       //设置半径为 r
public double getRadius()             //返回半径的值
```

（7）编写一个含有主方法的类 TestB，在主方法中用两个构造函数分别创建两个 Circle 类的实例：myCircle1 和 myCircle2，并调用相关方法，以验证你的程序。

【任务二】 类成员和实例成员。

首先预测下列程序的运行结果，然后编译、执行以验证你的预测。

```
public class Test {
        public static void main(String[] args) {
                MyParts a = new MyParts();
                MyParts b = new MyParts();
                a.y = 5;
                b.y = 6;
                a.x = 1;
                b.x = 2;
                System.out.println("a.y = " + a.y);
                System.out.println("b.y = " + b.y);
                System.out.println("a.x = " + a.x);
                System.out.println("b.x = " + b.x);
                }
}
class MyParts {
        public static int x = 7;
        public int y = 3;
}
```

根据上述程序的结果理解实例成员与类成员的区别。

【任务三】 类的继承。

（1）首先预测下列程序的运行结果，然后编译、执行以验证你的预测。

```java
package com.extend;
class Pet{
    protected String name;
    public Pet(String n){
        name = n;
    }
    public String getName(){
        return name;
    }
    public String move(){
        return "run";
    }
    public String speak(){
        return "";
    }
    public String toString(){
        return "My pet " + name;
    }
}
class Dog extends Pet{
    protected int weight;
    public Dog(String s){
        super(s);
    }
}
class Test{
    public static void main(String[] args){
        Pet myPet = new Pet("George");
        Dog myDog = new Dog("Spot");
        System.out.println(myPet.toString() + "\n" + "Speak: " +
        myPet.speak() +"\n" + myPet.move() + " " +myPet.getName() + "\n");
        System.out.println(myDog.toString() + "\n" + "Speak: " +
        myDog.speak() +"\n" + myDog.move() + " "+myDog.getName() + "\n");
    }
}
```

（2）修改 Dog 类的构造函数，使之可以初始化 Dog 类中的 weight 值。

（3）在 Dog 类中添加方法 getWeight()以获得其 weight 值。

（4）修改类 Test，使用新的构造函数创建一个名为“snoopy”，重量为“10”的 Dog 类的对象，并利用其方法输出包括重量在内的各项值。

（5）要使 Dog 类对象的 speak()方法返回值为“Woof Woof”，应如何做？修改（1）中程序，并验证你的做法。

【任务四】 方法的重载。

（1）首先预测下列程序的运行结果，然后编译、执行以验证你的预测。

```java
package com.extend;
public class Test {
    public static void test() {
        System.out.println("test() invoked");
    }
    public static int test(int i) {
        System.out.println("test(" + i + ") invoked");
        return i;
    }
    public static String test(String s) {
        System.out.println("test(" + s + ") invoked");
        return s;
    }
    public static void test(String s, int i) {
        System.out.println("test(" + s + ", " + i + ") invoked");
    }
    public static void test(int i, String s) {
        System.out.println("test(" + i + ", " + s + ") invoked");
    }
    public static void main(String[] args) {
        test();
        test(100);
        test("test");
        test("test",100);
        test(100,"test");
    }
}
```

（2）在类 Test 中添加下列方法：

```java
public static int test(int j) {
    System.out.println("test(" + j + ") invoked");
    return j;
}
```

编译该程序，观察报错信息，并思考原因。

【任务五】 构造方法的继承和重载。

（1）首先预测下列程序的运行结果，然后编译、执行以验证你的预测。

```java
package com.extend;
public class Test{
    public static void main(String args[]){
        System.out.println("创建父类对象：");
        SuperClass sc0 = new SuperClass();
        System.out.println("\n 创建第一个子类对象：");
        SubClass sc1 = new SubClass();
        System.out.println("\n 创建第二个子类对象：");
        SubClass sc2 = new SubClass(1);
```

```
        }
}
class SuperClass{
        SuperClass(){
                System.out.println("父类的构造函数");
        }
}
class SubClass extends SuperClass{
        SubClass(){
                System.out.println("子类的第一个构造函数");
        }
        SubClass(int i){
                System.out.println("子类的第二个构造函数");
        }
}
```

（2）去掉 SubClass 的所有构造函数，然后将 Test 类中 main()方法的最后两行语句删除。预测修改后程序的运行结果，并进行验证。

【任务六】 抽象类和接口。

（1）试改写任务三中的 Pet 类，其中 move()与 speak()方法定义为抽象方法。定义一个 Pet 类的子类 Cat 类。在 Cat 类中实现 move()和 speak()方法。其中 move()方法返回值为“run”，speak()方法返回值为“miao miao”。

（2）编写含有主方法的公共类 JLab0504A，在其主方法中创建一个名为 myCat 的 Cat() 的实例。并依照任务三主方法中的相应格式输出结果。

（3）如果将 Pet 定义为接口，即所有相应方法全部为抽象方法，则 Cat 类该如何改动？试改写相关代码，并验证你的结果。

【任务七】 包的定义和使用。

（1）在 C:\javalab 目录下新建目录 mypg。使用记事本编辑下列程序，并将其保存为 C:\javalab\mypg\MyPackage.java。

```
package mypg;
public class MyPackage {
      public MyPackage() {
              System.out.println("create MyPackage object");
      }
}
```

（2）编辑下列代码，并将其保存为 C:\javalab\Test.java。

```
public class Test {
      public static void main(String[] args) {
              MyPackage mpg = new MyPackage();
      }
}
```

（3）分别编译上述两个 Java 源程序，并执行 Test。观察相应结果。

（4）试将 C:\javalab\mypg\MyPackage.class 文件移动（剪切、粘贴）到 C:\javalab\目录下。再次运行 Test，观察结果并思考原因。

【任务八】 抽象类综合案例。

定义抽象类 Shape 表示一般二维图形。Shape 具有抽象方法 area()和 perimeter()，分别计算形状的面积和周长。试定义一些二维形状类（如矩形、三角形、圆形、椭圆形等），这些类均为 Shape 类的子类。完成相关类的定义后，定义含有 main()方法的类 Test 来使用这些类的相应对象，输出相关信息，如对象所代表图形形状、基本数据（半径、长、宽、高等）以及面积、周长等计算值。

【任务九】 接口综合案例。

定义接口 Shape 表示一般二维图形。Shape 具有抽象方法 area()和 perimeter()，分别计算形状的面积和周长。试定义一些二维形状类（如矩形、三角形、圆形、椭圆形等），这些类实现 Shape 接口。完成相关类的定义后，定义含有 main()方法的类 Test 来使用这些类的相应对象，输出相关信息，如对象所代表图形形状、基本数据（半径、长、宽、高等）以及面积、周长等计算值。

习　　题

一、选择题

1．关于 Java 面向对象编程特性中的封装机制，以下说法正确的是（　　）。

A．将问题的特征属性与问题的功能方法组合在一起形成一个类

B．将问题的特征属性与问题的功能方法相分离，形成各自的程序

C．将问题的特征属性内嵌到问题的功能方法的定义体中

D．对具体问题只需要给出其功能实现方法，而不必给出其特征属性的定义

2．下列关于面向对象的程序设计的说法中，不正确的是（　　）。

A．“对象”是现实世界的实体或概念在计算机逻辑中的抽象表示

B．在面向对象程序设计方法中，其程序结构是一个类的集合和各类之间以继承关系联系起来的结构

C．对象是面向对象技术的核心所在，在面向对象程序设计中，对象是类的抽象

D．面向对象程序设计的关键设计思想是让计算机逻辑来模拟现实世界的物理存在

3．下列不属于面向对象程序开发过程的是（　　）。

A．OOD　　B．OOP　　C．OOA　　D．OOB

4．下列不是面向对象程序设计方法优点的是（　　）。

A．可重用性　　B．可移植性　　C．可扩展性　　D．可管理性

5．“公司”与“IBM 公司”的关系是（　　）。

A．继承关系　　B．包含关系　　C．关联关系　　D．以上都不是

6．程序选择。

```
class Person
  {
      String name,department;
```

```
    int age;
    public Person(String n){name=n;}
    public Person(String n,int a){name=n;age=a;}
    public Person(String n,String d,int a)
    {
     ①
     //department=d;
    }
    public void show()
    {
        System.out.println(name+age);
    }
}
public class Teacher extends Person
{
    int salary;
    public void show()
    {
        ②
        //System.out.println(salary);
    }
}
```

下面哪个可以添加到构造方法①中？（ ）

A．Person(n,a);　B．this(Person(n,a));　C．this(n,a);　D．this(name,age);

下面哪个可以添加到②中？（ ）

A．show();　B．this.show();　C．person.show();　D．super.show();

7．程序选择。

```
public class Person
 {
    public int addValue(int a,int b)
    {
        int s=a+b;
        return s;
    }
 }
 class Child extends Person
 {
 }
```

下面的哪些方法可以加入类 Child 中？（ ）

A．int addValue(int a,int b)

B．public void addValue()

C．public void addValue(int a)

D．public void addValue(int a,int b) throws MyException

8．MyClass 类定义如下：

```
class MyClass{
    public MyClass(int x){
    }
}
```

以如下方式创建对象，哪些是正确的？（　　）

A．MyClass myobj=new MyClass;

B．MyClass myobj=new MyClass( );

C．MyClass myobj= new MyClass(1);

D．MyClass myobj=new MyClass(1,2);

9．下列各种 Java 类的定义，哪种是错误的？（　　）

A．
```
class MyClass{
    private int Val;
    public int getVal(){
        return Val;
    }
}
```

B．
```
class MyClass{
    private static int Val;
    public int getVal(){
        return Val;
    }
}
```

C．
```
class MyClass{
    private int Val;
    public static int getVal(){
        return Val;
    }
}
```

D．
```
class MyClass{
    private static int Val;
    public static int getVal(){
        return Val;
    }
}
```

10．某类的成员方法只能被自己调用，声明该函数的恰当修饰符是（　　）。

A．public

B．private

C．protected

D．无修饰符

11．为 AB 类的一个无形式参数无返回值的方法 method()书写方法头，使得使用

AB.method 就可以调用该方法，正确的写法是（　　）。

A. static void method( )

B. public void method( )

C. final void method( )

D. abstract void method( )

12. 获取 myclass 类中的 member 成员之值哪种方式正确？（　　）

```
class myclass{
    private static int member=1;
    public static int getmember(){
        return member ;
    }
}
```

A. myclass.member ;

B. new myclass().member ;

C. myclass.getmember();

D. myclass().getmember() ;

13. 下列各种 Java 中的方法的定义，哪种是正确的？（　　）

A. void myFun(int X=1){ }

B. void myFun(int & X){ }

C. void myFun(int X){ }

D. void myFun(int * X){ }

14. 关于垃圾收集的叙述正确的是（　　）。

A. 程序开发者必须自己创建一个线程进行内存释放的工作

B. 垃圾收集将检查并释放不再使用的内存

C. 垃圾收集允许程序开发者明确指定并立即释放该内存

D. 垃圾收集能够在期望的时间释放被 Java 对象使用的内存

15. 下面关于变量及其范围的陈述哪些是对的？（　　）

A. 实例变量是类的成员变量

B. 实例变量用关键字 static 声明

C. 在方法中定义的局部变量在该方法被执行时创建

D. 局部变量在使用前必须被初始化

16. 某 Java 程序的类定义如下：

```
public class MyClass extends BaseClass{ }
```

则该 Java 源文件在存盘时的源文件名应为如下哪一种？（　　）

A. myclass.java

B. MyClass.java

C. MYCLASS.java

D. MyClass.class

17. 下列各种 Java 中的构造函数定义，哪些是错误的？（　　）

A. class MyClass{

```
        public MyClass(){ }
}
```

B．
```
class MyClass{
        public MyClass(int x){ }
}
```

C．
```
class MyClass{
        public int MyClass(){ }
}
```

D．
```
class MyClass{
        public MyClass(int x, int y){ }
}
```

18．如下 4 种父类及子类的定义，哪一种是正确的？（　　）

A．
```
class base {
        public abstract void myfun();
}
class derived extends base {
        public void myfun() { }
}
```

B．
```
final class base {
        public void myfun(){ }
}
class derived extends base{
        public void myfun() { }
}
```

C．
```
class base {
        public final void myfun() { }
}
class Dervived extends base {
        public void myfun() { }
}
```

D．
```
abstract class base{
        public abstract void myfun();
}
class derived extends base{
        public void myfun(){ }
}
```

19．设 Derived 类为 Base 类的子类，则如下对象的创建语句中哪些是错误的？（　　）

A．Base Obj=new Derived();

B．Derived Obj=new Base();

C．Base Obj=new Base();

D．Derived Obj=new Derived();

20．Point 类的定义如下：

```
class Point{
    private int x , y ;
    public Point (int x , int y){
        this.x=x;
        this.y=y;
    }
}
```

其中的 this 代表（　　）。

A．类名 Point

B．父类的对象

C．Point 类的当前对象

D．this 指针

21．下面关于继承的哪些叙述是正确的？（　　）

A．在 Java 中只允许单一继承

B．在 Java 中一个类只能实现一个接口

C．在 Java 中一个类不能同时继承一个类和实现一个接口

D．Java 的单一继承使代码更可靠

22．给定代码如下：

```
1 class Person {
2   public void printValue(int i, int j) {/*…*/ }
3   public void printValue(int i){/*...*/ }
4 }
5 public class Teacher extends Person {
6   public void printValue() {/*...*/ }
7   public void printValue(int i) {/*...*/}
8   public static void main(String args[]){
9     Person t = new Teacher();
10    t.printValue(10);
11  }
12 }
```

第 10 行所调用的方法是在第（　　）行定义的。

A．2

B．3

C．6

D．7

23．给定如下代码：

```
class Person {
    String name, department;
    int age;
```

```
        public Person(String n){ name = n; }
        public Person(String n, int a){ name = n; age = a; }
        public Person(String n, String d, int a) {
                department = d;
        }
    }
```

要在第三个构造函数的空白处填上一行代码使之能够调用第二个构造函数，这行代码应该是（　　）。

A．Person(n,a);

B．this(Person(n,a));

C．this(n,a);

D．this(name,age);

24．给定下列代码：

```
    public class Parent {
        public int addValue( int a, int b) {
                int s;
                s = a+b;
                return s;
        }
    }
    class Child extends Parent {
    }
```

下列哪些方法可以作为 Child 类的方法？（　　）

A．int addValue(int a, int b){// do something…}

B．public void addValue (){// do something…}

C．public int addValue(int a){// do something…}

D．public int addValue(int a, int b)throws MyException {//do something…}

25．下面哪些代码片断是错误的？（　　）

A．package testpackage;
public class Test{//do something…}

B．import java.io.*;
package testpackage;
public class Test{// do something…}

C．import java.io.*;
class Person{// do something…}
public class Test{// do something…}

D．import java.io.*;
import java.awt.*;
public class Test{// do something…}

26．给定下列代码：

```
    1 class Parent {
```

```
2        private String name;
3        public Parent(){ }
4 }
5 public class Child extends Parent {
6      private String department;
7      public Child() {}
8      public String getValue(){return name;}
9      public static void main(String arg[]){
10           Parent p = new Parent();
11     }
12 }
```

上述代码的哪些行将会导致错误？（　　）

A．line 3

B．line 6

C．line 7

D．line 8

E．line 10

27．类 Teacher 和类 Student 都是类 Person 的子类，t、s、p 分别是上述三个类的非空引用变量，关于语句“if (t instanceof Person) { s = (Student)t; }”，说法正确的是（　　）。

A．将构造一个 Student 对象

B．表达式合法

C．编译时非法

D．编译时合法而在运行时可能非法

二、简答题

1．什么是构造方法？其功能是什么？

2．this 的作用是什么？

3．类的继承中，子类和父类的关系是什么？

4．什么是类的多态？什么体现了类的多态性？

5．this 和 super 的作用是什么？

三、编程题

1．定义一个类 Score，它含有私有成员变量 english（英语分数），公有成员方法 setScore()用来设置 english 的值，printScore()用来输出 english 的值。在主类中定义类 Score 的两个对象 stu1、stu2，其英语成绩分别为 75.5 和 89.5，输出这两个值。

2．下面是一个计算器类的定义，请完成该类的实现。

```
class Counter
{
    int value;
    public Counter(int number)
    {}
    public void increment()   //给原值加 1
    {}
    public void decrement（）//给原值减 1
```

```
        {}
        public int getValue()   //返回计数值
        {}
        public void show()   //显示计数值
        {}
    }
```

3．定义一个类box，box的方法给盒子的边赋值（三个），用box类计算立方体的体积，并包含成员方法show()用来输出体积。

注意：利用方法重载。

4．定义一个学生类。

含成员变量：name，sex，age，g，num。

含有成员方法：

```
void set(String name){}
void set(char sex,String name)
{
    //调用第一个方法（含一个参数）
}
void set(char sex,String name,int age)
{
    //调用第二个方法（含两个参数）
}
void set(){} //给成绩
void show(){} //输出
void ave(){} //求每一个人的平均成绩
```

注意程序的执行过程。

要求：主类中不能直接对成员变量进行访问，计算平均成绩。

5．编写程序，定义一个抽象类shape表示一个二维图形，shape具有抽象方法area()（面积）和perimeter()（周长）。定义一些二维图形，例如矩形、三角形、圆形，它们应是shape的子类，求面积和周长。

6．编写程序，定义一个Person类，含有姓名name和年龄age两个成员变量。两个构造方法，分别带一个参数和两个参数，完成赋值功能。一个输出方法show()，输出姓名和年龄。定义一个Student类，含有成绩g成员变量，一个输出方法show()，输出姓名、年龄和成绩。

7．定义一个Dog类，含有以下成员。

成员变量：体重、年龄、毛色、条数、总重量。

成员函数：输出信息。

第 5 章　数组、常用类与集合

本章要点：

- 一维数组使用
- 二维数组使用
- 常用类使用
- 常用集合类使用

前面介绍了 Java 的基本语法和面向对象编程。但在实际应用中，面对大量相同基本数据类型数据和对象又如何进行有效管理呢？这就需要用数组和集合解决大量相同基本数据类型数据处理和对象管理问题。为了提高编程能力和解决更多的实际应用问题，还需要熟练掌握 Java 常用类的使用。

5.1　数组

在数据类型中，数组是一种最简单的复合数据类型。数组可以看成是多个相同类型数据的组合，对这些数据进行统一管理。数组中的元素可以是任意数据类型，包括基本类型和引用类型。数组中的每个元素具有相同的数据类型，那么如何引用数组中的元素呢？可以用一个统一的数组名和下标来唯一地确定数组中的元素。数组分为一维数组和多维数组。

5.1.1　一维数组

1. 一维数组定义

在 Java 应用中，一维数组的定义方式有两种：

```
数据类型　数组名[];
```

和

```
数据类型[]　数组名;
```

其中，数据类型可以为 Java 中任意的数据类型，包括基本类型和引用类型；数组名必须为一个合法的标识符，“[]”指明该变量是一个数组类型变量。例如：

```
int x[];        //或者 int[] x;
String[] s;  //或者 String s[];
```

上面两个例子中，声明了一个整型数组名为 x，表示该数组中的每个元素都为整型；字符串数组名为 s，表示该数组中的每个元素都为字符串类型。对于上面定义的数组不能访问它们中的任何元素，我们必须为每个数组动态分配内存空间才能引用其中的元素。这时要用到运算符 new，其格式如下：

```
数据类型 数组名[]=new 数据类型[元素的个数];
```

例如下面的语句：

```
int x[]=new int[3];
```

该语句表示为一个整型数组 x 分配 3 个 int 型整数所占据的内存空间。

也可以写成：

```
int[] x=new int[3];
```

意思也是为一个整型数组 x 分配 3 个 int 型整数所占据的内存空间。

但与 C、C++不同，Java 在定义一维数组时如果写成 int x[3]，则该语句非法。因为 Java 语言中声明一维数组长度时不能指定其长度。

2. 一维数组的引用

定义了一个数组，并用运算符 new 为它分配了内存空间后，就可以引用数组中的每一个元素了。数组元素的引用方式如下：

```
数组名[下标]
```

在上述表达式中，下标可以为整型常数或表达式，如 a[3]、b[i]（i 为整型）、c[6*i]等。下标从 0 开始，一直到数组的长度减 1。例如“int b[]=new int[2];”，引用 b 数组元素方式为“b[0]=1;b[1]=2;”，如果写成“b[2]=3;”就会出现数组下标越界异常。因为 Java 与 C、C++不同，Java 对数组元素要进行越界检查以保证系统安全性。b 数组的总长度为 2，下标的最大长度只能为 1，否则出现数组下标异常“java.lang.ArrayIndexOutOfBoundsException”。

3. 一维数组的初始化

定义数组的同时可以对数组元素进行显式初始化，包括静态初始化和动态初始化。静态初始化表示在定义数组的同时就为数组元素分配空间并赋值。静态初始化定义格式如下：

```
数据类型 数组名[]={<表达式 1>,<表达式 2>, …};
```

例如：

```
int x[]={1,2,3};
```

或者是

```
数据类型[] 数组名={<表达式 1>,<表达式 2>, …};
```

例如：

```
int[] x={1,2,3};
```

在上述两种静态定义方式中，Java 编译程序会自动根据表达式计算出整个数组的长度，并分配相应大小的空间。例如“int x[]={1,2,3};”，表示给数组名为 x 的数组分配 3 个单元整型空间。

动态初始化表示数组定义跟数组分配空间和赋值是分开进行的。例如：

```
int a[]=new int[3];
a[0]=12;a[1]=23;a[2]=124;
```

【例 5-1】 定义一个浮点类型的一维数组，从键盘输入 5 个学生的成绩，求 5 个学生的平均成绩、最高成绩和最低成绩。

```
package com.array;
import java.io.*;
public class TestArrayExample {
    public static void main(String[] args) throws Exception {
        float x[]= new float[5];
        //从键盘输入 5 个学生的成绩
        System.out.println("从键盘输入 5 个学生的成绩，以回车键换行!");
        for(int m=0;m<5;m++)
        {
            BufferedReader br=new BufferedReader(new InputStreamReader(System.in));
            String s=br.readLine();
            float f=Float.parseFloat(s);
            x[m]=f;
        }
        //求平均值
        float sum=0.0f,avg;
        for(int k=0;k<5;k++)
        {
            sum=sum+x[k];
        }
        avg=sum/5;
        System.out.println("5 个学生的平均分数为："+avg);
        //求最高成绩
        float max=x[0];
        for(int n=0;n<5;n++)
        {
            if(x[n]>max)
            {
                max=x[n];
            }
        }
        System.out.println("5 个学生的最高分数为："+max);
        //求最低成绩
        float min=x[0];
        for(int n=0;n<5;n++)
        {
            if(x[n]<min)
            {
                min=x[n];
            }
        }
        System.out.println("5 个学生的最低分数为："+min);
    }
}
```

运行该程序，操作及结果显示为：

```
从键盘输入5个学生的成绩，以回车键换行!
78
79.5
65
89
84.5
5个学生的平均分数为：79.2
5个学生的最高分数为：89.0
5个学生的最低分数为：65.0
```

5.1.2 多维数组

与C、C++ 一样，Java中多维数组被看做数组的数组。例如二维数组为一个特殊的一维数组，其每个元素又是一个一维数组。

1．二维数组定义

二维数组的定义格式有两种：

```
数据类型  数组名[][];
```

和

```
数据类型[][]  数组名;
```

例如：

```
int intArray[][];    //或者 int[][] intArray;
```

与一维数组一样，这时对数组元素也没有分配内存空间。如果要分配空间，需要使用运算符new来分配内存空间，然后才可以访问每个元素。

2．创建二维数组对象

和创建一维数组一样，创建二维数组同样需要使用new关键字，基本格式如下：

```
数据类型  数组名[][]=new 数组元素类型[数组元素个数][数组元素个数];
```

或者

```
数据类型  数组名[][]=new 数组元素类型[数组元素个数][数组元素个数];
```

例如：

```
int array[][]=new int[3][4]; //或者 int[][] array=new int[3][4];
```

该程序表示配置了3行4列的二维数组对象。由于数据类型是int，所以数组元素的预设元素为0。除了采用基本格式创建二维数组之外，还可以从最高维开始，分别为每一维分配空间，例如：

```
int array[][]=new int[2][];
a[0]=new int[4];
a[1]=new int[4];
```

因为二维数组为一个特殊的一维数组，其每个元素又是一个一维数组。在该例中，有两个元素a[0]和a[1]。而对于每一个元素，如a[0]或者a[1]，又是一个拥有4个int型单元的一维数组。

3. 二维数组初始化

前面讲了二维数组的定义与对象的创建。那么二维数组如何进行初始化呢？它和一维数组一样，定义二维数组的同时也可以对数组成员进行显式初始化。初始化方法也包括两种：一种是静态初始化，一种是动态初始化。

静态初始化表示在定义二维数组的同时进行静态初始化，即不需要采用 new 关键字。例如：

```
String[][] s={{"I","LOVE","JAVA"},{"HE","LIKES","DB2"}};
```

在该例中，定义了一个 2 行 3 列的二维数组。

其中，s[0]= {"I","LOVE","JAVA"}，s[1]= {"HE","LIKES","DB2"}。

二维数组动态初始化格式如下：

```
数据类型[][]  数组名=new 类型[第一维大小][第二维大小];
```

或者是

```
数据类型  数组名[][]=new 类型[第一维大小][第二维大小];
```

例如：

```
int[][] array=new int[2][3]; //或者 int array[][] =new int[2][3];
```

注意：在初始化二维数组时必须指定其行数，列数可以指定也可以不指定。

例如“int[][] d = new int[3][];”是正确的。

定义“int[][] d = new int[][4];”或者“int[][] d = new int[][];”是错误的。

4. 二维数组引用

前面讲解了二维数组的静态和动态初始化，那么如何引用二维数组中的元素呢？二维数组中每个元素的引用方式为 arrayName[index1][index2]，其中 index1、index2 为下标，可为整型常数或表达式，如 a[2][3]。注意：每一维的下标都是从 0 开始。例如定义一个 2 行 3 列的二维数组：

```
int a[][]=new int[2][3];
```

然后给它赋初值如下：

```
a={{1,2,3},{4,5,6}};
```

在该二维数组中，元素引用为：a[0][0]=1，a[0][1]=2，a[0][2]=3，a[1][0]=4，a[1][1]=5，a[1][2]=6。

【例 5-2】 定义一个整型的 3×3 的二维数组，并赋初始值，求其正对角线值的和。

```
package com.array;
public class TestArray {
    public static void main(String[] args) {
        int x[][]=new int[3][3];
        int m=0,s=0;
        //动态赋初始值
        for(int index1=0;index1<3;index1++)
           for(int index2=0;index2<3;index2++)
```

```
                {
                        x[index1][index2]=m++;
                }
            //求出正对角线的和值
            for(int index1=0;index1<3;index1++)
                for(int index2=0;index2<3;index2++)
                    {
                        if(index1==index2)
                        {
                            s=s+x[index1][index2];
                        }
                    }
            System.out.println("正对角线的和值为："+s);
        }
    }
```

运行该程序，控制台出现结果为：

```
正对角线的和值为：12
```

5.2 字符串类

Java 是一种真正的面向对象的语言，即使是开发简单的程序，也必须通过对象的方式来处理简单程序。为了方便程序设计，我们需要灵活使用 Java 自身为我们提供的许多已设计好的类，即需要灵活使用系统自定义类。Java 语言把字符串当做对象处理，在 java.lang 包中提供了两个字符串类：一个是 String 类，另一个是 StringBuffer 类。现在逐一讲解这两个字符串类的使用。

5.2.1 String 类及其函数

String 是“串”的意思，这个类是字符串常量的类。它主要用于处理内容不会改变的字符串，即处理字符串常量。比如：“String s1="Hello";”和“String s2=new String("Hello");”这两个字符串对象 s1 和 s2 是相等的。

现在逐一介绍 String 类的构造方法跟其他函数的用法。

- public String()：该构造函数用来创建一个空的字符串常量。

例如：

```
String test=new String();
```

或

```
String test;
test=new String();
```

- public String(String value)：该构造函数用一个已经存在的字符串常量作为参数来创建一个新的字符串常量。

例如：

```
String s1 =new String("Hello");
```

注意：Java 会为每个用双引号“""”括起来的字符串常量创建一个 String 类的对象。例如“String k="Hello";”表示 Java 会为“Hello”创建一个 String 类的对象，然后把这个对象赋值给 k。等同于：

```
String temp=new String("Hello");
String k=temp;
```

● public String(char value[])：该构造函数用一个字符数组作为参数来创建一个新的字符串常量。

例如：

```
char z[]={'h','e','l','l','o'};
String test=new String(z);
System.out.println(test);
```

这时，test 中的内容为“hello”。

● public String(char value[], int offset, int count)：该构造函数是对上一个构造函数进行扩充，即用字符数组 value，从第 offset 个字符起取 count 个字符来创建一个 String 类的对象。

例如：

```
char z[]={'h','e','l','l','o'};
String test=new String(z,1,3);
System.out.println(test);
```

这时，test 中的内容为“ell”。

注意：数组的下标是从 0 开始计算的。

● public String(StringBuffer buffer)：该构造函数用一个 StringBuffer 类的对象作为参数来创建一个新的字符串常量。其中，String 类是字符串常量，而 StringBuffer 类是字符串变量，是不同的。StringBuffer 类将在后面进行介绍。

● public char charAt(int index)：该方法用来获取字符串常量中的一个字符。参数 index 指定从字符串中返回第几个字符，这个方法返回一个字符型变量。

例如：

```
String s="hello";
char k=s.charAt(1);
System.out.println(k);
```

这时，k 中的内容为“e”。

● public int compareTo(String s)：该方法用来比较字符串常量的大小，参数 s 为另一个字符串常量。若两个字符串常量一样，返回值为 0。若当前字符串常量大，则返回值大于 0。若参数常量 s 大，则返回值小于 0。

例如：

```
String s1="abcefg";
String s2="abdefg";
int result=s2.compareTo(s1);
System.out.println(result);
```

这时，result 的值大于 0。为什么呢？因为在字符串比较中，被比较的两个对象从左往右依次进行比较每个字符的 ASCII 码值的大小。由于前两位都为“ab”，在比较第三位时，“d”在 ASCII 码中排在“c”的后面，“d”的 ASCII 码值大于“c”的 ASCII 码值，所以 s2>s1。

● public boolean startsWith(String prefix)：该方法判断当前字符串常量是不是以参数 prefix 为字符串常量开头的。如果是返回 true，否则返回 false。

例如：

```
String s1="How are you?";
String s2="How";
boolean result=s1.startsWith(s2);
System.out.println(result);
```

这时，result 的值为 true。

● public boolean startsWith(String prefix, int toffset)：这个重载方法新增的参数 toffset 表示按指定的起始点开始查找是否有 prefix 开始的字符串，如果有返回 true，否则返回 false。

例如：

```
String s1="How are you?";
String s2="How";
boolean result=s1.startsWith(s2,4);
System.out.println(result);
```

这时，result 的值为 false。

● public boolean endsWith(String suffix)：该方法判断当前字符串常量是不是以参数 suffix 为字符串常量结尾的。如果是返回 true，否则返回 false。

例如：

```
String s1="He is a good boy!";
String s2="boy!";
boolean result=s1.endsWith(s2);
System.out.println(result);
```

这时，result 的值为 true。

● public int indexOf(int ch)：该方法的返回值为字符 ch 在字符串常量中从左到右第一次出现的位置。如果找到了字符 ch，则返回值为字符 ch 所在的位置序号；若字符串常量中没有该字符，则返回-1。

例如：

```
String s="abcdefg";
int r1=s.indexOf('c');
int r2=s.indexOf('x');
System.out.println(r1);
System.out.println(r2);
```

这时，r1 的值为 2，r2 的值为-1。

● public int indexOf(int ch, int fromIndex)：该方法是对上一个方法的重载，新增的参数 fromIndex 为查找的起始点。表示从 fromIndex 起开始查找是否有字符 ch，如果有返回字符 ch

所在的位置序号，若没有则返回-1。

例如：

```
String s="Hello";
int r=s.indexOf('l',3);
System.out.println(r);
```

这时，r 的值为 3。

若改成：

```
int k=s.indexOf('m',2);
System.out.println(k);
```

这时 k 的值为-1。

● public int indexOf(String str)：该重载方法返回字符串常量 str 在当前字符串常量中从左到右第一次出现的位置。若当前字符串常量中不包含字符串常量 str，则返回-1；若当前字符串常量中从左往右包含字符串常量 str，则返回该字符串第一次出现的位置。

例如：

```
String s="This is a test";
int r1=s.indexOf("is");
int r2=s.indexOf("ca");
System.out.println(r1);
System.out.println(r2);
```

这时，r1 的值为 2，r2 的值为-1。

● public int indexOf(String str, int fromIndex)：该重载方法新增的参数 fromIndex 为查找的起始点。从起始点开始，若当前字符串常量中不包含字符串常量 str，则返回-1；若当前字符串常量中从左往右包含字符串常量 str，则返回该字符串第一次出现的位置。

例如：

```
String s="This is a test";
int r1=s.indexOf("is",5);
System.out.println(r1);
```

这时，r1 的值为 5。

在 String 类中，lastIndexOf()方法与上面的 4 个方法用法类似，只是在字符串常量中从右向左进行查找。若当前字符串常量中不包含字符串常量或字符常量，则返回-1；若当前字符串常量中从右往左包含字符串常量或字符常量，则返回该字符串或字符第一次出现的位置。lastIndexOf()方法定义如下：

- public int lastIndexOf(int ch)
- public int lastIndexOf(int ch, int fromIndex)
- public int lastIndexOf(String str)
- public int lastIndexOf(String str, int fromIndex)

例如：

```
String s="This is a test";
int r1=s.lastIndexOf('i');
```

```
int r2= s.lastIndexOf('i',3);
int r3= s.lastIndexOf("is");
int r4=s. lastIndexOf ("is",4);
System.out.println("r1="+r1);
System.out.println("r2="+r2);
System.out.println("r3="+r3);
System.out.println("r4="+r4);
```

运行该程序，出现结果为：

```
r1=5
r2=2
r3=5
r4=2
```

● public int length()：该方法返回字符串常量的长度，这是最常用的一个方法。

例如：

```
String s="Hello";
int result=s.length();
System.out.println(result);
```

这时 result 的值为 5。

● public char[] toCharArray()：该方法将当前字符串常量转换为字符数组，并返回字符数组。

例如：

```
String s="Who are you?";
char z[]=s.toCharArray();
for(int k=0;k<z.length;k++)
{
    System.out.print(z[k]) ;
}
```

运行该程序，出现结果为：

```
Who are you?
```

● public static String valueOf(基本数据类型　基本数据类型变量)：该方法将基本数据类型包括 boolean、char、int、long、float 和 double 6 种类型的变量转换为 String 类的对象。

例如：

```
String r1=String.valueOf(true);
String r2=String.valueOf('c');
float ff=3.1415927f;
String r3=String.valueOf(ff);
System.out.println("r1="+r1);
System.out.println("r2="+r2);
System.out.println("r3="+r3);
```

运行该程序，出现结果为：

```
r1=true
```

```
r2=c
r3=3.1415927
```

5.2.2 StringBuffer 类及其函数

String 类是字符串常量，是不可更改的常量。而 StringBuffer 类是字符串变量，它的对象是可以改变的，它可以通过对字符的插入、追加和删除等操作而使得字符串发生改变。StringBuffer 使用的函数如下。

● public StringBuffer()：该方法创建一个空的 StringBuffer 类的对象。

● public StringBuffer(int length)：该方法创建一个长度为参数 length 的 StringBuffer 类的对象。

● public StringBuffer(String str)：该函数用一个已存在的字符串常量来创建 StringBuffer 类的对象。

● public String toString()：该方法将 StringBuffer 类对象转换为 String 类对象并返回。由于大多数类中关于显示方法的参数多为 String 类的对象，所以经常要将 StringBuffer 类的对象转换为 String 类的对象，再将它的值显示出来。用法如下：

```
StringBuffer sb=new StringBuffer("How are you?");
System.out.println(sb.toString());
```

输出内容为：

```
How are you?
```

除了上述方法外，StringBuffer 类还可以将 boolean、char、int、long、float 和 double 等 6 种类型的变量追加到 StringBuffer 类的对象的后面。函数如下：

➢ public StringBuffer append(boolean b)
➢ public StringBuffer append(char c)
➢ public StringBuffer append(int i)
➢ public StringBuffer append(long l)
➢ public StringBuffer append(float f)
➢ public StringBuffer append(double d)

例如：

```
double d=123.45678;
StringBuffer sb=new StringBuffer();
sb.append(true);
sb.append('ab').append(d).append(999);
System.out.println(sb.toString());
```

这时输出的内容为：

```
trueab123.45678999
```

● public StringBuffer append(String str)：该方法表示将字符串常量 str 追加到 StringBuffer 类的对象的后面。

● public StringBuffer append(char str[])：该方法表示将字符数组 str 追加到 StringBuffer 类的对象的后面。

● public StringBuffer append(char str[], int offset, int len)：该方法表示将字符数组 str 从第 offset 个开始取 len 个字符，追加到 StringBuffer 类的对象的后面。

除了可以往字符串后边追加各种类型数据之外，还可以往字符串中任意位置插入任意类型的数据。插入函数如下：

➢ public StringBuffer insert(int offset, boolean b)
➢ public StringBuffer insert(int offset, char c)
➢ public StringBuffer insert(int offset, int i)
➢ public StringBuffer insert(int offset, long l)
➢ public StringBuffer insert(int offset, float f)
➢ public StringBuffer insert(int offset, double d)
➢ public StringBuffer insert(int offset, String str)
➢ public StringBuffer insert(int offset, char str[])

这些方法将 boolean、char、int、long、float、double 类型的变量，String 类的对象或字符数组，插入到 StringBuffer 类的对象中的第 offset 个位置。

例如：

```
StringBuffer sb=new StringBuffer("abfg");
sb.insert(2,"cde");
System.out.println(sb.toString());
```

这时输出的内容为：

```
abcdefg
```

● public int length()：该方法返回字符串变量的长度，用法与 String 类的 length()方法类似。

5.3 Math 类

数学类 Math 是 java.lang 中的一个常用类，它包含了许多数学函数，如 abs、pow、sin、cos、exp、abs 等。它是一个工具类，能解决与数学有关的很多问题，如求一个整数或者浮点数的绝对值、正弦值、余弦值等。这个类有两个静态属性：E 和 PI。E 代表数学中的 e，值为 2.7182818…；而 PI 代表数学中的 Pi，它的值为 3.1415926…。用法为 Math.E 和 Math.Pi。Math 类提供了很多方法解决数学问题，主要方法如下：

public static int abs(int a)：该方法用来求整数的绝对值。
public static long abs(long a)：该方法用来求长整型的绝对值。
public static float abs(float a)：该方法用来求单精度数的绝对值。
public static double abs(double a)：该方法用来求双精度数的绝对值。
public static native double acos(double a)：该方法用来求参数 a 的反余弦值。
public static native double asin(double a)：该方法用来求参数 a 的反正弦值。
public static native double atan(double a)：该方法用来求参数 a 的反正切值。
public static native double cos(double a)：该方法用来求参数 a 的余弦值。
public static native double exp(double a)：该方法用来求 e 的 a 次幂。
public static native double floor(double a)：该方法返回最大的小于 a 的整数。

public static native double pow(double a, double b)：该方法用来求 a 的 b 次幂。

public static native double sin(double a)：该方法用来求 a 的正弦值。

public static native double sqrt(double a)：该方法用来求 a 的开平方值。

public static native double tan(double a)：该方法用来求 a 的正切值。

public static synchronized double random()：该方法用来返回 0 到 1 之间的随机数。

现在以部分方法举例如下。

【例 5-3】 采用 Math 类函数求平方根，求两个数的最大值、最小值，求出 3 的 4 次方，对浮点型数据进行四舍五入，求出 1 到 10 的随机数。

```
public class TestMath {
        public static void main(String[] args) {
                System.out.println("求平方根：" + Math.sqrt(8.0));
                System.out.println("求两数的最大值：" + Math.max(27.5,35));
                System.out.println("求两数的最小值：" + Math.min(20,30));
                System.out.println("3 的 4 次方：" + Math.pow(3,4));
                System.out.println("四舍五入：" + Math.round(78.6));
                System.out.println("1～10 之间的随机数：" + (int)(Math.random ()*10));
        }
}
```

运行该程序，出现结果为：

```
求平方根：2.8284271247461903
求两数的最大值：35.0
求两数的最小值：20
3 的 4 次方：81.0
四舍五入：79
1～10 之间的随机数：9
```

注意：在该例子中，随机数每次运行的结果都有可能不一样。

5.4 Random 类

在 java.util 包中专门提供了一个和随机处理有关的类，这个类就是 Random 类。Random 类产生随机数是伪随机数，是系统采用特定的算法生成的。

这个类有两个构造函数。

Random()：该函数表示不带种子的随机数。

Random(long seed)：该函数表示带种子的随机数。

它们之间的区别是：不带种子的随机数，每次运行生成的结果都是随机的；带种子的随机数，每次运行的结果都是一样的。

该类提供了以下的常用方法。

public int nextInt()：返回下一个 int 型伪随机数，范围是-2^{32}～$2^{32}-1$。

public int nextInt(int n)：返回下一个 int 型伪随机数，范围是 0～n-1。

public double nextDouble()：返回下一个 double 型伪随机数，范围是 0～1.0，不含 1.0。

public boolean nextBoolean()：返回下一个 boolean 型伪随机数，值为 true 或 false。

public long nextLong()：返回下一个 long 型伪随机数，范围是-2^{64}～$2^{64}-1$。

【例 5-4】 Random 类使用举例。

```
import java.util.Random;
public class TestRandom {
    public static void main(String[] args) {
        Random r1=new Random(); //不带种子的随机数对象
        System.out.println(r1.nextInt());//产生 int 型随机数
        System.out.println(r1.nextDouble());//产生 0～1.0，不含 1.0 的 double 型随机数
        System.out.println(r1.nextBoolean());//产生 true 或 false 型的 boolean 型随机数
        System.out.println(r1.nextInt (100));//产生 0～100，不含 100 的 int 型随机数
        System.out.println(r1.nextInt (100)+100);//产生 100～200，不含 200 的 int 型随机数
        Random r2=new Random(1123);//带种子的随机数对象
        Random r3=new Random(1123);//带种子的随机数对象
        System.out.println(r2.nextInt());
        System.out.println(r3.nextInt());//种子相同，则产生的随机数也相同
    }
}
```

运行结果为：

```
200458232
0.8489589484882855
false
92
174
-1586018596
-1586018596
```

5.5 数字类

5.5.1 包装类

Java 语言是一个面向对象的语言，但是 Java 中的基本数据类型却不是面向对象的，这在实际使用时存在很多问题。为了解决这个不足，在设计类时为每个基本数据类型设计了一个对应的类来进行处理，这样和基本数据类型对应的类称为包装类（Wrapper Class）。包装类位于 java.lang 包。包装类和基本数据类型的对应关系如表 5.1 所示。

表 5.1 基本数据类型与包装类对应关系

基本数据类型	包 装 类
byte	Byte
short	Short
char	Character
int	Integer
long	Long

续表

基本数据类型	包 装 类
Float	Float
double	Double
boolean	Boolean

从表 5.1 可以看出，在这 8 个类名中，除了 Integer 和 Character 类以外，其他 6 个类的类名和基本数据类型一致，只是类名的第一个字母大写而已。

对于包装类来说，这些类的用途主要包含两种：

（1）作为和基本数据类型对应的类型存在，方便涉及对象的操作。

（2）包含每种基本数据类型的相关属性如最大值、最小值等，以及相关的操作方法。

由于每个包装类的使用大致相同，下面以最常用的Integer类为例介绍包装类的实际使用。

1. 实现 int 和 Integer 类之间的转换

在实际转换时，使用 Integer 类的构造方法和 Integer 类内部的 intValue()方法实现这些类型之间的相互转换。

将 int 类型 n 转换为 Integer 类的代码如下：

```
int n = 20;
Integer in1 = new Integer(n);
```

将 Integer 类的对象转换为 int 类型的代码如下：

```
Integer in2 = new Integer(300);
int a = in2.intValue();
```

2. Integer 类内部的常用方法

前面讲解了 int 类型与 Integer 类之间的转换，现在主要讲解 Integer 类与 String 类之间的转换方法。

● public static int parseInt(String s)：该方法的作用是将数字字符串转换为 int 数值。例如：

```
String s = "1234";
int n = Integer.parseInt(s);
System.out.println("n="+n);
```

运行该程序，从控制台输出的内容为：

```
n=1234
```

该方法实际上实现了 String 和 int 之间的转换，如果 String 包含的不都是数字字符，则程序执行将出现异常。

● public static int parseInt(String s,int radix)：该方法实现将 String 按照参数 radix 指定的进制转换为 int。例如：

将 String“120”按照十进制转换为 int，则结果为 120。用法如下：

```
int n = Integer.parseInt("120",10);
```

将 String“15”按照十六进制转换为 int，则结果为 21。用法如下：

```
int n = Integer.parseInt("15",16);
```

将 String “dd” 按照十六进制转换为 int，则结果为 221。用法如下：

```
int n = Integer.parseInt("dd",16);
```

● public static String toString(int i)：该方法的作用是将 int 类型转换为对应的 String。例如：

```
int m = 1000;
String s = Integer.toString(m);
```

则 s 的值是“1000”。

● public static String toString(int I,int radix)：该方法实现将 int 类型按照参数 radix 指定的进制转换为 String，例如：

```
int m = 18;
String s = Integer.toString(m,16);
System.out.println("s=" +s);
```

运行该程序，出现结果为：

```
s=12
```

5.5.2 数字类与字符串类型间转换的常用方法

在实际应用中，有时需要将只含有数字的字符串转换成其他数字类型或者将其他数字类型数据转换成字符串。

（1）将只含有数字的字符串转换成其他数字类型。

```
String s = "120";
byte bt = Byte.parseByte( s );
short st = Short.parseShort( s );
int i = Integer.parseInt( s );
long l = Long.parseLong( s );
Float f = Float.parseFloat( s );
Double d = Double.parseDouble( s );
System.out.println("bt="+bt);
System.out.println("st="+st);
System.out.println("bt="+bt);
System.out.println("l="+l);
System.out.println("f="+f);
System.out.println("d="+d);
```

运行该程序，出现结果为：

```
bt=120
st=120
bt=120
l=120
f=120.0
d=120.0
```

（2）将其他数字类型数据转换成字符串。

```
String s = String.valueOf(value);
```

以整型数据为例，讲解其使用，其他类型用法相似。

```
int x=123;
String string = String.valueOf(x);
System.out.println("string="+string);
```

运行该程序，出现结果为：

```
string=123
```

5.6 日期类

日期在 Java 中应用广泛且比较复杂。它最先用 Date 类来处理日期和时间，后来考虑到国际化问题，增加了两个类：一个是 java.util.Calendar 类，另外一个是 java.text.DateFormat 类。项目开发中，这两个类主要解决一些复杂问题，比如日期与时间之间如何进行转换，日期如何进行加减运算，日期如何进行不同格式的展示等。现在逐一讲解每个日期类的主要用法。

1．java.util.Date

类 Date 表示特定的日期和时间，时间可以精确到毫秒。Date 中把日期解释为年、月、日、小时、分钟和秒值的方法已废弃。下面仅仅列出没有过时的方法的使用。

Date()：该方法分配 Date 对象并用当前时间初始化此对象，以表示分配它的时间（精确到毫秒）。

Date(long date)：该方法分配 Date 对象并初始化此对象，以表示自从标准基准时间（称为“历元（epoch）”，即 1970 年 1 月 1 日 00:00:00 GMT）以来的指定毫秒数。

boolean after(Date when)：该方法测试此日期是否在指定日期之后。

boolean before(Date when)：该方法测试此日期是否在指定日期之前。

int compareTo(Date anotherDate)：该方法用于比较两个日期的顺序。

boolean equals(Object obj)：该方法用于比较两个日期的相等性。

long getTime()：该方法用于返回自 1970 年 1 月 1 日 00:00:00 GMT 以来此 Date 对象表示的毫秒数。

void setTime(long time)：该方法用于设置此 Date 对象，以表示 1970 年 1 月 1 日 00:00:00 GMT 以后 time 毫秒的时间点。

【例 5-5】 求出当前系统的时间并用毫秒数表示以及求出当前的日期。

```
package com.java.date;
import java.util.Date;
public class TestDate {
	public static void main(String args[]) {
		TestDate nowDate = new TestDate();
		nowDate.getSystemCurrentTime();
		nowDate.getCurrentDate();
	}
```

```
		public void getSystemCurrentTime() {
			System.out.println("系统当前时间的毫秒数= " + System.currentTimeMillis());
		}
		public void getCurrentDate() {
		//创建并初始化一个日期（初始值为当前日期）
			Date date = new Date();
			System.out.println("现在的日期 = " + date. toString ());
			System.out.println("自 1970 年 1 月 1 日 0 时 0 分 0 秒开始至今所经历的毫秒数 = " +
date.getTime());
		}
	}
```

运行结果为：

```
系统当前时间的毫秒数= 1307497855343
现在的日期 = Wed Jun 08 09:50:55 GMT+08:00 2011
自 1970 年 1 月 1 日 0 时 0 分 0 秒开始至今所经历的毫秒数 = 1307497855373
```

2．java.text.DateFormat（抽象类）

java.text.DateFormat 类是日期/时间格式化子类的抽象类，它以与语言无关的方式格式化并分析日期或时间。其实现类 java.text.SimpleDateFormat 允许进行格式化，也就是将日期转换成字符串格式，或者将字符串转换成日期格式。其中，字符串“yyyy-MM-dd hh-mm-ss”决定了日期的格式。“yyyy”表示 4 位长度的年份，“MM”表示月份，“dd”表示日期，“hh”表示用十二进制计算小时，“HH”表示用二十四进制计算小时，“mm”和“ss”表示分和秒。

【例 5-6】 利用日期格式化类对日期进行多种类型格式转换。

```
package com.java.date;
import java.util.Date;
import java.util.Locale;
import java.text.DateFormat;
import java.text.ParseException;
import java.text.SimpleDateFormat;
public class TestSimpleDateFormat {
	public static void main(String args[]) throws ParseException {
		TestSimpleDateFormat test = new TestSimpleDateFormat();
		test.testDateFormat();
	}
	public void testDateFormat() throws ParseException {
		//创建日期
		Date date = new Date();
		//创建不同的日期格式
		DateFormat df1 = DateFormat.getInstance();
		System.out.println("按照 Java 默认的日期格式，默认的区域为：" + df1.format(date));
		DateFormat df2 = new SimpleDateFormat("yyyy-MM-dd hh:mm:ss EEE");
		System.out.println("按照指定格式 yyyy-MM-dd hh:mm:ss EEE，小时为
		十二进制显示时间：" + df2.format(date));
```

```
            DateFormat df3 = new SimpleDateFormat("yyyy-MM-dd HH:mm:ss EEE");
            System.out.println("按照指定格式 yyyy-MM-dd HH:mm:ss EEE，小时为
            二十四进制显示时间：  " + df3.format(date));
            DateFormat df4 = new SimpleDateFormat("yyyy 年 MM 月 dd 日 hh 时 mm 分 ss
            秒 EE", Locale.CHINA);
            System.out.println("按照指定格式 yyyy 年 MM 月 dd 日 hh 时 mm 分 ss 秒 EE，
            显示时间为：" + df4.format(date));
            DateFormat df5 = new SimpleDateFormat("yyyy-MM-dd");
            System.out.println("按照指定格式 yyyy-MM-dd，显示时间为：" + df5.format(date));
            DateFormat df6 = new SimpleDateFormat("yyyy 年 MM 月 dd 日");
            System.out.println("按照指定格式 yyyy 年 MM 月 dd 日，显示时间为：  " +df6.format(date));
        }
}
```

运行结果为：

```
    按照 Java 默认的日期格式，默认的区域为：11-10-5 下午 9:50
    按照指定格式 yyyy-MM-dd hh:mm:ss EEE，小时为十二进制显示时间：2011-10-05 09:50:32 星期三
    按照指定格式 yyyy-MM-dd HH:mm:ss EEE，小时为二十四进制显示时间： 2011-10-05 21:50:32 星期三
    按照指定格式 yyyy 年 MM 月 dd 日 hh 时 mm 分 ss 秒 EE，显示时间为：2011 年 10 月 05 日 09 时 50
分 32 秒 星期三
    按照指定格式 yyyy-MM-dd，显示时间为：2011-10-05
    按照指定格式 yyyy 年 MM 月 dd 日，显示时间为：2011 年 10 月 05 日
```

3. java.util.Calendar（抽象类）

Calendar 类是一个抽象类，它的实现类是 java.util.GregorianCalendar。它为特定瞬间与一组诸如 YEAR、MONTH、DAY_OF_MONTH、HOUR 等日历字段之间的转换提供了一些方法，并为操作日历字段，如获得小时、分钟、星期和日期等提供了一些方法。该类还可以在现有的时间基础之上加上或者减去时间。该时间类瞬间可用毫秒值来表示，它是距历元（即格林威治标准时间 1970 年 1 月 1 日的 00:00:00.000，格里高利历）的偏移量。与其他语言环境敏感类一样，Calendar 提供了一个类方法 getInstance()，以获得此类的一个通用的对象。Calendar 的 getInstance()方法返回一个 Calendar 对象，其日历字段已由当前日期和时间初始化。该类中有一个静态方法 get(int x)，通过这个方法可以获取到相关实例的一些值（年、月、日、星期等）信息。参数 x 是一个常量值，在 Calendar 中有定义。在使用 Calendar 类时，需要注意以下几点：

（1）Calendar 的星期是从星期日开始的，常量值为 0。

（2）Calendar 的月份是从一月开始的，常量值为 0。

（3）Calendar 的每个月的第一天值为 1。

【例 5-7】 给出一个综合实例来看 Calendar 类的用法。

```
package com.java.date;
import java.util.*;
import java.text.SimpleDateFormat;
public class TestCalendar {
    public static void main(String args[]) {
        TestCalendar testCalendar = new TestCalendar();
```

```
            testCalendar.testCalendar();
        }
        public void testCalendar() {
            //创建 Calendar 的方式
            Calendar now = new GregorianCalendar();
            //定义日期的中文输出格式，并输出日期
            SimpleDateFormat df = new SimpleDateFormat("yyyy 年 MM 月 dd 日 HH 时 mm
            分 ss 秒 EEE", Locale.CHINA);
            System.out.println("获取日期中文格式化输出：" + df.format(now.getTime()));
            System.out.println("--------通过 Calendar 获取日期中年月日等相关信息--------");
            System.out.println("获取年：" + now.get(Calendar.YEAR));
            System.out.println("获取月（月份是从 0 开始的）：" + now.get(Calendar.MONTH));
            System.out.println("获取日：" + now.get(Calendar.DAY_OF_MONTH));
            System.out.println("获取时：" + now.get(Calendar.HOUR));
            System.out.println("获取分：" + now.get(Calendar.MINUTE));
            System.out.println("获取秒：" + now.get(Calendar.SECOND));
            System.out.println("获取星期数值（星期是从周日开始的）：" +
            now.get(Calendar.DAY_OF_WEEK));
            System.out.println("---------时间加减运算---------");
            Calendar calendar = Calendar.getInstance();
            System.out.println("现在时间是："+df.format(calendar.getTime()));
            System.out.println("DAY_OF_YEAR："+Calendar.DAY_OF_YEAR);
            int day = calendar.get(Calendar.DAY_OF_YEAR);
            System.out.println("一年中的第几天："+day);
            calendar.set(Calendar.DAY_OF_YEAR, day + 20);
            System.out.println("距离现在 20 天后的时间是："+df.format(calendar.getTime()));
        }
    }
```

运行该程序，结果为：

```
获取日期中文格式化输出：2011 年 10 月 05 日 21 时 59 分 19 秒 星期三
--------通过 Calendar 获取日期中年月日等相关信息--------
获取年：2011
获取月（月份是从 0 开始的）：9
获取日：5
获取时：9
获取分：59
获取秒：19
获取星期数值（星期是从周日开始的）：4
---------时间加减运算---------
现在时间是：2011 年 10 月 05 日 21 时 59 分 19 秒 星期三
DAY_OF_YEAR：6
一年中的第几天：278
距离现在 20 天后的时间是：2011 年 10 月 25 日 21 时 59 分 19 秒 星期二
```

5.7 集合

5.7.1 集合概述

Java 保存数据有很多种方式，比如前面讲的数组就是其中的一种。但数组保存的数据都是同一数据类型，如果对于不同的数据类型放到同一集合，又该怎么解决呢？Java 中的集合框架为此提供了一套设计优良的接口和类，使程序员操作成批的不同数据类型数据或对象极为方便。这些接口和类有很多对抽象数据类型操作的 API，例如 Maps、Sets、Lists、Arrays 等。并且 Java 用面向对象的设计对这些数据结构和算法进行了封装，这就极大地减化了程序员编程时的负担，从而提高开发效率。读者也可以这个集合框架为基础，定义更高级别的数据抽象，比如栈、队列和线程安全的集合等，从而满足自己的需要。

5.7.2 Collection

Java 的集合框架主要有三类：List、Set 和 Map。List 和 Set 继承了 Collection 接口，其中 List 类型的容器允许添加重复对象，按照索引位置排序并且按照在容器中的索引位置检索对象。Set 类型的容器不允许加入重复对象，也不按照某种方式排序对象。而 Map 没有继承 Collection 接口，它提供了通过 Key 对 Map 中存储的 Value 进行访问的方法，也就是说它操作的都是成对的对象元素，可以用 put()方法将对象放入集合，用 get()方法将对象从集合中取出。如果想得到 Key 中的所有 key 值或者想得到 Map 中的所有 value 值，可以由 keySet()方法或 values()方法从一个 Map 中得到键的 Set 集或值的 Collection 集。Collection 接口的主要方法如下。

boolean add(Object)：确保容器能持有传给它的那个参数。如果没有把它加进去，就返回 false。

boolean addAll(Collection)：该方法表示加入参数 Collection 所含的所有元素。只要加了元素，就返回 true。

void clear()：该方法表示清除容器所保存的所有元素。

boolean contains(Object)：该方法表示如果容器持有参数 Object，就返回 true。

boolean containsAll(Collection)：该方法表示如果容器持有参数 Collection 所含的全部元素，就返回 true。

boolean isEmpty()：该方法表示如果容器里面没有保存任何元素，就返回 true。

Iterator iterator()：该方法表示返回一个可以在容器的各元素之间移动的 Iterator。

boolean removeAll(Collection)：该方法表示删除容器里面所有参数 Collection 包含的元素。只要删过东西，就返回 true。

boolean retainAll(Collection)：该方法表示只保存参数 Collection 所包含的元素，如果发生过变化，则返回 true。该方法可以用来求交集。

int size()：该方法表示返回容器所含元素的数量。

Object[] toArray()：该方法表示返回一个包含容器中所有元素的数组。

Object[] toArray(Object[] a)：该方法表示返回一个包含容器中所有元素的数组，且这个数组不是普通的 Object 数组，它的类型应该同参数数组 a 的类型相同。

注意：这里没有能进行随机访问的 get()方法。这是因为 Collection 还包括 Set，而 Set 有它自己的内部顺序。所以，如果要检查 Collection 的元素，就必须使用迭代器 Iterator 对象。Iterator 接口中声明了如下方法。

boolean hasNext()：该方法表示容器中的元素是否遍历完毕，没有则返回 true。

next()：该方法返回迭代的下一个元素。

void remove()：该方法从迭代器指向的 Collection 中移除迭代器返回的最后一个元素。必须先调用一次 next()方法后，才能调用一次 remove()方法，即 remove()方法不能连续多次调用。

【例 5-8】 练习 Collection 接口的各种方法的使用。

```
package container;
import java.util.*;
public class BasicGeneric {
	public static void main(String[] args) {
		Collection<String> collection= new HashSet<String>();
		collection.add("aaa");
		collection.add("bbb");
		collection.add("ccc");
		collection.add("ccc");
		String strArray[]={"A","B","C","D"};
		collection.addAll(Arrays.asList(strArray));
		Collections.addAll(collection, "E","F","G","H");
		System.out.println("第一次运行结果为:");
		Iterator<String> it=collection.iterator();
		while(it.hasNext())
		{
			String s=it.next();
			System.out.print(s+" ");
		}
		System.out.println();
		collection.remove("B");
		collection.remove("G");
		System.out.println("第二次运行结果为:");
		for(Iterator<String> it2 = collection.iterator(); it2.hasNext(); )
		{
			String s=it2.next();
			System.out.print(s+" ");
		}
	}
}
```

运行该程序，结果为：

```
第一次运行结果为：
D E F G aaa A B C ccc H bbb
第二次运行结果为:
D E F aaa A C ccc H bbb
```

5.7.3 List

List 接口对 Collection 进行了简单的扩充，它的具体实现类常用的有 ArrayList 和 LinkedList。其中 ArrayList 从其命名中可以看出它是以一种类似数组的形式进行存储，因此它的随机访问速度比较快；而 LinkedList 的内部实现是链表，它适合于在链表中间需要频繁进行插入和删除操作。在具体应用时可以根据需要自由选择。

（1）ArrayList：一个用数组实现的 List。能进行快速地随机访问，但是往列表中间插入和删除元素的时候比较慢。ListIterator 只能用在反向遍历 ArrayList 的场合，不要用它来插入和删除元素，因为相比 LinkedList，在 ArrayList 里面用 ListIterator 的系统开销比较高。

【例 5-9】 掌握 ArrayList 的特征与各种方法的使用。

```
package container;
import java.util.*;
class Point {
        int x, y;
        Point(int x, int y) {
            this.x = x;
            this.y = y;
        }
        public String toString() {
            return "x=" + x + ",y=" + y;
        }
}
        public class ArrayListToArrayTest{
        public static void main(String[] args) {
            List list1 = new ArrayList();
            list1.add(new Point(3, 3));
            list1.add("java2");
            list1.add("javaweb");
            list1.add("db2");
            System.out.println("indexof："+list1.indexOf("java2"));
            System.out.println("remove："+list1.remove(list1.indexOf("java2")));
            System.out.println("arrayList 的 get 方法使用：");
            for (int i = 0; i < list1.size(); i++) {
                    System.out.print(list1.get(i)+" ");
            }
            System.out.println();
            System.out.println("arrayList 值为："+list1);
            // 利用 ArrayList 的 toArray()返回一个对象的数组
            Object[] objs = list1.toArray();
            for (int i = 0; i < objs.length; i++) {
                    System.out.print(objs[i]+" ");
            }
            System.out.println();
            // Arrays.asList()返回一个列表
            List list = Arrays.asList(objs);
```

```
        System.out.println("将对象转换成 List 后值为："+list);
        //获取子 List
        List<String> subList=list.subList(1, 2);
        System.out.println("subList:"+subList);
        System.out.println("list1："+list1);
        //求两个集合的交集
        list1.retainAll(subList);
        System.out.println("list1 与 subList 的交集为："+list1);
        //求两个集合的并集
        list1.add("ssh");
        System.out.println("list1 的值为："+list1);
        list1.addAll(subList);
        System.out.println("list1 与 subList 并集为："+list1);
        //求两个集合的差集
        list1.removeAll(subList);
        System.out.println("list1 与 subList 差集为："+list1);
    }
}
```

运行该程序，得到结果为：

```
indexof：1
remove：java2
arrayList 的 get 方法使用：
x=3,y=3 javaweb db2
arrayList 值为：[x=3,y=3, javaweb, db2]
x=3,y=3 javaweb db2
将对象转换成 List 后值为：[x=3,y=3, javaweb, db2]
subList：[javaweb]
list1：[x=3,y=3, javaweb, db2]
list1 与 subList 的交集为：[javaweb]
list1 的值为：[javaweb, ssh]
list1 与 subList 并集为：[javaweb, ssh, javaweb]
list1 与 subList 差集为：[ssh]
```

（2）LinkedList：该 List 对顺序访问进行了优化。在 List 中间插入和删除元素的速度较快，但随机访问的速度相对较慢。它有 addFirst()、addLast()、getFirst()、getLast()、removeFirst()和 removeLast()等方法，使用这些方法可以把它当成栈（stack）、队列（queue）或双向队列（deque）来用。

① 用 LinkedList 做一个栈。

“栈（stack）”有时也被称为“后进先出”（LIFO）的容器。就是说，最后一个被“压”进栈中的东西，会第一个“弹”出来。同其他 Java 容器一样，压进去和弹出来的东西都是 Object，所以除非只用 Object 的功能，否则就必须对弹出来的东西进行类型转换。LinkedList 的方法能直接实现栈的功能，所以完全可以不写 Stack 而直接使用 LinkedList。

【例 5-10】 使用 LinkedList 实现堆栈操作。

```
package container;
```

```
import java.util.LinkedList;
public class LinkedListTest {
    LinkedList linkedList=new LinkedList();
    public static void main(String[] args) {
        LinkedListTest linktest=new LinkedListTest();
        System.out.println("开始将数据压入栈......");
        linktest.push("java");
        linktest.push("struts2");
        linktest.push("c++");
        System.out.println("将数据压入栈为:"+linktest);
        System.out.println("弹出栈顶数据为："+linktest.pop());
        System.out.println("栈中值为:"+linktest);
        System.out.println("获取栈顶元素值为："+linktest.peek());
        System.out.println("判断栈中元素是否为空："+linktest.empty());
    }
    public String toString()
    {
        return linkedList.toString();
    }
    public void push(Object obj)
    {
        linkedList.addFirst(obj);
    }
    public Object pop()
    {
        return linkedList.removeFirst();
    }
    public Object peek()
    {
        return linkedList.getFirst();
    }
    public boolean empty()
    {
        return linkedList.isEmpty();
    }
}
```

运行该程序，运行结果为：

```
开始将数据压入栈......
将数据压入栈为:[c++, struts2, java]
弹出栈顶数据为：c++
栈中值为:[struts2, java]
获取栈顶元素值为：struts2
判断栈中元素是否为空：false
```

② 用 LinkedList 做一个队列。

队列（queue）是一个“先进先出”（FIFO）容器，即从一端把对象放进去，从另一端把对象取出来。所以放对象的顺序也就是取对象的顺序。LinkedList 有支持队列功能的方法，所以它也能被当做 Queue 来用。

【例 5-11】 用 LinkedList 实现队列操作。

```
package container;
import java.util.LinkedList;
public class MyQueue {
    private static LinkedList linkList = new LinkedList();
    public void put(Object object) {
        linkList.addLast(object);
    }
    public Object get() {
        return linkList.removeFirst();
    }
    public Object peek() {
        return linkList.getFirst();
    }
    public boolean empty() {
        return linkList.isEmpty();
    }
    public String toString(Object object)
    {
        String s="";
        if(object instanceof LinkedList)
        {
            LinkedList linkList=(LinkedList)object;
            for(int k=0;k<linkList.size();k++)
            {
                s=s+linkList.get(k)+" ";
            }
            return "["+s.toString()+"]";
        }
        else
            return "";
    }
    public static void main(String[] args) {
        MyQueue mq = new MyQueue();
        System.out.println("开始向队列添加元素......");
        mq.put("Java2");
        mq.put("JavaWeb");
        mq.put("Struts2");
        mq.put("Spring");
        mq.put("Hibernate");
        System.out.println("得到队首元素:"+mq.get());
        System.out.println("显示队首元素:"+mq.peek());
        System.out.println("队列是否为空:"+mq.empty());
        System.out.println("队列所有元素值为："+mq.toString(linkList));
```

```
        }
    }
```

运行该程序，结果为：

```
开始向队列添加元素......
得到队首元素:Java2
显示队首元素:JavaWeb
队列是否为空:false
队列所有元素值为：[JavaWeb Struts2 Spring Hibernate ]
```

5.7.4 Set

Set 接口是 Collection 的一种扩展。与 List 不同的是，在 Set 中的对象元素不能重复，也就是说不能把同样的东西两次放入同一个 Set 容器中。它的常用具体实现有 HashSet、TreeSet 和 LinkedHashSet 类。其中 HashSet 能快速定位一个元素，但是放到 HashSet 中的对象需要实现 hashCode()方法，它使用了哈希码算法。而 TreeSet 则将放入其中的元素按序存放，这就要求放入其中的对象是可排序的，就用到了集合框架提供的另外两个实用类 Comparable 和 Comparator。一个类是可排序的，它就应该实现 Comparable 接口。有时多个类具有相同的排序算法，那就不需要分别重复定义相同的排序算法，只要实现 Comparator 接口即可。LinkedHashSet 具有 HashSet 的查询速度，且内部链表维护元素的插入顺序，在循环输出元素时会按照插入的顺序显示。SortedSet 表示对存入集合中的元素自动进行了排序。

（1）HashSet。

对于 HashSet 而言，它是基于 HashMap 实现的，HashSet 底层使用 HashMap 来保存所有元素，因此 HashSet 的实现比较简单。相关 HashSet 的操作，基本上都是直接调用底层 HashMap 的相关方法来完成。我们应该为保存到 HashSet 中的对象覆盖 hashCode()和 equals()，因为在将对象加入到 HashSet 中时，会首先调用 hashCode()方法计算出对象的 hash 值，接着根据此 hash 值调用 HashMap 中的 hash()方法，得到该对象在 hashMap 中保存位置的索引，接着找到数组中该索引位置保存的对象，并调用 equals()方法比较这两个对象是否相等。如果相等则不添加；如果不等，则添加到该数组索引对应的链表中。

如果我们要利用 HashSet 来存放对象，并且存放的对象不能重复，那么我们就要实现这个对象的 public int hashCode()和 public boolean equals(Object obj)方法。这两个方法需要同时重写。如果不去实现 hashCode()方法，那么 HashSet 就根据存放对象从 Object 类继承而来的 hashCode()方法进行处理。Object 对象中的 hashCode()方法是和对象的内存地址相关的，因此只要是 new 的对象，它们的地址都不相同，从而导致 HashSet 可以放重复的对象。由于 HashSet 有一个 add()方法，但是没有 get()方法，因此只能通过过迭代器（Iterator）去获取。

【例 5-12】 HashSet 使用示例。

```
package container;
import java.util.HashSet;
import java.util.Iterator;
import java.util.Set;

class Person {
    private String name;
```

```
    private int id;
    Person(String name,int id) {
        this.name = name;
        this.id = id;
    }
    public void setName(String name){
        this.name = name;
    }
    public String getName(){
        return name;
    }
    public void setId(int id){
        this.id = id;
    }
    public int getId(){
        return id;
    }
    public int hashCode(){
        return name.hashCode()+id;
    }
    public boolean equals(Object obj)
    {
        if(obj instanceof Person)
        {
            Person p = (Person)obj;
            return(name.equals(p.name) && id == p.id);
        }
        return super.equals(obj);
    }
}

public class HashSetTest {
    public static void main(String[] args)
    {
        Person p1 = new Person("Tom",1);
        Person p2 = new Person("Tom",1);
        Set<Person> set = new HashSet<Person>();
        set.add(p1);
        set.add(p2);
        Iterator<Person> it = set.iterator();
        while(it.hasNext()){
            System.out.println("name:"+it.next().getName());
        }
        System.out.println("remove person:"+set.remove(new Person("Tom",1)));
    }
}
```

运行该程序，结果为：

```
name:Tom
remove person:true
```

如果将该程序中的 public int hashCode()方法屏蔽掉或者删除掉，则出现结果为：

```
name:Tom
name:Tom
remove person:false
```

注意：为什么会出现两个 name 且值都为“Tom”，以及删除用户的值为 false 这种结果呢？因为在程序中没有覆盖 Object 类的 hashCode()方法，创建的两个 Person 对象的 hash 码不一样，因此 HashSet 为两个 Person 对象计算不同的存放位置，于是把它们存在容器的不同地方。因此为了保证 HashSet 能正常工作，在 Person 类中既要覆盖 equals()方法，又要覆盖 hashCode()方法。

（2）TreeSet。

该类实现了 Set 接口，该接口由 TreeMap 对象支持。此类保证排序后的 Set 按照升序排列元素，根据使用的构造方法不同，可能会按照元素的自然顺序进行排序，或按照在创建 Set 时所提供的比较器进行排序。如果自定义类对象在 TreeSet 对象中要进行排序，自定义类必须实现 java.lang.Comparable 接口。该接口有一个 compareTo(Object o)方法，它返回整数类型。如“x.compareTo(y)”。如果返回值为 0，则表示 x 和 y 相等；如果返回值大于 0，则表示 x 大于 y；如果返回值小于 0，则表示 x 小于 y。

【例 5-13】 采用 TreeSet 集合实现按照学生姓名进行排序。

```
package container;
import java.util.*;
public class TreeSetTest
{
        public static void main(String[] args)
        {
                TreeSet ts=new TreeSet();
                ts.add(new Students(2,"zhangshan"));
                ts.add(new Students(3,"lishi"));
                ts.add(new Students(1,"wangwu"));
                ts.add(new Students(4,"maliu"));
                Iterator it=ts.iterator();
                while(it.hasNext())
                {
                        System.out.println(it.next());
                }
        }
}
class Students implements Comparable
{
        int num;
        String name;
```

```
            Students(int num,String name)
            {
                this.num=num;
                this.name=name;
            }
            //写具体的比较方法
            public int compareTo(Object o)
            {
                int result;
                Students s=(Students)o;
                result=num >s.num ? 1:(num==s.num ? 0 : -1);
                if(result==0)
                {
                    result=name.compareTo(s.name);
                }
                return result;
            }
            public String toString()
            {
                return num+":"+name;
            }
}
```

运行该程序，结果为：

```
1:wangwu
2:zhangshan
3:lishi
4:maliu
```

从上面程序运行结果可以看出，虽然向 TreeSet 对象中加入的学生对象学号不一样，但经过 Students 类实现 Comparable 接口后，便可以实现升序排序。但需要注意的是：第一，基本数据类型如 Integer 类和 String 类已经自动实现了 Comparable 接口；第二，向 TreeSet 容器中加入的对象必须是同类型的对象，否则会抛出 java.lang.ClassCastException 异常。

（3）LinkedHashSet。

LinkedHashSet 是具有可预知迭代顺序的 Set 接口的哈希表和链接列表实现。此实现与 HashSet 的不同之处在于，后者维护着一个运行于所有条目的双重链接列表。此链接列表定义了迭代顺序，该迭代顺序可为插入顺序或是访问顺序。但在实际应用中，此实现不是同步的，如果多个线程同时访问链接的哈希 Set，而其中至少一个线程修改了该 Set，则它必须保持外部同步。

【例 5-14】 LinkedHashSet 使用示例。

```
package container;
import java.util.Arrays;
import java.util.LinkedHashSet;
import java.util.Set;
public class LinkedHashSetTest
```

```
{
        public static void main(String[] args) {
        test(new LinkedHashSet<Integer>());
        }
        public static void test(Set<Integer> set) {
                System.out.println(set.getClass().getName());
                // 增加 10 个数据
                for (int i = 1; i <= 11; i++) {
                set.add(i);
                }
                // 看看里面数据的情况
                System.out.println("第一次显示数据：");
                showSet(set);
                // 删除一个数据
                set.remove(11);
                // 看看删除后的情况
                System.out.println("第二次显示数据：");
                showSet(set);
                // 增加三个数据，看结果
                set.add(22);
                set.add(11);
                set.add(33);
                System.out.println("第三次显示数据：");
                showSet(set);
        }
        private static void showSet(Set<Integer> set) {
                System.out.println(Arrays.toString(set.toArray(new Integer[0])));
        }
}
```

运行该程序，出现结果为：

```
java.util.LinkedHashSet
第一次显示数据：
[1, 2, 3, 4, 5, 6, 7, 8, 9, 10, 11]
第二次显示数据：
[1, 2, 3, 4, 5, 6, 7, 8, 9, 10]
第三次显示数据：
[1, 2, 3, 4, 5, 6, 7, 8, 9, 10, 22, 11, 33]
```

5.8 案例

5.8.1 案例一：输出杨辉三角形

案例代码如下：

```
package example;
```

```
public class YangHui {
public static void main(String args[])
{
        final int row=5;
        int a[][]=new int[row+1][];
        for(int i=0;i<=row;i++)
        {
                a[i]=new int[i+1];
        }
        yanghui(a,row);
}

static void yanghui(int a[][],int row)
{
        for(int i=0;i<=row;i++)
                for(int j=0;j<=a[i].length-1;j++)
                {
                        if(i==0||j==0||j==a[i].length-1)
                        a[i][j]=1;
                        else a[i][j]=a[i-1][j-1]+a[i-1][j];
                }
                for(int i=0;i<= row;i++)
                {
                for(int j=0;j<=a[i].length-1;j++)
                        System.out.print(a[i][j]+"\t");
                        System.out.println();
                }
        }
}
```

运行该程序，出现结果为：

```
1
1    1
1    2    1
1    3    3    1
1    4    6    4    1
1    5    10   10   5    1
```

5.8.2　案例二：简易学生管理系统

该案例主要利用 Java 基础知识完成一个简易的学生管理系统。该系统可以完成学生信息的增加、删除、查询（其中查询可以按学号查询，也可以查询所有信息），退出系统等功能。由于没有连接数据库，对学生信息的管理是通过前面讲的集合 List 和 ArrayList 来实现的。案例代码如下：

```
//主控制类
package com.system;
```

```
import java.util.Scanner;
public class StuManage {
public static void main(String[] args){
	Student s=new Student();
	int x;
	System.out.println("请输入 0-5 实现：0、回到主菜单，1、查找，2、新增学生，3、删除，
	4、列出所有学生，5、结束程序");
	for(int i=1;;i++){
	Scanner sc=new Scanner(System.in);
	x=sc.nextInt();
	  switch (x)
		{
		case 1: s.search();break;
		case 2: s.addStuInfo();break;
		case 3: s.delete();break;
		case 4: s.list();break;
		case 5: s.exit();break;
		default :break;
	  }
	}
   }
}
//业务操作类
package com.system;
import java.util.ArrayList;
import java.util.List;
import java.util.Scanner;

public class Student {
private String num;
private String name;
public static List<Student> students=new ArrayList();
public Student()
{
}
public Student(String num,String name){
	this.num=num;
	this.name=name;
}
public void search(){
	System.out.println("请输入要查询的学生学号：");
	Scanner sc=new Scanner(System.in);
	String stuno;
	stuno=sc.next();
	int m=0;
	Student stu=null;
	if(students.size()>0)
```

```
{
    for(int k=0;k<students.size();k++)
    {
        stu=students.get(k);
        if(stu.num.equals(stuno))
        {
            m++;
              break;
        }
    }
}
if(m<students.size())
{
    System.out.println("姓名为:"+stu.name+""+"的学生已经找到!");
}    else if(m==students.size())
{
    System.out.println("对不起，没有找到姓名为:"+stu.name+""+"的学生信息!");
}
}
public void addStuInfo()
{
  System.out.println("请输入所添加学生的学号跟姓名，学号跟姓名以回车键分开!");
  Scanner sc=new Scanner(System.in);
  Scanner sc1=new Scanner(System.in);
  System.out.println("请输入学号:");
  num=sc.next();
  System.out.println("请输入姓名:");
  name=sc1.next();
  Student stu=new Student(num,name);
  students.add(stu);
  System.out.println("学号为:"+num+"姓名为:"+name+"的学生信息已成功录入！");
}
public void delete()
{
  System.out.println("请输入删除学生的学号：");
  Scanner sc=new Scanner(System.in);
  String stuno=sc.next();
      for(int m=0;m<students.size();m++)
        {
              Student stu=(Student)students.get(m);
              if(stu.num.equals(stuno))
              {
                    students.remove(m);
                    System.out.println("该学生信息已成功删除！");
              }
        }
}
```

```
public void list()
{
        System.out.println("学号        姓名");
        for(int m=0;m<students.size();m++)
        {
                Student stu=(Student)students.get(m);
                System.out.println(stu.num+"      "+stu.name);
         }
}
public void exit(){
        System.out.println("程序结束");
        System.exit(0);
        }
}
```

运行上述程序，在控制台操作显示为：

```
请输入0-5实现：0、回到主菜单，1、查找，2、新增学生，3、删除，4、列出所有学生，5、结束程序
2
请输入所添加学生的学号跟姓名，学号跟姓名以回车键分开!
请输入学号:
1101
请输入姓名:
lgt
学号为:1101 姓名为:lgt 的学生信息已成功录入！
2
请输入所添加学生的学号跟姓名，学号跟姓名以回车键分开!
请输入学号:
1102
请输入姓名:
xy
学号为:1102 姓名为:xy 的学生信息已成功录入！
1
请输入要查询的学生学号：
1101
姓名为:lgt 的学生已经找到!
4
学号      姓名
1101    lgt
1102    xy
3
请输入删除学生的学号：
1101
该学生信息已成功删除！
4
学号      姓名
1102    xy
```

```
5
程序结束
```

注意：在该系统中所有信息输入都是动态从键盘获取，即需要使用“Scanner sc=new Scanner(System.in);”语句，该语句在后续章节会陆续讲到。在主控制类中，由于该系统有多种操作方式，因此采用 switch case{…}语句加以实现。在 switch case{…}中，输入不同的操作将调用不同的业务方法完成相应的功能。

5.8.3 案例三：本章知识在贪吃蛇项目中的应用

通过本章的学习，可以对 Food 类进行完善。

1．任务

融合本章知识编程，实现 Food 类的初始化横格和纵格坐标，并完成重新产生随机数的功能。

2．编程思路

（1）在 Food 类中增加属性，语句如下：

```
public static Random r = new Random();//随机数对象
```

（2）修改 Food 类中的属性，达到初始化横格和纵格坐标、初始坐标随机产生的目的。

```
private int m // 横格
private int n // 竖格
```

将以上两条语句替换为如下两条语句：

```
private int m =
r.nextInt(GameFrame.WIDTH / GameFrame.CELL_SIZE);// 横格
private int n =
r.nextInt(GameFrame.HEIGHT/GameFrame.CELL_SIZE  -30/GameFrame.CELL_SIZE)  +  90/GameFrame.
CELL_SIZE;// 竖格
```

由于游戏界面顶部有菜单，纵格将从第 6 格开始，即语句中的 90 像素。

（3）将方法 reAppear()完善。将 Food 类中的方法 reAppear()的代码：

```
public void reAppear() {      }
```

修改为：

```
//重新产生食物坐标
    public void reAppear() {
        this.m = r.nextInt(GameFrame.WIDTH / GameFrame.CELL_SIZE);
        this.n = r.nextInt(GameFrame.HEIGHT / GameFrame.CELL_SIZE - 30/GameFrame.CELL_SIZE)
+ 30/GameFrame.CELL_SIZE;
    }
```

（4）为 Food 类增加包的导入，增加的语句如下：

```
import java.util.Random;
```

5.9 实训操作

【任务一】 编译运行以下程序，观察运行结果，并完成以下任务。

```
class JLab0501{
  public static void main(String[] args){
     double[] fatGrams = new double[6];
     fatGrams[0] = 12.6;
     fatGrams[1] = 32.0;
     fatGrams[2] = 2.0;
     fatGrams[3] = 11.2;
     fatGrams[4] = 0.5;
     fatGrams[5] = 3.99;
     for(int j = 0; j < fatGrams.length; j++){
          System.out.println(fatGrams[j]);
     }
  }
}
```

（1）修改以上程序，将它们升序排序，并输出。

（2）求出最值，并输出。

【任务二】 编译运行以下程序，并完成以下任务。

```
class JLab0502{
public static void main(String[] args){
      String[] animals = {"dog", "cat", "mouse"};
      for(int j = 0; j < animals.length; j++){
            System.out.print(animals[j] + " ");
      }
      System.out.println();
  }
}
```

（1）向以上数组中增加一个元素“Fish”，输出结果观察是否成功。

（2）将以上数组降序排序，并输出。

（3）查找含有字符“o”的字符串。

习　题

一、选择题

1．下面哪些语句含有语法错误？（　　）

A．int a[][]=new int [5][5];

B．int [][]b=new int[5][5];

C．int []c[]=new int[5][5];

D．int [][]d=new int[5,5];

2．下面哪些语句会发生编译错误？（　　）

A．int []a;

B．int[]b=new int[10];

C．int c[]=new int[];

D．int d[]=null;

3．给出下列代码，则数组初始化中哪项是不正确的？（　　）

```
byte[] array1,array2[];
byte array3[][];
byte[][] array4;
```

A．array2 = array1

B．array2=array3

C．array2=array4

D．array3=array4

4．顺序执行下列程序语句后，则 b 的值是（　　）。

```
String a="Hello";
String b=a.substring（0,2）;
```

A．Hello

B．hello

C．Hel

D．null

5．下列哪个表达式返回结果为 true？（　　）

A．"john"=="join"||"john".equals("john")

B．"join"=="join"

C．"join".equals(new Button("join")

D．"join"=="join123"

二、编程题

1．编程实现对 10 个字符串排序，并升序输出。

2．编程实现将当前系统时间输出，格式为：×年×月×时×分×秒　星期×。

3．对 10 个随机产生的整数求最大值。

第 6 章　异 常 处 理

本章要点：

- 异常和错误
- try-catch-finally
- throw 和 throws
- 自定义异常

由于 Java 程序常常在网络环境中运行，安全成为首先要考虑的重要因素之一。为了能够有效及时地处理程序中的运行错误，Java 引入了异常处理，提供了丰富的处理异常的措施。作为面向对象语言，Java 的异常处理也是采用类和对象的概念，定义有各种异常类。本章详细介绍 Java 中的异常处理。

6.1　异常处理的概念和 Java 异常处理的体系结构

在面向过程式的编程语言中，我们可以通过返回值来确定方法是否正常执行。比如在一个 C 语言编写的程序中，如果方法正确执行则返回 1，错误则返回 0。在 VB 或 Delphi 开发的应用程序中，出现错误时，我们就弹出一个消息框给用户。通过方法的返回值我们并不能获得错误的详细信息。可能因为方法由不同的程序员编写，当同一类错误在不同的方法中出现时，返回的结果和错误信息并不一致，所以 Java 语言采取了一个统一的异常处理机制。什么是异常？异常是运行时发生的可被捕获和处理的错误。

在 Java 语言中，任何异常对象都是 java.lang.Throwable 类或其子类的对象。Throwable 类是 Java 异常类体系中的根类，它有两个子类：一个是 Error 类，另一个是 Exception 类。Error 类代表程序运行过程中 Java 内部的错误，一旦发生了这种错误，程序员除了告知用户发生的错误并关闭程序的运行之外，没有其他的办法，程序员没有办法处理 Error 类。像“out of memory”就是虚拟机空间不够时会报的错误。Exception 类是所有异常的父类，任何异常都扩展于 Exception 类，Exception 就相当于一个错误类型。Exception 类是我们真正关心并尽可能加以处理的。Java 异常的层次结构如图 6.1 所示。如果要定义一个新的错误类型就扩展一个新的 Exception 子类。采用异常的好处还在于可以精确地定位到导致程序出错的源代码位置，并获得详细的错误信息。

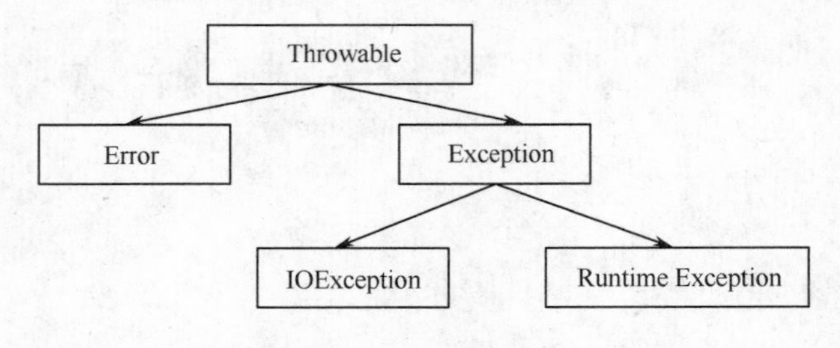

图 6.1　异常类的层次结构

Exception 类分为运行时异常（Runtime Exception）和非运行时异常。运行时异常就是 Runtime Exception 及其子类的异常，像常用的空指针 NullPointerException、数组溢出 IndexOutOfBoundsExceptiont 等。非运行时异常是 Runtime Exception 以外的异常，如 IOException、SQLException 等。常用异常介绍如下。

java.lang.NullPointerException：这个异常大家肯定都经常遇到，异常的解释是“程序遇上了空指针”，简单地说就是调用了未经初始化的对象或者是不存在的对象。这个错误经常出现在创建图片、调用数组这些操作中，比如图片未经初始化，或者图片创建时的路径错误等。对数组操作中出现空指针，很多情况下是一些刚开始学习编程的读者常犯的错误，即把数组的初始化和数组元素的初始化混淆起来了。数组的初始化是对数组分配需要的空间，而初始化后的数组，其中的元素并没有实例化，依然是空的，所以还需要对每个元素都进行初始化（如果要调用的话）。

java.lang.ClassNotFoundException：这个异常的解释是“指定的类不存在”。这里主要考虑一下类的名称和路径是否正确即可。

java.lang.ArithmeticException：这个异常的解释是“数学运算异常”，比如程序中出现了除以零这样的运算就会出这样的异常。对这种异常，我们就要好好检查一下自己程序中涉及数学运算的地方，公式是不是有不妥了。

java.lang.ArrayIndexOutofBoundsException：这个异常相信很多读者也经常遇到过，异常的解释是“数组下标越界”。现在程序中大多都有对数组的操作，因此在调用数组的时候一定要认真检查，看自己调用的下标是不是超出了数组的范围。一般来说，显式（即直接用常数当下标）调用不太容易出这样的错，但隐式（即用变量表示下标）调用就经常出错了。还有一种情况，程序中定义的数组的长度是通过某些特定方法决定的，不是事先声明的。这个时候，最好先查看一下数组的 length，以免出现这个异常。

java.lang.IllegalArgumentException：这个异常的解释是“方法的参数错误”。很多 J2SE 的类库中的方法在一些情况下都会引发这样的错误，比如音量调节方法中的音量参数如果写成负数就会出现这个异常；再比如 g.setcolor(int red,int green,int blue)这个方法中的三个值，如果有超过 255 的也会出现这个异常。因此一旦发现这个异常，我们要做的就是赶紧去检查一下方法调用中的参数传递是不是出现了错误。

java.lang.IllegalAccessException：这个异常的解释是“没有访问权限”。当应用程序要调用一个类，但当前的方法没有对该类的访问权限便会出现这个异常。对程序中用了 package 的情况下要注意这个异常。

java.lang.ArrayStoreException：试图把与数组类型不相符的值存入数组。

java.lang.ClassCastException：试图把一个对象的引用强制转换为不合适的类型。

java.lang.IndexOutOfBoundsException：下标越界。

java.util.EmptyStackException：试图访问一个空堆栈中的元素。

java.util.NoSuchElementException：试图访问一个空向量中的元素。

java.lang.InstantiationException：试图使用 Class 的 newInstance()方法创建一个对象实例，但指定的对象没有被实例化，因为它是一个接口、抽象类或者一个数组。

java.lang.InterruptedException：当前的线程正在等待，而另一个线程使用了 Thread 的 interrupt()方法中断了当前线程。

java.io.IOException：申请 I/O 操作没有正常完成。

java.io.EOFException：在输入操作正常结束前遇到了文件结束符。

java.io.FileNotFoundException：在文件系统中没有找到由文件名字符串指定的文件。

6.2 异常处理

如果程序发生异常，系统首先创建异常对象并交给运行时系统，再由系统寻找代码处理异常，共经历抛出异常、捕获异常和处理异常几个过程。下列程序段会发生异常：

```
class Rdd
{
    public static void main(String []args)
    {
        int i=9;
        int j=9;
        int s=39/(i-j);
    }
}
```

Java 异常处理通过五个关键字来实现：try、catch、throw、throws、finally。

6.2.1 try-catch-finally 语句

具体的异常处理结构由 try-catch-finally 块来实现。try 块存放可能出现异常的 Java 语句；catch 用来捕获发生的异常，并对异常进行处理；finally 块用来清除程序中未释放的资源。不管 try 块的代码如何返回，finally 块都总是被执行。具体格式如下：

```
try{
        可能出现异常的语句;
    }
    catch(异常类  异常对象名)
    {
        处理代码;
    }
    finally
    {
        必须执行的语句;
    }
```

其中把可能会发生异常情况的代码放在 try 语句段中，利用 try 语句对这组代码进行监视。如果发生异常，程序就转去 catch 部分来查询异常，catch 给出所有可能出现的异常类型，可以有多个。如果发生了第一种异常，使用第一个 catch 中的代码段处理；如果发生了第二种异常，则使用第二个 catch 中的代码段处理。以此类推。catch 可能执行，也可能不执行。如果 try 里面没有产生异常，catch 就不执行。如果有异常，catch 语句在执行前，必须识别抛出的异常是 catch 能够捕获的异常。如果 catch 语句参数中声明的异常类与抛出的异常类相同，或者是它的父类，catch 语句就可以捕获任何这种异常类的对象。如果发生的异常没有捕获到，那么流程控制将沿着调用堆栈一直向上传。如果直到最后还是没有发现处理异常的 catch 语句，那么在 finally 子句执行完后，调用 ThreadGroup 的 unCaughtException()方法终止当前的线程（即发生了异常的线程）。

finally 可以有也可以没有，但无论异常是否发生，finally 子句都是必须要执行的语句。这样即使发生的异常与 catch 所能捕获的异常不匹配也会执行 finally 子句。

【例 6-1】 异常处理示例。

源程序：Test1.java

```
class Test1
{
    public static void main(String []args)
    {
        med(1);
        med(0);
        med(50);
    }
    static void med(int i)
    {
     try{
            System.out.println("i="+i);
            int b=50/i;
            int a[]={0,1,2};
            a[i]=b;
           }
           catch(ArithmeticException e1){
             System.out.println("Exception is:"+e1);
           }
           catch(IndexOutOfBoundsException e2){
             System.out.println("Exception is:"+e2);
           }
           finally{
             System.out.println("Program is end! ");
           }
    }
}
```

在该段程序中，首先调用 med(1)，传递给形参 i=1，在 try 中不会发生异常，catch 语句不执行，程序执行完 try 后直接跳到 finally 执行。其次调用 med(0)，传递给形参 i=0，在 try 中执行“int b=50/i;”时会抛出异常，这时程序就会查找第一个 catch，看是否是该 catch 抛出的异常。是则执行该 catch 后面的语句，输出异常“java.lang.ArithmeticException”，然后程序转去执行 finally 语句。最后调用 med(50)，传递参数给 i=50，在执行 try 的过程中在“a[i]=b;”处发生数组下标越界异常，程序转去执行 catch，第一个 catch 不是我们抛出的异常。依次判断第二个异常，是第二个 catch 所指出的异常，程序就会执行该 catch 后面的代码，输出该异常“java.lang.ArrayIndexOutOfBoundsException”，最后执行 finally 里面的语句。

程序的运行结果如图 6.2 所示。

```
Problems  @ Javadoc  Declaration  Console
<terminated> Test2 [Java Application] C:\Program Files\MyEclipse 6.0\jre\bin\javaw.exe
i=1
Program is end!
i=0
Exception is:java.lang.ArithmeticException: / by zero
Program is end!
i=50
Exception is:java.lang.ArrayIndexOutOfBoundsException: 50
Program is end!
```

图 6.2　异常处理结果

6.2.2　throw 语句

我们也可以写代码来抛出异常，抛出异常的语句是 throw，其语法格式如下：

```
throw 异常类的对象名;
```

用 throw 来抛出异常，一般放在方法内部。一个程序可以有多个 throw。throw 语句执行时，其后面的代码不再执行，程序转到异常处理程序段。

需要注意以下两点：

第一，throw 后面的异常类的对象名必须是 Throwable 类或其子类的对象。例如："throw new Exception("throw 抛出异常！");"是正确的，因为创建的是 Exception 类的对象；而"throw new String("throw 抛出异常！");"是错误的，这是由于 throw 后面是字符串类 String 的对象，而不是异常类 Exception 的对象。

第二，throw 一旦抛出异常，后面的语句就不再执行了。例如下面的程序：

```
class myException extends Exception
{
}
class Myclass
{
  void method()
  {
       MyException e=new MyException();
       if ( ){
          throw e;
       }
       System.out.println("ddf");   //不再执行
    }
}
```

在这个程序段中，首先创建了一个自定义异常类的对象 e，然后抛出该异常类的对象，这时最后一条输出语句"System.out.println("ddf");"不再执行。

【例 6-2】　throw 的用法。从键盘上输入数字并输出，如果用户输入字符"?"，则抛出异常。

源程序：Test2.java

```java
import java.io.BufferedReader;
import java.io.IOException;
import java.io.InputStreamReader;
public class Test2 {
    public static void main(String []args){
        try {
            BufferedReader objBR = new BufferedReader(new InputStreamReader(
              System.in));
            System.out.println("请输入字符:");
            String strnum = objBR.readLine();
            if(strnum.equals("?"))
                throw new Exception("输入问号，抛出异常！");
            double dnum = Double.parseDouble(strnum);
            System.out.println("这个数字是："+dnum);
        }
        catch(IOException e){
            e.printStackTrace();
        }
        catch(NumberFormatException e){
            e.printStackTrace();
        }
        catch (Exception e) {
            e.printStackTrace();
        }
        finally{
            System.out.println("程序结束！");
        }
    }
}
```

在该程序中，首先从键盘上输入一个字符，如果输入的是一个数字，则把数字字符转换成 double 类型并输出，此时不发生异常，运行结果如图 6.3 所示；如果输入的是一个非数字的字符，则进行类型转换“double dnum = Double.parseDouble(strnum);”时会抛出异常，程序转去执行第二个 catch 后面的语句，输出异常信息，运行结果如图 6.4 所示；如果输入的是“?”字符，则写代码“throw new Exception("输入问号，抛出异常！");”抛出异常，程序的运行结果如图 6.5 所示。无论输入的是何种字符，finally 里面都是必须要执行的语句。

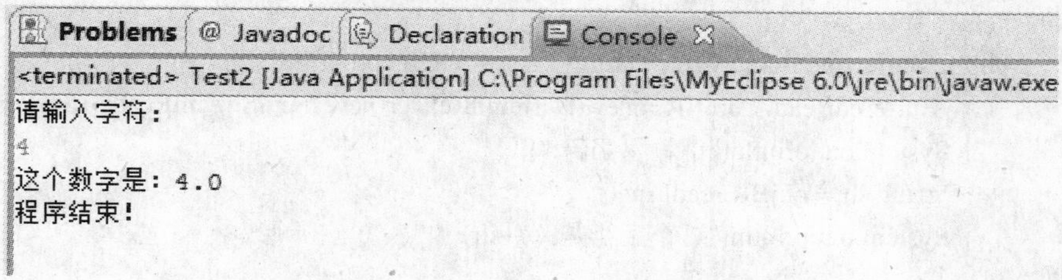

```
Problems  @ Javadoc  Declaration  Console
<terminated> Test2 [Java Application] C:\Program Files\MyEclipse 6.0\jre\bin\javaw.exe
请输入字符：
4
这个数字是：4.0
程序结束！
```

图 6.3　不出现异常情况

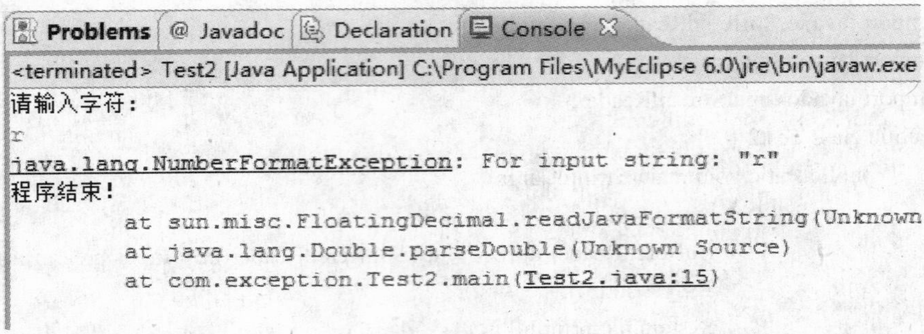

```
Problems | @ Javadoc | Declaration | Console
<terminated> Test2 [Java Application] C:\Program Files\MyEclipse 6.0\jre\bin\javaw.exe
请输入字符:
r
java.lang.NumberFormatException: For input string: "r"
程序结束!
	at sun.misc.FloatingDecimal.readJavaFormatString(Unknown
	at java.lang.Double.parseDouble(Unknown Source)
	at com.exception.Test2.main(Test2.java:15)
```

图 6.4　数据转换时出现异常

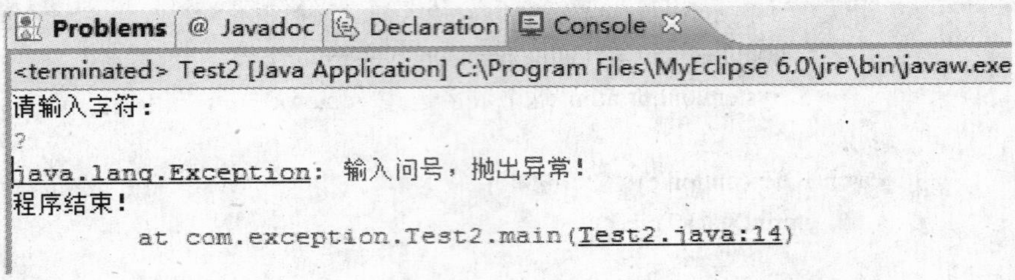

```
Problems | @ Javadoc | Declaration | Console
<terminated> Test2 [Java Application] C:\Program Files\MyEclipse 6.0\jre\bin\javaw.exe
请输入字符:
?
java.lang.Exception: 输入问号，抛出异常!
程序结束!
	at com.exception.Test2.main(Test2.java:14)
```

图 6.5　输入“?”的情况

6.2.3　throws 子句

throws 是声明方法时抛出可能出现的异常，但是并不捕获异常，也就是说并不直接处理异常，而是把它向上传递。其格式如下：

```
方法声明 throws 异常类名列表
```

若一个方法声明抛出异常，则表示该方法可能会抛出所声明的那些异常，从而要求方法的调用者在程序中对这些异常进行处理。throws 一次可以抛出多个异常，多个异常类名用逗号分割。

【例 6-3】　throws 输入字符并输出字符示例。

源程序：Test3.java

```
package com.exception;
import java.io.BufferedReader;
import java.io.IOException;
import java.io.InputStreamReader;
public class Test3 {
    public static void main(String []args) throws IOException{
        BufferedReader objBR = new BufferedReader(new InputStreamReader(System.in));
        System.out.println("请输入字符:");
        String str = objBR.readLine();
        System.out.println("这个字符是："+str);
    }
}
```

在该程序中，objBR.readLine()方法会抛出 IOException 异常，而程序中没有用

try-catch-finally 语句进行捕获处理，所以必须在 main()主方法的头部加上 throws IOException，表示对于该异常程序不处理，交由上层调用者进行处理。

6.3 自定义异常

前面所讲的系统异常主要用来处理系统可以预见的异常，定义它们为 Exception。对于某个应用程序所特有的错误，则需要程序员根据程序的特殊逻辑在用户定义的程序中自己创建异常类和异常对象，称为自定义异常。

自定义异常必须是 Exception 的子类，必须从 Exception 继承。一般含有两个构造方法：一个是无参构造方法，一个是带一个字符串参数的构造方法。自定义异常创建的格式如下：

```
class 自定义异常类名 extends Exception{
    构造方法( ) {
        super( )
}
    构造方法( String s) {
        super( s );
    }
}
```

【例 6-4】 自定义一个完整的异常类。

源程序：Test4.java

```
package com.exception;
import java.io.BufferedReader;
import java.io.IOException;
import java.io.InputStreamReader;
public class Test4 {
    public static void main(String []args) throws IOException{
        BufferedReader objBR = new BufferedReader(new InputStreamReader(System.in));
        System.out.println("请输入数字:");
        String strnum = objBR.readLine();
        double dnum = Double.parseDouble(strnum);
        if(dnum>=0)
            System.out.println("这个数字是："+dnum);
        else{
            try {
                throw new MyException();
            } catch (MyException e) {
                e.printStackTrace();
            }
        }
    }
}
class MyException extends Exception{
    MyException(){
```

```
            super("数字小于 0，错误！");
        }
        public String toString(){
            return "发生异常，该程序中数字不能为负值！";
        }
    }
```

在该程序中，自定义了一个异常类 MyException，里面含有构造方法和一个 toString()方法。在主程序中，从键盘上输入一个字符，转换成数字，如果该数字小于 0，使用 throw 抛出一个自定义异常类对象，并采用 try-catch-finally 进行捕获处理。程序的运行结果如图 6.6 所示。

```
Problems  @ Javadoc  Declaration  Console
<terminated> Test4 (1) [Java Application] C:\Program Files\MyEclipse 6.0\jre\bin\javaw.exe (
请输入数字：
-5
发生异常，该程序中数字不能为负值！
        at com.exception.Test4.main(Test4.java:18)
```

图 6.6　自定义异常的应用

6.4　案例：算数运算中的异常处理

设计一个简单的 GUI 计算器，如果第一个数或第二个数是一个非数值的字符串，程序将在控制台上显示错误信息。改写程序，使用异常处理器来捕获异常，并在消息对话框中显示错误信息。程序如下所示。

源程序：Test5.java

```
package com.exception;
import java.awt.Container;
import java.awt.FlowLayout;
import java.awt.event.ActionEvent;
import java.awt.event.ActionListener;
import javax.swing.JButton;
import javax.swing.JFrame;
import javax.swing.JLabel;
import javax.swing.JOptionPane;
import javax.swing.JTextField;
public class Test5 {
    public static void main(String []args){
        new CalculateFrame();
    }
}
class CalculateFrame extends JFrame implements ActionListener{
    JTextField tfnum1=new JTextField(5);
    JTextField tfnum2=new JTextField(5);
```

```
JTextField tfresult=new JTextField(5);
JButton btnadd=new JButton("相加");
JButton btnsub=new JButton("相减");
JButton btnmul=new JButton("相乘");
JButton btndiv=new JButton("相除");
Container contentpane=this.getContentPane();
CalculateFrame(){
    this.setSize(450,100);
    this.setTitle("简易计算器");
    contentpane.setLayout(new FlowLayout());
    contentpane.add(new JLabel("第一个数："));
    contentpane.add(tfnum1);
    contentpane.add(new JLabel("第二个数："));
    contentpane.add(tfnum2);
    contentpane.add(new JLabel("结果："));
    contentpane.add(tfresult);
    tfresult.setEditable(false);
    contentpane.add(btnadd);
    contentpane.add(btnsub);
    contentpane.add(btnmul);
    contentpane.add(btndiv);
    btnadd.addActionListener(this);
    btnsub.addActionListener(this);
    btnmul.addActionListener(this);
    btndiv.addActionListener(this);
    this.setVisible(true);;
}
public void actionPerformed(ActionEvent e) {
    String snum1=tfnum1.getText();
    String snum2=tfnum2.getText();
    int num1=0,num2=0,result=0;
    try{
        num1=Integer.parseInt(snum1);
        num2=Integer.parseInt(snum2);
    }
    catch(NumberFormatException ex){
        JOptionPane.showMessageDialog(this, "文本框中必须为整数!");
        tfnum1.setText("");
        tfnum2.setText("");
    }
    if(e.getSource()==btnadd){
        result=num1+num2;
    }
    else if(e.getSource()==btnsub){
        result=num1-num2;
    }
    else if(e.getSource()==btnmul){
```

```
                        result=num1*num2;
                }
                else if(e.getSource()==btndiv){
                        try{
                                result=num1/num2;
                        }
                        catch(ArithmeticException e1){
                                JOptionPane.showMessageDialog(this, "除数不能为 0，请重新输入！");
                                tfnum2.setText("");
                        }
                }
                tfresult.setText(Integer.toString(result));
        }
}
```

程序运行结果如图 6.7 所示。

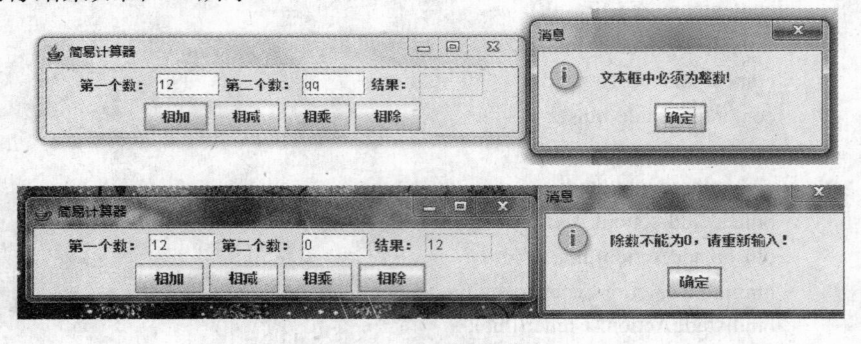

图 6.7　算术运行中的异常处理

6.5　实训操作

【任务一】　观察异常处理运行情况。

（1）首先预测下列程序的运行结果，然后编译、执行以验证你的预测。

```
public class Test {
        public static void main(String args[]){
                for(int i = 0; i < 4;i++){
                        int k;
                        try{
                        switch( i ){
                          case 0:
                                        int zero = 0;
                                        k = 911 / zero;
                                        break;
                                case 1:
                                        int b[ ] = null;
                                        k = b[0];
                                        break;
```

```
                        case 2:
                            int c[ ] = new int[2];
                            k = c[9];
                            break;
                        case 3:
                            char ch = "abc".charAt(99);
                            break;
                    }
                }
                catch(Exception e) {
                 System.out.println("\nTestcase #" + i + "\n");
                     System.out.println(e);
                }
            }
        }
}
```

（2）将上述程序中 catch(Exception e)更改为 catch(ArithmeticException e)，预测程序运行的结果并验证之。

（3）将上述程序中 catch(Exception e)更改为 catch(NullPointerException e)，预测程序运行的结果并验证之。

（4）在（3）的程序中添加一些语句，使得程序能够输出"Exception Test Finished!"的信息。（提示：使用 finally 语句）

【任务二】 编译下列程序，观察报错信息并思考原因。

```
public class Test {
    public static void main( String args[] ){
        throwException();
    }
    public static void throwException() throws Exception{
        System.out.println( "Method throwException" );
        hrow new Exception();
    }
}
```

【任务三】 修改上述程序使之能正常编译，并能输出信息：Exception Catched!

习　题

一、选择题

1．下列关于对 Java 中的异常的描述，哪一种是正确的？（　　）

A．Java 中的异常是指在编译过程中所产生的语法错误

B．Java 中的异常是指用户编程时用错了 Java 的语句

C．Java 中的异常是指 Java 程序在运行过程中所产生的运行错误

D．Java 中的异常是指 Java 程序的类加载时的错误

2．欲扩充 Java 中的异常类型以实现用户特定的应用环境下的异常处理，则用户程序

（　　）。

A．必须重写 JDK 中的 Exception 类

B．必须继承 JDK 中的某一异常类，并重写自己的异常处理的成员方法

C．必须实现 JDK 中的 Exception 接口

D．必须继承 JDK 中的 Error 类，并重写自己的异常处理的成员方法

3．给定下列代码：

```
public void test() {
        try {
                oneMethod();
                System.out.println("condition 1");
        }
        catch (ArrayIndexOutOfBoundsException e) {
                System.out.println("condition 2");
        }
        catch(Exception e) {
                System.out.println("condition 3");
        }
        finally {
                System.out.println("finally");
        }
}
```

在方法 oneMethod()运行正常的情况下其结果应该是（　　）。

A．condition 1

B．condition 2

C．condition 3

D．finally

4．给定下列不完整代码：

```
1
2  { success = connect();
3   if (success==-1) {
4           throw new TimedOutException();
5   }
6  }
```

TimedOutException 不是一个 Runtime Exception。下面的哪些声明可以被加入第 1 行完成此方法的声明？（　　）

A．public void method()

B．public void method() throws Exception

C．public void method() throws TimedOutException

D．public void method() throw TimedOutException

E．public throw TimedOutException void method()

5．当某方法含有会引起非运行时异常的语句，可以用下列哪些方式处理？（　　）

A．使用 try-catch 语句进行捕获处理

B．throw 相关 Exception

C．throws 相关 Exception

D．无须处理

二、简答题

1．异常（Exception）和错误（Error）有什么不同？Java 如何处理它们？

2．简述 Java 的异常处理机制，并与传统的异常处理机制进行比较。

3．简述 throw 和 throws 关键字的差别。

4．简述 try 语句块是如何处理多种异常情况的。

5．简述 finally 代码段的功能及特点。

6．什么是系统定义的异常？用户程序为什么要自定义异常？

7．系统异常如何抛出？如何抛出自定义异常？

8．Java 程序如何处理抛出的异常？如何处理多种异常？

第 7 章　输入/输出流

本章要点：

- 输入/输出概述
- 标准输入/输出流
- 文件类
- 字节输入流
- 字符输入流
- 缓冲流
- 随机存取文件

前面介绍了通过命令参数的形式获取输入的值，但这种方式下输入的内容十分有限。在 Java 中，所有输入/输出都当做流来处理。

Java 的核心库 java.io 提供了全面的 I/O 接口和类，包括文件读/写、标准设备输入/输出等。但标准输入/输出处理是由包 java.lang 中提供的类来处理。实质上，这些类也都是由包 java.io 中的类继承而来。同时，本章还会介绍文件的随机访问。

7.1　输入/输出概述

流是按一定顺序排列的数据的集合。向程序中读入数据的流，称为输入流。从程序中将数据写出去的流，称为输出流。

流可以分为字节流和字符流，分别由四个抽象类来表示：InputStream、OutputStream、Reader、Writer。Java 中其他多种多样变化的流均是由它们派生出来的：

字节流中，数据单位为字节；字符流中，数据单位为字符。

从输入流中读入数据通常用 read()方法。除标准输出外，将数据写出到输出流中通常用 write()方法。

流是一种重要的资源，除标准输入/输出外，其他流在使用完毕后需要调用 close()方法关闭流。

7.2　标准输入/输出流

标准输入/输出流由 java.lang 包来处理。标准输入流是指利用键盘在控制台中输入。标准输出流是指输出到控制台。System 类定义了三个成员变量，分别说明如下：

static InputStream in：标准输入流。

static PrintStream out：标准输出流。

static PrintStream err：标准错误输出流。

【例 7-1】 将键盘输入的内容在屏幕上显示，按回车键则输入结束。

源程序：StdInOut.java

```
import java.io.IOException;
public class StdInOut {
    public static void main(String[] args) throws IOException{
        int b;
        System.out.println("请输入，按回车结束输入后，可看到结果...");
        while((b=System.in.read())!=-1){
            System.out.print((char)b);
        }
    }
}
```

运行结果为：

```
请输入，按回车结束输入后，可看到结果...
hello world
hello world
```

7.3 文件类

在实际应用中，通常会用文件作为输入的源，或者输出的目的地。下面介绍文件类。

文件类 File，属于 java.io 包，用来表示文件和目录路径名。它既可以用来表示创建一个文件，也可以用来表示创建一个目录对象。File 类中使用的是抽象路径，能自动进行不同系统平台的文件路径与抽象文件路径之间的转换。

File 类的构造方法如下。

File(String pathname)：通过给定路径名字符串创建文件或目录对象。

File(String parent,String child)：通过给定父路径和子路径字符串创建文件或目录对象。

例如以下语句：

```
File f1=new File("D:\\test\\1.txt");  //创建 D:\test\1.txt 文件
File f2=new File("1.txt");  //创建当前目录下文件 1.txt
File f3=new File("C:\\abc");  //创建 C:\abc 目录
File f4=new File("D:\\test\\","1.txt");  //创建 D:\test\1.txt 文件
```

File 类的常用方法如下。

public boolean canRead()：测试应用程序是否能读指定的文件。

public boolean canWrite()：测试应用程序是否能修改指定的文件。

public boolean exists()：测试指定的文件是否存在。

public boolean isDirectory()：测试指定文件是否是目录。

public boolean isAbsolute()：测试路径名是否为绝对路径。

public boolean isFile()：测试指定文件是否是一般文件。

public boolean isHidden()：测试指定文件是否是隐藏文件。

public boolean delete()：删除指定的文件。

public String[] list()：返回指定目录下的文件（存入数组）。

public boolean mkdir()：创建指定的目录，正常建立时返回 true，否则返回 false。

public boolean mkdirs()：创建指定的目录，包含任何不存在的父目录。

【例 7-2】 使用 File 类的常用方法。

源程序：FileTest.java

```
import java.io.File;
import java.io.IOException;

class FileTest {
    public static void main(String args[]) throws IOException {
        File file=new File("src\\FileTest.java");
        if(file.exists()){
            System.out.println("文件名："+file.getName());
            System.out.println("路径："+ file.getPath());
            System.out.println("绝对路径："+ file.getAbsolutePath());
            System.out.println("文件长度："+ file.length()+" bytes");
        }
    }
}
```

运行结果为：

```
文件名：FileTest.java
路径：src\FileTest.java
绝对路径：D:\chpt7\src\FileTest.java
文件长度：444 bytes
```

【例 7-3】 显示当前目录下所有的子目录和文件。

源程序：DirTest.java

```
import java.io.File;
import java.io.IOException;

public class DirTest {
    public static void main(String[] args) throws IOException{
        File dir=new File("c:\\");
        if(dir.exists()){
            File file[]=dir.listFiles();   //将目录下的子目录和文件列举
            for(int i=0;i<file.length;i++){
                if(file[i].isDirectory()){
                    System.out.println("目录:"+file[i].getName());
                }
                else{
                    System.out.println("文件:"+file[i].getName());
                }
            }
        }
    }
```

```
    }
```

运行结果为：

```
目录:360Rec
目录:ATI
文件:AUTOEXEC.BAT
文件:boot.ini
文件:bootfont.bin
文件:CONFIG.SYS
目录:Documents and Settings
目录:Intel
文件:IO.SYS
目录:jboss-4.2.3.GA
文件:MSDOS.SYS
文件:NTDETECT.COM
文件:ntldr
文件:pagefile.sys
文件:pdisdk.log
文件:pivot.log
目录:Program Files
目录:RECYCLER
目录:System Volume Information
目录:WINDOWS
```

7.4 字节输入/输出流

字节流是按字节读入二进制数据。在 Java 中，字节流有两个基本的类：InputStream 类和 OutputStream 类。这两个类是抽象类，不能实例化，但它们提供了读/写字节的基本方法。下面介绍 InputStream 和 OutputStream 的类层次结构，如图 7.1 所示。

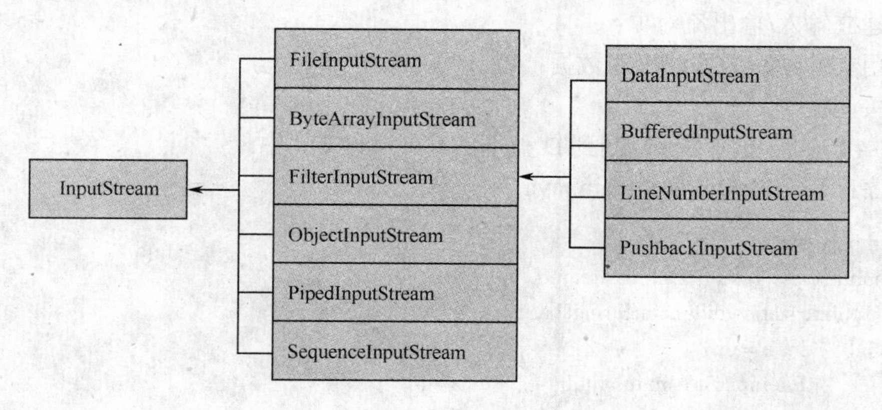

图 7.1　字节输入流的类层次结构

InputStream 中读数据的方法如下。

abstract int read() throws IOException：从输入流中读取数据的下一个字节。

int read(byte[] b) throws IOException：从输入流中读取一定数量的字节，并将其存储在缓冲区数组 b 中。

int read(byte[] b, int off, int len) throws IOException：将输入流中最多 len 个数据字节读入 byte 数组。

long skip(long n) throws IOException：跳过和丢弃此输入流中数据的 n 个字节。

void close() throws IOException：关闭此输入流并释放与该流关联的所有系统资源。

字节输出流和字节输入流大致对应。输出流的类层次结构如图 7.2 所示。

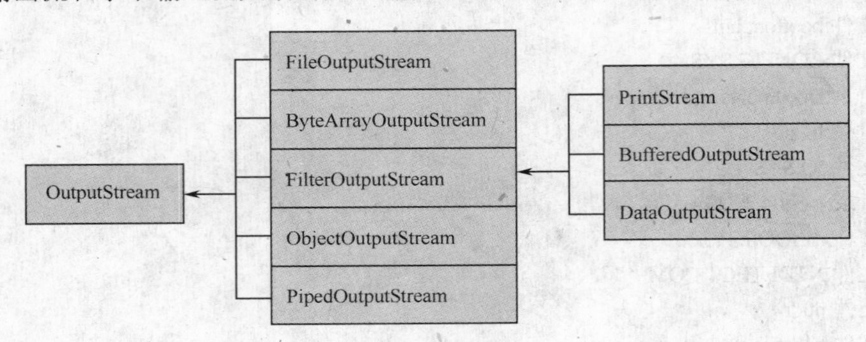

图 7.2　字节输出流的类层次结构

OutputStream 中写入数据的常用方法如下。

public abstract void write(int b) throws IOException：将指定的字节写入此输出流。

public void write(byte[] b) throws IOException：将 b.length 个字节从指定的 byte 数组写入此输出流。

public void write(byte[] b,int off,int len) throws IOException：将指定 byte 数组中从偏移量 off 开始的 len 个字节写入此输出流。

public void flush() throws IOException：刷新此输出流并强制写出所有缓冲的输出字节。

public void close() throws IOException：关闭此输出流并释放与此流有关的所有系统资源。

这里主要介绍 FileInputStream 和 FileOutputStream，它们用于文件的字节形式的输入/输出。在 Java 中对文件的读写操作的主要步骤是：

（1）建立输入/输出流对象；

（2）用文件读写的方法读写数据；

（3）关闭流。

【例 7-4】　将当前文件复制到 D 盘下的 temp.txt 文件中。

源程序：TestFileOutputStream.java

```
import java.io.*;
public class TestFileOutputStream {
   public static void main(String[] args) {
         int b = 0;
         FileInputStream in = null;
         FileOutputStream out = null;
         try {
            in = new FileInputStream("src\\TestFileOutputStream.java");
            out = new FileOutputStream("d:\\temp.txt");
            while((b=in.read())!=-1){
```

```
                out.write(b);
            }
            in.close();
            out.close();
        } catch (FileNotFoundException e2) {
            System.out.println("找不到指定文件");
            System.exit(-1);
        } catch (IOException e1) {
            System.out.println("文件复制错误");
            System.exit(-1);
        }
        System.out.println("文件已复制");
    }
}
```

7.5 字符输入/输出流

字符流的输入/输出数据是字符。字符流有两个基本类：Reader 类和 Writer 类。这两个类是抽象类，不能实例化，但它们提供了读/写字节的基本方法。如图 7.3 和图 7.4 所示介绍了 Reader 和 Writer 的层次结构。

其中 FileReader 和 FileWriter 用于文件的字符形式的输入/输出，其使用方式与 InputStream 和 OutputStream 相似。

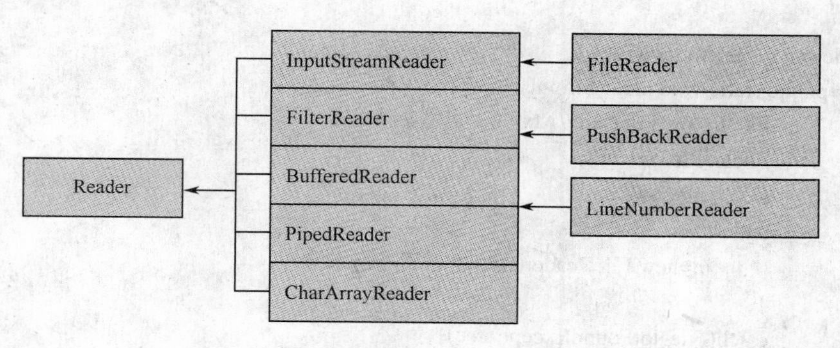

图 7.3　字符输入流的类层次结构

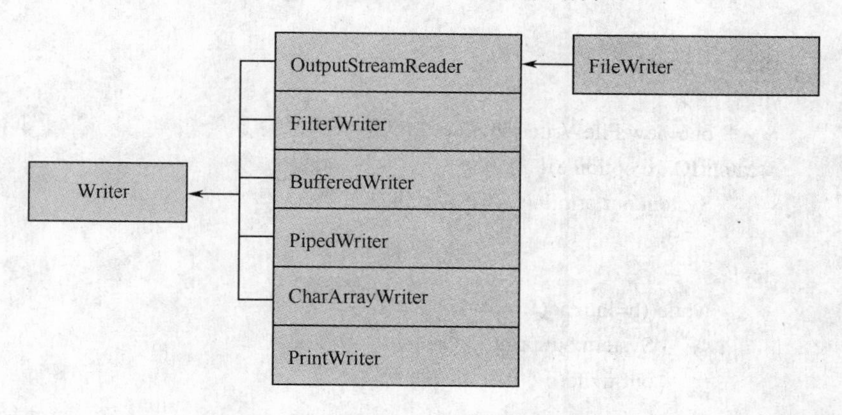

图 7.4　字符输出流的类层次结构

【例 7-5】 用字符流实现文件的复制。

源程序：FileCopy.java

```
import java.io.*;

public class FileCopy {
public static void main(String[] args) throws IOException {
      //用字符流实现文件的复制
      FileReader in=new FileReader("src\\FileCopy.java");
      FileWriter out=new FileWriter("FileCopy.txt");
      int c;
      while ((c=in.read())!= -1)
            out.write(c);
      System.out.println("文件复制完毕。");
     in.close();
     out.close();
  }
}
```

【例 7-6】 将文件 1.txt（在当前工程的 src 目录下）的内容复制到 D:\2.txt 中，并在控制台输出。

源程序：FileReaderWriter.java

```
import java.io.*;

public class FileReaderWriter {
      public static void main(String[] args) {
            File f=new File("src//1.txt"); //创建文件对象
            FileReader in=null;
            FileWriter out=null;
            try{
                  in=new FileReader(f); //建立字符输入流
            }
            catch(FileNotFoundException e){
                  System.out.println("文件找不到。");
            }
            int b;
            try{
                  out=new FileWriter("d://2.txt"); //建立字符输出流
            }catch(IOException e){
                  System.out.println("文件找不到。");
            }
            try{
                  while((b=in.read())!=-1){       //循环读入
                        System.out.print((char)b);       //标准输出
                        out.write(b);           //写到输出流中
                  }
```

```
                in.close();        //关闭输入流
                out.close();       //关闭输出流
            }catch(IOException e){
                System.out.println("读取文件出错");
            }
        }
    }
```

7.6 缓冲流

前面介绍的字节流（字符流）实现了数据以字节（字符）为单位进行的顺序访问，这样会降低与外部数据交换的效率。而缓冲流对读/写的数据提供了缓冲的功能，即数据先放入缓冲区，提高了读/写的效率。

J2SDK 提供了四种缓冲流：BufferedInputStream、BufferedOutputStream、BufferedReader、BufferedWriter。

【例 7-7】 字节缓冲流举例。

源程序：TestBufferStream.java

```
import java.io.BufferedInputStream;
import java.io.FileInputStream;
import java.io.IOException;

public class TestBufferStream {
   public static void main(String[] args) {
      try {
         FileInputStream fis =
                  new FileInputStream("d:\\HW.java");   //  建立文件输入流
         BufferedInputStream bis =
                  new BufferedInputStream(fis);       //为文件输入流建立缓冲输入流对象
         int c = 0;
         System.out.println(bis.read());
         System.out.println(bis.read());
         bis.mark(200);       //可以读取后面的 200 个字节
         for(int i=0;i<=20 && (c=bis.read())!=-1;i++){
            System.out.print((char)c+" ");
         }
         System.out.println();
         bis.reset();   //重新回到做了标记的地方
         for(int i=0;i<=20 && (c=bis.read())!=-1;i++){
            System.out.print((char)c+" ");
         }
         bis.close();
      } catch (IOException e) {e.printStackTrace();}
   }
}
```

【例 7-8】 字符缓冲流举例。

源程序：TestBufferReader.java

```
public class TestBufferReader {
  public static void main(String[] args) {
    try {
      BufferedWriter bw = new BufferedWriter(new FileWriter("d:\\dat2.txt"));
      BufferedReader br = new BufferedReader(
               new FileReader("d:\\2.dat"));
      String s = null;
      for(int i=1;i<=100;i++){
        s = String.valueOf(Math.random());
        bw.write(s);
        bw.newLine();
      }
      bw.flush();
      while((s=br.readLine())!=null){
        System.out.println(s);
      }
      bw.close();
      br.close();
    } catch (IOException e) { e.printStackTrace();}
  }
}
```

【例 7-9】 用流实现从键盘输入两个整数并求和。

源程序：BufferedIn.java

```
import java.io.*;
public class BufferedIn{
public static void main(String args[]) throws IOException{
     int i;
     float f,r;
     //InputStreamReader 和 OutputStreamWriter 用于字节数据到字符数据之间的转换
     BufferedReader din = new BufferedReader(new InputStreamReader(System.in));
     System.out.print("input i: ");
     i=Integer.parseInt(din.readLine());
     System.out.print("input f: ");
     f=Float.parseFloat(din.readLine());
     r=i+f;
     System.out.println(i+"+"+f+"="+r);
  }
}
```

运行结果为：

```
input i: 6
input f: 34.5
6+34.5=40.5
```

7.7　随机存取文件

RandomAccessFile 类对文件的随机读/写提供了支持，它是直接继承自 Object 类，并同时实现了 DataInput 接口和 DataOutput 接口。因此 RandomAccessFile 类是一个特殊的输入/输出流类，并可以从文件的任何位置开始读/写操作。

RandomAccessFile 类的构造方法如下：

- public RandomAccessFile(String name,String mode)throws FileNotFoundException
- public RandomAccessFile(File file, String mode) throws FileNotFoundException

其中第二个参数 mode 是访问模式，常用三个值：r 表示读，w 表示写，rw 表示可读可写。

【例 7-10】　使用随机文件读写方式实现下列内容：

（1）创建文本文件 q1.txt，首先向该文件中写入 20 个随机产生的双精度浮点数。

（2）读取文件 q1.txt 内容，并输出该文件中最大的双精度浮点数。

（3）修改文件中第三个双精度数的值，输出文件的内容。

源程序：TestRandomAccess.java

```
import java.io.FileNotFoundException;
import java.io.IOException;
import java.io.RandomAccessFile;

public class TestRandomAccess {
        RandomAccessFile raf;
        final int DOUBLE_SIZE=8;
        public TestRandomAccess(){
        try{
        //（1）向文件中写入 20 个 double 型数据
        raf=new RandomAccessFile("c:\\q1.txt","rw");
        for(int i=0;i<20;i++){
                double d=100*Math.random(); //产生 0～100 之间的随机数
                raf.writeDouble(d);            //写出到文件
        }
        raf.close();//记得关闭资源
        //（2）将文件中的数据输出屏幕，并求最大值
        raf=new RandomAccessFile("c:\\q1.txt","rw");
        double arr[]=new double[20];
        System.out.println("写入的 20 个双精度数为：");
        for(int i=0;i<20;i++){
                double d=raf.readDouble();    //读入数据
                arr[i]=d;                              //把读入进来的数据放在数组中
                System.out.print(d+"\t");
                if((i+1)%5==0)System.out.println();//标准输出
        }
        double max=arr[0];
        for(int i=0;i<20;i++){    //求最大值
                if(max<arr[i])max=arr[i];
```

```
        }
        System.out.println("\n"+"最大的双精度数为："+max);
        raf.close();
        //（3）修改值，修改后的结果写入到文件并作标准输出
        raf=new RandomAccessFile("c:\\q1.txt","rw");
        raf.seek(2*DOUBLE_SIZE);                    //定位到第三个 double 数据
        raf.writeDouble(11.1111111111111);          //修改定位到的数据值
        raf.close();
        raf=new RandomAccessFile("c:\\q1.txt","rw");
        System.out.println("\n 修改后,20 个双精度数为：");
        for(int i=0;i<20;i++){                      //标准输出
            double d=raf.readDouble();
            System.out.print(d+"\t");
            if((i+1)%5==0)System.out.println();
        }
        }catch(FileNotFoundException e){ }
         catch(IOException e){ }
        }
        public static void main(String[] args) {
            new TestRandomAccess();
        }
}
```

运行结果：在 C 盘中 q1.txt 已经存在，其中有内容。在控制台有如图 7.5 所示的内容输出。

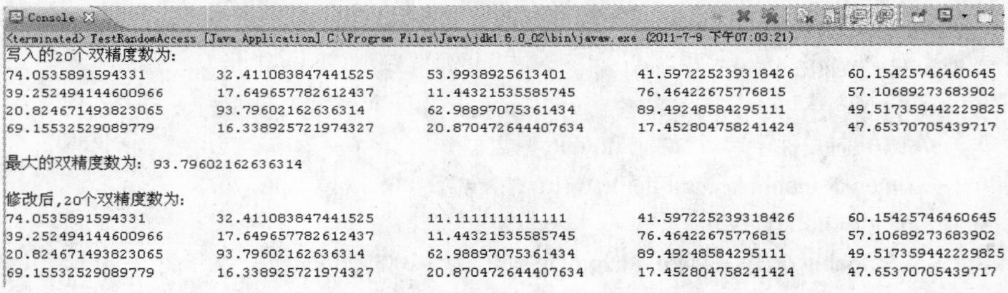

```
Console
<terminated> TestRandomAccess [Java Application] C \Program Files\Java\jdk1.6.0_02\bin\javaw.exe (2011-7-9 下午07:03:21)
写入的20个双精度数为:
74.0535891594331      32.411083847441525    53.9938925613401      41.597225239318426    60.15425746460645
39.252494144600966    17.649657782612437    11.44321535585745     76.4642267577681 5    57.10689273683902
20.824671493823065    93.79602162636314     62.98897075361434     89.49248584295111     49.517359442229825
69.1553252908977 9    16.338925721974327    20.870472644407634    17.452804758241424    47.65370705439717

最大的双精度数为: 93.79602162636314

修改后,20个双精度数为:
74.0535891594331      32.411083847441525    11.1111111111111      41.597225239318426    60.1542574646 0645
39.252494144600966    17.649657782612437    11.44321535585745     76.4642267577681 5    57.10689273683902
20.824671493823065    93.79602162636314     62.98897075361434     89.49248584295111     49.517359442229825
69.1553252908977 9    16.338925721974327    20.870472644407634    17.452804758241424    47.65370705439717
```

图 7.5　例 7-10 运行结果

7.8　案例：内容的输入与存放

1．任务

从键盘输入一行文本，将它追加存放在 temp.txt 中，打开 temp.txt 查看该文件。

2．编程思路

（1）从键盘输入，可以用 InputStreamReader 流对象将标准输入流 System.in 转换成 BufferedReader 流对象，利用 BufferedReader 流的 readLine()方法获得输入。

（2）利用字符转换避免字符乱码。

（3）利用 RandomAccessFile 类向文件中追加字符内容。

源程序：InputAndSave.java

```
public class InputAndSave {
    public static void main(String args[])throws IOException{
        BufferedReader din = new
        BufferedReader(new InputStreamReader(System.in));//键盘输入
        String content,contentToCn=null;
        System.out.println("请输入内容：");
        content=din.readLine();
        System.out.println("你刚才输入是："+content);
        //为了字符串不显示乱码，需要转换为中文字符编码，如“GBK”
        contentToCn = new String(content.getBytes("GBK"), "ISO8859_1");
        //建随机存取文件对象
        RandomAccessFile raf = new RandomAccessFile("src\\temp.txt", "rw");  //文件若不存
        //在，则自动新建一个
        //文件指针指向文件尾
        raf.seek(raf.length());
        //写出内容
        raf.writeBytes(contentToCn + "\r\n");
        //关闭资源
        raf.close();
    }
}
```

运行程序，在控制台输入信息，并在控制台和文件 temp.txt 中观看结果。如图 7.6、图 7.7 所示。

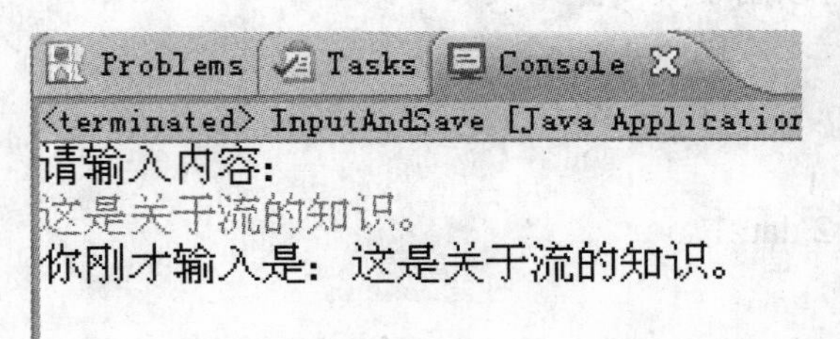

图 7.6　控制台运行结果

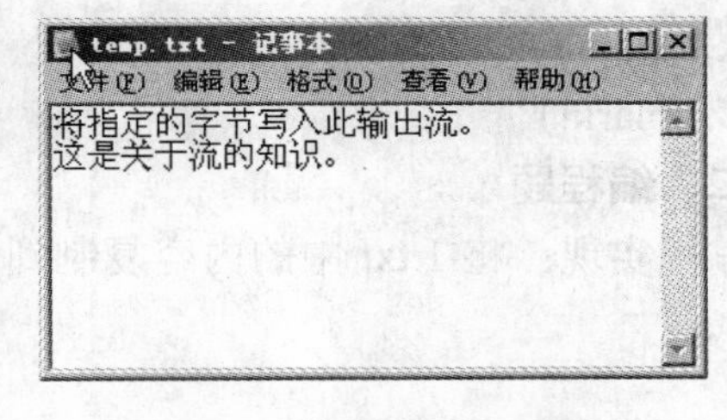

图 7.7　文件中效果

7.9　实训操作

【任务】　编写程序，实现：

（1）新建一个文件 my.txt。

（2）从键盘输入字符串。

（3）向该文件中写入一些字符串。

习　题

一、选择题

1．从键盘获取输入值的方式说法错误的是（　　）。

A．通过命令参数获取

B．通过建立 System.in 流来实现

C．只要从键盘获取值都需要 read()方法

D．从输入流中读取值是需要通过 read()方法的

2．有关流的说法正确的是（　　）。

A．按读取的数据单位分类，流可以分为字节流、字符流和缓冲流

B．字节流读取数据的单位为字节，字符流读取数据的单位为字符

C．文件只能用来建立输入流

D．缓冲流与字节流、字符流没有任何关系

3．有关随机存取文件类的说法正确的是（　　）。

A．只能作为输入流

B．只能作为输出流

C．可以作为输入流，也可以作为输出流，但该类必须继承自 InputStream 类和 OutputStream 类

D．它是直接继承自 Object 类，并同时实现了 DataInput 接口和 DataOutput 接口

4．下列 InputStream 类中哪个方法可以用于关闭流？（　　）

A．skip()　　　　B．close()

C．mark()　　　　D．reset()

二、编程题

编程实现：将 1.txt 中的内容复制到 2.dat 中。

第 8 章 Applet

本章要点：

- ➢ Applet 类的方法
- ➢ Graphics 类

Applet 的应用，使得 Internet 的页面不再仅仅是文字和表格，还可以有丰富多彩的图形、声音、动画、网络游戏等多媒体信息。

Applet 是 Java 语言被嵌入到 Web 页面，并用来产生动态的、交互性页面效果的小程序。

8.1 Applet 概述

Java 程序分为两类：可以单独运行的 Java Application 应用程序，以及必须嵌入在 HTML 文件中的 Java Applet 小程序。它由负责解释 HTML 文件的 WWW 浏览器充当解释器，来解释执行 Applet 的字节码程序。

Applet 类是 Java 类库中的一个重要系统类，它存在于 java.applet 包中。该类是 Java 系统类 java.awt.Panel 的子类，因此还可以充分利用 AWT（Abstract Window Toolkit，AWT 将在第 9 章详细介绍）提供的功能，来处理组件和事件。

注意：Applet 程序的访问控制修饰符为 public。

【例 8-1】 建立一个名为 Applet1 的 Applet 小程序，在屏幕上显示“First applet”。

源程序：Applet1.java

```
import java.applet.Applet;
import java.awt.Graphics;
public class Applet1 extends Applet {     //Applet 程序用 public 修饰
   public void paint(Graphics g) {
               //在窗口中的（10，10）位置显示文字“First applet”
               g.drawString("First applet", 10, 10);
      }
}
```

如果是在 MyEclipse 环境中，可以选中程序，单击鼠标右键，在弹出菜单中选择“Run As”→“Java Applet”命令，运行结果如图 8.1 所示。

图 8.1　例 8-1 的运行效果

如果在命令提示符方式下运行，必须将这个 Applet 程序嵌入到一个 Web 页中才能运行。为了将一个程序片置入 Web 页，需要在 Web 页的代码中设置一个特殊的标记“<applet></applet>”，以指示网页装载和运行程序。如下创建一个名为 1.html 的文件。

源程序：1.html

```
<html>
<applet
code=Applet1
width=200
height=200>
</applet>
</html>
```

如果采用编译运行方式，可以先编译 Applet 文件：javac Applet1.java，生成字节码文件 Applet1.class。再在命令提示符 CMD 中输入命令：appletviewer 1.html，即可看到效果。

也可以在生成 Applet1.class 字节码文件后，直接双击 1.html 文件运行。

8.2 Applet 的生命周期

一般情况下，任何一个 Applet 程序在其生命周期中都经历了以下四个阶段：初始化、启动、终止和消亡，它们分别由 4 个方法 init()、start()、stop()、destroy()来完成。以上 4 个方法视具体情况，对部分方法或全部方法加以重载。另外，还有一个用于绘图的 paint()方法。

init()方法：该方法主要用来完成 Applet 相关的初始化操作，如设置各种参数、把图形或者字体加载入内存等。该方法只能执行一次。

start()方法：启动运行该实例的主线程。当从当前页面回到以前浏览的页面时，Java 也会自动调用以前运行过的 Applet 的 start()方法。该方法可以执行多次。

stop()方法：此方法在离开 Applet 页面时调用。它可以执行多次。

destroy()方法：当用户关闭浏览器时，浏览器自动调用该方法释放资源、关闭连接之类的操作，然后删除 Applet 实例，最后退出浏览器。该方法只能执行一次。

paint()方法：系统在任何时候觉得需要重绘 Applet 区域时自动调用该方法。该方法可以执行多次。

【例 8-2】 为 Applet 窗口设置背景，并通过不断拖动、缩放窗口的方式，观察窗口及控制台输出的变化。

源程序：BackGround.java

```
import java.applet.Applet;
import java.awt.Graphics;
import java.awt.Image;

public class BackGround extends Applet {
        Image flower;
        public void init() {
                //取得 Image 对象，加载当前目录中的图片“1.jpg”
                flower = getImage(getDocumentBase() ,"1.jpg");
```

```
            System.out.println("初始化....");
        }
        public void start(){
            System.out.println("启动....");
        }
        public void paint(Graphics g) {
            //绘制 Image 对象
            g.drawImage(flower,25,25,this);
            System.out.println("显示文字....");
        }
        public void stop(){
            System.out.println("停止....");
        }
        public void destroy(){
            System.out.println("释放资源....");
        }
    }
```

注意：以上 5 个方法均为系统自动调用。

8.3 paint()方法与 Graphics 类

paint()方法在以下任一情况被自动调用：

- Applet 启动后，重新绘制自己的界面；
- 在 Applet 中绘制各种文字或者图形时；
- Applet 所在的浏览器窗口改变大小、移动、遮挡、覆盖时。

该方法格式如下：

```
public void paint(Graphics    g)
```

参数 g 是 Graphics 类的对象，可通过该对象完成一些图形用户操作，包括画图、点、线、多边形及简单文本等。

Graphics 常见的方法有如下几种。

drawString(String str, int x, int y)：写文本。

drawRect(int x, int y, int width, int height)：画矩形的边框。

drawLine(int x1, int y1, int x2, int y2)：画一条线。

drawImage(Image img, int x, int y, ImageObserver observer)：画图像。

drawOval(int x, int y, int width, int height)：画椭圆的边框。

fillOval(int x, int y, int width, int height)：填充椭圆。

fillRect(int x, int y, int width, int height)：填充矩形。

setColor(Color c)：将此图形上下文的当前颜色设置为指定颜色。

setFont(Font font)：将此图形上下文的字体设置为指定字体。

【例 8-3】 利用 Graphics 类绘制各种图形。

源程序：DrawGraphics.java

```
/**
 * DrawGraphics.java
 */
import java.applet.Applet;
import java.awt.Color;
import java.awt.Font;
import java.awt.Graphics;
import java.awt.Image;
import java.awt.Toolkit;

public class DrawGraphics extends Applet{
	public void paint(Graphics g){
		setSize(300,500);//设置窗口的大小
		g.setColor(Color.red); //设置绘图颜色为红色
		g.setFont(new Font("宋体",Font.BOLD,20));//设置字体为宋体、加粗、20 号
		g.drawString("利用 Graphics 来绘制各种图形！", 10, 20); //显示文字
		g.setColor(Color.blue); //设置绘图颜色为蓝色
		g.drawRect(10,50, 100, 50);//画出蓝色矩形的边框
		g.fillOval(120,50, 50, 30); //填充椭圆
		g.drawLine(200, 50, 300,280);//画直线
		//画图片
		Image img=Toolkit.getDefaultToolkit().getImage("flower.jpg");
		g.drawImage(img, 10, 120, this);
		//画多边形
		int p1_x[]={39,94,97,45,65};
		int p1_y[]={33,25,56,78,56};
		int p1_pts=p1_x.length;
		g.drawPolygon(p1_x,p1_y,p1_pts);
	}
}
```

运行结果如图 8.2 所示。

图 8.2　例 8-3 运行效果

8.4 案例：本章知识在贪吃蛇项目中的应用

通过本章的学习，可以利用图形类 Graphics 为游戏中的各个实体（蛇身节点、蛇、食物和地图）增加绘制它们的方法。

1．任务

为蛇身节点、蛇、食物和地图增加绘制它们的方法，这些对象运行时的效果如图 8.3 所示。

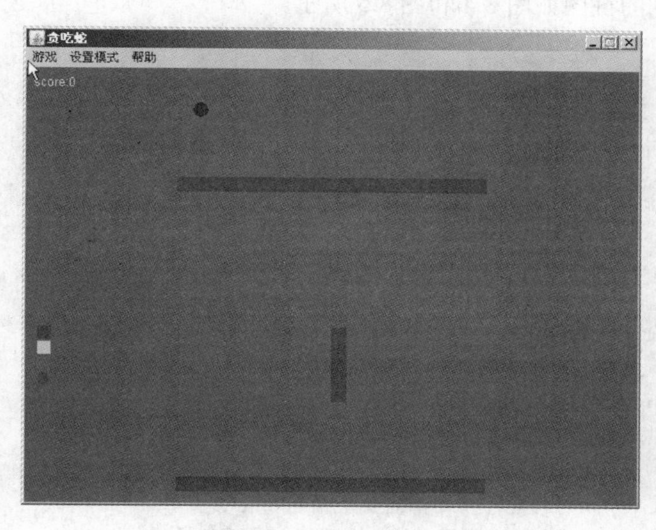

图 8.3 运行时的各实体对象

2．编程思路

（1）蛇身节点绘制。

① 为 Node 类增加 draw()方法，代码段如下：

```
/*绘制节点。根据蛇身的模式选择绘制普通蛇的节点或彩蛇的节点*/
	void draw(Graphics g) {
		Random r = new Random();//得到随机数对象
		Color c = g.getColor();//得到画笔原来的颜色
		/*
		 * 若为彩蛇，则蛇身为橙色
		 * 若为普通蛇身，则蛇身颜色随机产生
		 */
		if(GameFrame.SNAKESTYLE==2)
			g.setColor(Color.ORANGE);
		else
			g.setColor(new Color(r.nextInt(256),r.nextInt(256),r.nextInt(256)));
		/* 将格子坐标换算成像素坐标画矩形
		 * 节点矩形比一个格子的宽、高小 2 像素
		 * 视觉效果是蛇身中有间隙
		 */
		g.fillRect(GameFrame.CELL_SIZE * m, GameFrame.CELL_SIZE * n,
```

```
                GameFrame.CELL_SIZE-2, GameFrame.CELL_SIZE-2);
        g.setColor(c);//恢复原来的画笔颜色
    }
```

② 为 Node 类增加包的导入，代码如下：

```
import java.awt.Color;
import java.awt.Graphics;
import java.util.Random;
```

（2）绘制蛇。蛇的截图如图 8.4 和图 8.5 所示。

图 8.4　向上移动的蛇

图 8.5　向右的蛇

① 为 Snake 类增加 draw()方法。增加的代码段如下：

```
    /*绘制蛇，若为蛇头，需要根据蛇头的移动方向来画
     其他节点调用节点类的画图方法*/
    public void draw(Graphics g) {
        if (size <= 0)//若蛇不存在，则不绘制
            return;
        move(); //每移动一步，都需要重画蛇
        /*蛇中的每个节点都需要绘制，用 for 循环实现
         * 若为头节点，则需要根据蛇头的移动方向绘制椭圆，使得椭圆尖的一头向前
         * 若为其他节点，则调用 Node 类的 draw()方法即可
         */
        for (Node n = head; n != null; n = n.next) {
            if(head==n){        //若为头节点
                g.setColor(Color.RED);   //画笔设为红色
                if(n.direction==Direction.LEFT ||n.direction==Direction.RIGHT )
                    g.fillOval(n.m*GameFrame.CELL_SIZE, n.n*GameFrame.CELL_SIZE,
                    GameFrame. CELL_SIZE, GameFrame.CELL_SIZE-3);
                else
                    g.fillOval(n.m*GameFrame.CELL_SIZE, n.n*GameFrame.CELL_SIZE,
                    GameFrame. CELL_SIZE-3, GameFrame.CELL_SIZE);
            }
            else
                n.draw(g);
        }
    }
```

② 为 Snake 类增加包的导入，增加如下代码：

```
import java.awt.Color;
import java.awt.Graphics;
```

（3）绘制食物。食物是一个随机产生的圆，如图 8.6 所示。

图 8.6　食物截图

① 为 Food 类增加 draw()方法。增加的代码段如下：

```
/*根据游戏界面中获得的地图模式值，来绘制食物，若食物在地图障碍物中，则需要重新产生食物坐标
    */
    public void draw(Graphics g) {
        switch (GameFrame.MAPSTYLE) {
        case 1://地图 1
        case 2://地图 2
            for (int j = 10; j < GameFrame.WIDTH/GameFrame.CELL_SIZE-10; j ++)
            {
                if(m==j&&n==10)
                    this.reAppear();
            }
            for (int j = 10; j < GameFrame.WIDTH/GameFrame.CELL_SIZE-10; j ++)
            {
                if(m==j&&n==20)
                    this.reAppear();
            }
            break;
        case 3://地图 3
            for (int j = 10; j < GameFrame.WIDTH/GameFrame.CELL_SIZE-10; j ++)
            {
                if(m==j&&n==10)
                    this.reAppear();
            }
            for (int j = 10; j < GameFrame.WIDTH/GameFrame.CELL_SIZE-10; j ++)
            {
                if(m==j&&n==20)
                    this.reAppear();
            }
            for (int j = 20; j < 25; j ++)
            {
                if(m==GameFrame.WIDTH/GameFrame.CELL_SIZE/2&&n==j)
                    this.reAppear();
            }
            break;
        default:
            break;
        }
        Color old = g.getColor();
        g.setColor(Color.BLUE);//画笔为蓝色
```

```
            g.fillOval(m * GameFrame.CELL_SIZE, n * GameFrame.CELL_SIZE, GameFrame.CELL_SIZE,
                    GameFrame.CELL_SIZE); //食物为圆，蓝色，绘制时将格子坐标换算成像素坐标
            g.setColor(old); //画笔恢复原来的颜色
        }
```

② 为 Food 类增加包的导入，增加如下代码：

```
import java.awt.Color;
import java.awt.Graphics;
```

（4）绘制地图。地图有三种模式。

- 地图模式 1：不设置任何障碍。
- 地图模式 2：设置障碍如"二"。
- 地图模式 3：设置障碍如"亠"。

① 为 Map 类增加 draw()方法。增加的代码段如下：

```
/* 根据游戏界面中获得的地图模式值，绘制地图 */
    public static void draw(Graphics g){
        Color old = g.getColor(); //得到画笔原来的颜色
        g.setColor(Color.DARK_GRAY); //画笔为深灰色
        switch (GameFrame.MAPSTYLE) {
        case 1://地图 1,不设置任何障碍
            break;
        case 2://地图 2
            for (int j = 10; j < GameFrame.WIDTH/GameFrame.CELL_SIZE-10; j ++)
                g.fillRect(j*GameFrame.CELL_SIZE, 10*GameFrame.CELL_SIZE, GameFrame.
                CELL_SIZE, GameFrame.CELL_SIZE);
            for (int j = 10; j < GameFrame.WIDTH/GameFrame.CELL_SIZE-10; j ++)
                g.fillRect(j*GameFrame.CELL_SIZE, 20*GameFrame.CELL_SIZE, GameFrame.
                CELL_SIZE, GameFrame.CELL_SIZE);
            break;
        case 3://地图 3
            for (int j = 10; j < GameFrame.WIDTH/GameFrame.CELL_SIZE-10; j ++)
                g.fillRect(j*GameFrame.CELL_SIZE, 10*GameFrame.CELL_SIZE, GameFrame.
                CELL_SIZE, GameFrame.CELL_SIZE);
            for (int j = 10; j < GameFrame.WIDTH/GameFrame.CELL_SIZE-10; j ++)
                g.fillRect(j*GameFrame.CELL_SIZE, 30*GameFrame.CELL_SIZE, GameFrame.
                CELL_SIZE, GameFrame.CELL_SIZE);
            for (int j = 20; j < 25; j ++){
                g.fillRect(GameFrame.WIDTH/GameFrame.CELL_SIZE/2*GameFrame.CELL_SIZE,
                j*GameFrame.CELL_SIZE, GameFrame.CELL_SIZE, GameFrame.CELL_SIZE);
            }
            break;
        default :
            break;
        }
        g.setColor(old);//恢复原来的画笔颜色
    }
```

② 为 Map 类增加包的导入，增加如下代码：

```
import java.awt.Color;
import java.awt.Graphics;
```

8.5 实训操作

【任务】 在 Applet 小窗口中绘制如图 8.7 所示的图像。第一个圆环为红色，第二个圆环为蓝色，第三个圆环为绿色，第四个圆环为黄色。

图 8.7 颜色不同的几个环

习 题

一、选择题

1. 在 Java Applet 程序用户自定义的 Applet 子类中，一般需要重写父类的哪个方法来完成一些画图操作？（ ）

A. start() B. stop() C. init() D. paint()

2. 下列哪个方法是 paint()方法的精确原型？（ ）

A. private void paint(Graphics g) B. public int paint(Graphics g)

C. public void paint(Graphics g) D. public void paint(Graphic g)

3. 在一个用户自定义的 Applet 程序中有以下方法，哪个是需要调用才能被执行的方法？（ ）

A. private void paint(Graphics g) B. public void init()

C. public void start() D. public int add(int a,int b)

4. 有关 Applet 类的说法，错误的是（ ）。

A. Applet 程序必须继承 Applet 类

B. Applet 程序是不能独立运行的程序

C. Applet 程序的程序结构和运行方式和 Application 程序完全一样，没有区别

D. Applet 程序实现了网页的交互功能

5. 假设有以下 Java 代码段：

```
import java.applet.*;
import java.awt.*;
class My_Applet extends Applet
{
```

```
}
```

如果要将以上 Applet 程序嵌入到 HTML 页面中，可按下面哪种方式完成？（　　）

A．<applet code="My_Applet"　width=200 height=100></applet>

B．<applet code="My_Applet.java"　width=200 height=100></applet>

C．<applet code="My_Applet.class"　width=200 height=100></applet>

D．<applet code="My_Applet.html"　width=200 height=100></applet>

6．下列有关 Java Applet 程序类中的 start()方法的执行时机的描述，哪种是错误的？（　　）

A．浏览器执行完 init()之后，将自动调用 start()方法

B．每当浏览器被用户最小化时，浏览器也将调用它

C．用户离开本网页后，又回退到当前网页时浏览器也将再次执行它

D．每当浏览器从图标状态下恢复为窗口时，它也将被执行

7．在 Java Applet 程序用户自定义的 Applet 子类中，一般需要重载父类的什么方法来完成在界面中显示文字？（　　）

A．start( )

B．init( )

C．paint( )

D．println( )

8．下列方法中，哪些与 Applet 的显示无关？（　　）

A．update()

B．draw()

C．repaint()

D．paint()

二、编程题

在 Applet 窗口中编程实现：

（1）显示文字"欢迎学习 Applet！"。

（2）在文字下方填充一个蓝色的圆。

第 9 章　图形用户界面

本章要点：

➢ AWT
➢ 布局设计
➢ Swing
➢ 事件处理

图形用户界面 GUI（Graphics User Interface）是程序与用户交互的窗口。构成 GUI 的基本元素是图形界面控制组件，简称组件、控件或构件。图形用户界面由菜单、按钮等图形界面组件组成，用户通过键盘和鼠标与程序交互。本章主要介绍 Java 程序设计图形用户界面的方法，包括 AWT、Swing 组件的使用和各个组件的事件处理。

9.1　AWT

9.1.1　AWT 概述

抽象窗口工具包 AWT（Abstract Window Toolkit）包括了很多包和类，共有 60 多个类和接口。使用它可以很方便地创建基于窗口的图形用户界面，如可以很方便地创建类似于 Windows 系统的计算器、记事本等窗口界面，并支持窗体中各个组件（如按钮、窗口、文本框）的交互动作事件，如打开一个文件，保存文件，放大、缩小以及关闭窗体等功能，可用于 Java 小应用程序和应用程序中。它主要包括组件 Component、容器 Container 和布局管理器 LayoutManager，这三者关系很简单：在 AWT 中，组件需要放入一定的容器中才具有生命力，为了使窗口界面更能满足用户的需要，可以采用布局管理器对容器中的组件按照一定的方式进行布局。使用 AWT 所涉及的类主要在 java.awt 包中，其中组件 Component 和容器 Container 是 java.awt 包中的两个核心类。AWT 的层次结构图如图 9.1 所示。

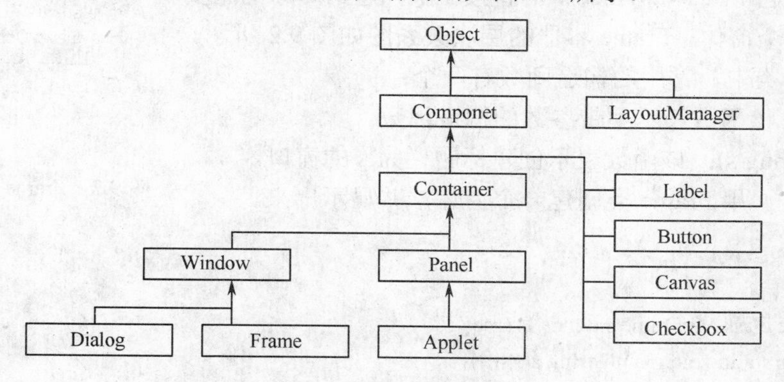

图 9.1　AWT 层次结构图

9.1.2 组件和容器

1．组件

Java 的图形用户界面的最基本组成部分是组件（Component），组件是一个可以以图形化的方式显示在屏幕上并能与用户进行交互的 GUI 元素，例如一个按钮、一个文本框和一个标签等。组件不能独立地显示出来，必须将组件放在一定的容器中才可以显示出来。

类 Component 是许多组件类的父类，它封装了组件通用的方法和属性，如组件大小、显示位置、前景色和背景色、可见性等，因此许多组件类也就继承了 Component 类的成员方法和成员变量。相应的成员方法包括如下几种：

setSize(int width,int height)：该方法表示重置组件的尺寸，使其具有宽度 width 和高度 height。

setName(String name)：该方法表示设置组件名为指定字符串。

setVisible(boolean b)：该方法表示根据参数 b 的值确定显示或隐藏这个组件。

getComponentAt(int x, int y)：该方法表示确定这个组件或它的一个直接子组件是否包含(x, y)位置。若包含，则返回包含的组件。

getName()：该方法表示获取组件的名字。

getSize()：该方法表示返回组件的尺寸。

getFont()：该方法表示获取组件的字体。

getForeground()：该方法表示获取组件的前景色。

paint(Graphics g)：该方法表示绘制组件。

repaint()：该方法表示重新绘制组件。

update()：该方法表示更改组件。

组件的具体实例创建以及组件的使用现在不进行讲解，在后续案例中将会对组件进行讲解。

2．容器

容器（Container）也是一个类，实际上是 Component 的子类，因此容器本身也是一个组件，具有组件的所有性质。它的主要功能是容纳其他组件和容器，所有的容器都可以通过 add() 方法向容器中添加组件。有两种常用的容器：Window 和 Panel，其中 Window 的主要直接子类是 Frame。现在以具体的案例讲解 Frame、Panel 的使用。

（1）Frame 类。

Frame 类是 java.awt.Window 的直接子类，它的对象的主要作用是创建一个窗体。Frame 容器的层次关系图如图 9.2 所示。

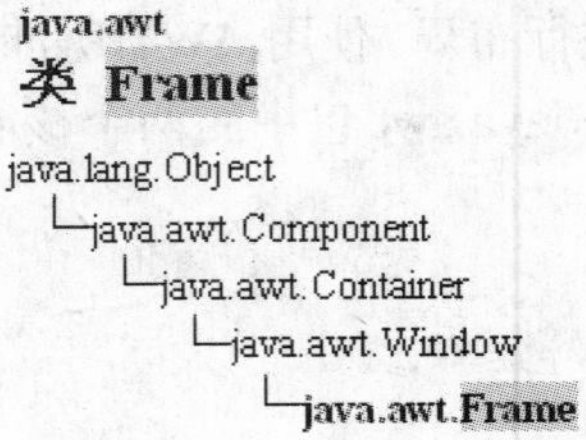

java.awt
类 Frame

```
java.lang.Object
  └java.awt.Component
      └java.awt.Container
          └java.awt.Window
              └java.awt.Frame
```

图 9.2　Frame 类层次关系图

在 Frame 类中，常用的构造函数有两个：

Frame()：该函数表示不带参数的构造函数。

Frame(String s)：该函数表示创建标题栏为 s 的窗口。

【例 9-1】　用 Frame 类创建一个窗体，并显示出来。

```
package com.awt;
import java.awt.*;
public class MyFrame extends Frame{
public static void main(String args[ ]){
    MyFrame fr = new MyFrame("我的第一个窗体"); //构造方法
    fr.setSize(300,300); //设置 Frame 的大小，缺省为(0,0)
```

```
        fr.setBackground(Color.blue); //设置 Frame 的背景
        fr.setVisible(true); //设置 Frame 为可见，缺省为不可见
    }
    public MyFrame (String str)
    {super(str); //调用父类的构造方法
    }
}
```

运行该程序，出现如图 9.3 所示界面。

从上面例子可以看出，要生成一个窗口，通常是用 Window 的子类 Frame 来进行实例化，而不是直接用到 Window 类。Frame 的外观类似 Windows 系统下见到的窗口，有标题、边框、大小等。每个 Frame 的对象实例化以后，都是没有大小和不可见的，因此必须调用 setSize()来设置大小，调用 setVisible(true)来设置该窗口为可见的。当然，Frame 对象的大小还可以通过调用 java.awt.Window.setBounds(int x,int y,int width,int height)方法来实现，其中 x 和 y 表示窗体显示的位置，width 和 height 表示窗体的宽度和高度，即显示窗体的大小。

（2）Panel 类。

Panel 类是一个可以容纳其他 Component 的容器，它的直接父类是 java.awt.Container 类，该类的层次结构图如图 9.4 所示。

图 9.3　Frame 窗体

java.awt
类 Panel

```
java.lang.Object
  └java.awt.Component
      └java.awt.Container
          └java.awt.Panel
```

图 9.4　Panel 类层次结构图

Panel 类对象是一个容器，它可以拥有自己的布局管理器，可以对自己容器中的组件进行任意布局设置。它常用的构造方法如下：

Panel()：该函数表示 Panel 对象默认的布局方式为 FlowLayOut。

Panel(LayoutManager　layout)：该函数表示 Panel 对象可以按指定的布局管理器对象进行初始化。

【例 9-2】　用 Frame 类和 Panel 类创建一个简单的计算器。包括“+”、“-”、“*”、“/”等功能。

```
package com.awt;
import java.awt.*;
public class MyFrame2 extends Frame{
    private static Button b1,b2,b3,b4;  //定义按钮对象
    private static TextField tf1,tf2,tf3;//定义文本框对象
    private static Label l1,l2,l3;//定义文本组件对象
    public static void main(String args[ ]){
    MyFrame2 fr2 = new MyFrame2("简单计算器");
```

```
            Panel p=new Panel();
            p.setLayout(new FlowLayout());//Panel 类对象可以显示设置布局方式为顺序布局
            //实例化文本组件对象
            l1=new Label("一个数:");
            l2=new Label("另一个数:");
            l3=new Label("结果为:");
            //实例化按钮对象
            b1=new Button("+");
            b2=new Button("-");
            b3=new Button("*");
            b4=new Button("/");
            //实例化文本框对象
            tf1=new TextField(10);
            tf2=new TextField(10);
            tf3=new TextField(10);
            p.add(l1);
            p.add(tf1);
            p.add(l2);
            p.add(tf2);
            p.add(l3);
            p.add(tf3);
            p.add(b1);
            p.add(b2);
            p.add(b3);
            p.add(b4);
            p.setSize(450,250);
            p.setBackground(Color.gray);
            fr2.setSize(500,300);
            fr2.setLocation(400, 400);
            fr2.add(p);
            fr2.setVisible(true);
        }
        public MyFrame2 (String str)
        {super(str);
        }
    }
```

运行该程序，出现如图 9.5 所示界面。

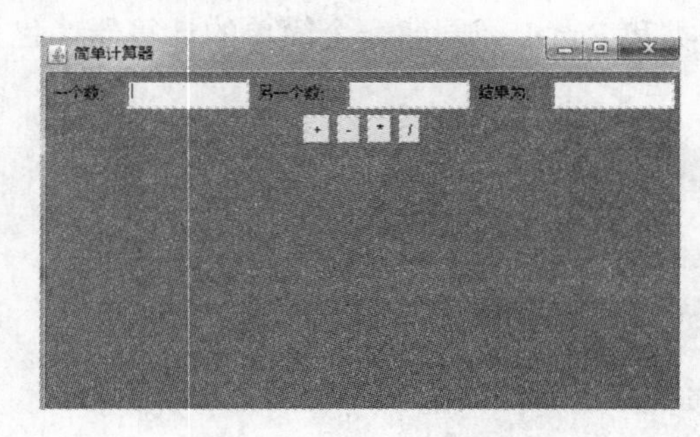

图 9.5 “简单计算器”窗口

在上述例子中，分别定义了三个标签组件对象用于提示功能，三个文本框组件对象用于获取输入值，四个按钮组件对象用于产生动作事件。但现在单击按钮组件和单击"关闭"按钮后都没有响应，原因是现在还未添加动作事件功能，该功能将在后续章节中陆续讲到。

9.2 布局设计

前面讲了AWT中的两种容器的使用，但容器中的组件如何按照用户的要求进行摆放呢？原来Java将容器内的所有组件安排给一个布局管理器LayoutManager负责管理，如组件排列顺序，组件的大小、位置，当窗口移动或调整大小后组件如何变化等功能授权给对应的容器布局管理器来管理，不同的布局管理器使用不同算法和策略。Java提供了多种布局管理器，如流式布局FlowLayout、边界布局 BorderLayout、卡片布局CardLayout等。每种容纳组件的容器都有一个默认布局，可以使用setLayout()方法来改变容器中组件的布局方式。

9.2.1 FlowLayout 布局

FlowLayout布局是Panel、Applet的默认布局管理器。其组件的放置规律是从上到下、从左到右。FlowLayout类提供了3种构造方法，分别说明如下。

public FlowLayout(int align,int hgap,int vgap)：该方法参数align指定每行组件的对齐方式，有FlowLayout.LEFT和FlowLayout.RIGHT；参数hgap用于指定组件之间的横向距离，参数vgap用于指定组件之间的纵向距离。

public FlowLayout(int align)：该方法用于指定组件的对齐方式。组件之间的横向、纵向距离取默认值。

public FlowLayout()：该方法表示组件对齐方式取默认值。

【例9-3】 在Frame容器中，定义容器布局方式为FlowLayout，再定义三个按钮组件，组件从左往右依次摆放。

```
package com.awt;
import java.awt.*;
public class MyFlowLayout{
public static void main(String args[])
{
        Frame f = new Frame("FlowLayout 应用");
        f.setLayout(new FlowLayout());//设置容器布局方式为顺序布局
        Button button1 = new Button("第一个按钮");
        Button button2 = new Button("第二个按钮");
        Button button3 = new Button("第三个按钮");
        f.add(button1);
        f.add(button2);
        f.add(button3);
        f.setBounds(400,400,300,100);//设置容器的位置跟大小
        f.setVisible(true);
    }
}
```

运行该程序，出现如图9.6所示界面。

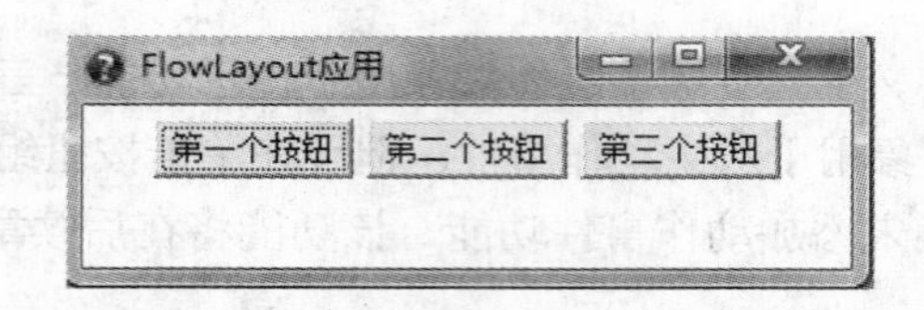

图 9.6 “FlowLayout 应用”窗口

图 9.7 窗体变窄

从例 9-3 程序可以看出，当容器设置布局方式为顺序布局时，其组件的显示顺序为从左到右，从上到下依次进行摆放，即组件显示顺序跟添加组件的顺序是一一对应的。但当容器的大小发生变化时，用顺序布局管理的组件会发生变化，即组件的大小不变，但是相对位置会发生变化。例如图 9.6 中有三个按钮都处于同一行，但是如果把该窗口变窄，窄到每行刚好能够放下一个按钮，则第二个按钮将排到第二行，第三个按钮将排到第三行，如图 9.7 所示。

9.2.2 BorderLayout 布局

BorderLayout 布局是 Window、Frame、Dialog 和 JApplet 的默认布局管理器。它是边界布局。这种布局方式将容器分为东、西、南、北、中五个区域，每个区域可以摆放一个组件。向边界布局容器添加组件的方法是 add(方向字符串,组件名)，其中方向字符串包括“East”、“West”、“South”、“North”和“Center”。例如“add("North",obj)”表示把名称为 obj 的组件放到容器的北部。

【例 9-4】 在 Frame 容器中，设置容器布局方式为 BorderLayout，并将 5 个按钮放到东、西、南、北、中五个区域。

```
package com.awt;
import java.awt.*;
public class MyBorderLayout {
        public static void main(String[] args)
        {
            MyBorderLayout myb=new MyBorderLayout();
            myb.showBorderLayout();
        }
      public void showBorderLayout()
       {
           Frame fr = new Frame("BorderLayout 使用");
           fr.setLayout(new BorderLayout());
           fr.add("North", new Button("北"));
           fr.add("South", new Button("南"));
           fr.add("East", new Button("东"));
           fr.add("West", new Button("西"));
           fr.add("Center", new Button("中"));
           fr.setSize(300,300);            //设置窗体大小
           fr.setLocation(300,300);        //设置窗体位置
           fr.setVisible(true);            //设置窗体可见
      }
```

```
}
```

运行该程序，出现如图 9.8 所示界面。

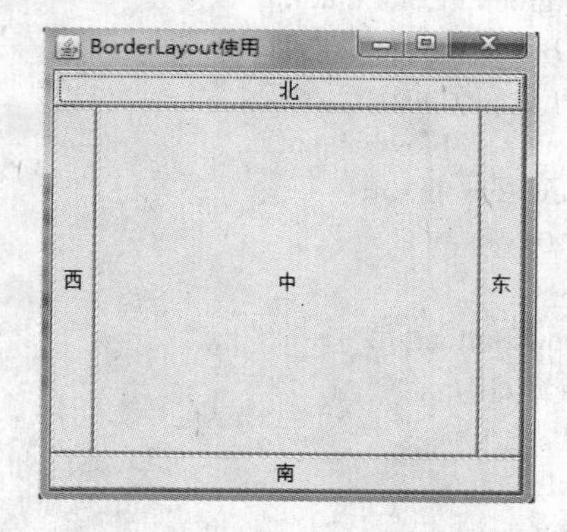

图 9.8 “BorderLayout 使用”窗口

9.2.3 CardLayout 布局

CardLayout 是卡片布局。CardLayout 布局可以容纳多个组件。它把各个组件像卡片一样重叠起来，每次只能看见最上方的一个组件。对重叠的卡片如果要显示底层的卡片或者是当前卡片的下一张卡片又怎么解决呢？卡片布局对象提供了方法可以解决此类问题。方法如下：

first()：该方法表示将第一个放到容器中的组件显示出来。

last()：该方法表示将最后一个放到容器中的组件显示出来。

next()：该方法表示将正在显示的组件的下一个组件显示出来。

previous()：该方法表示将正在显示的组件的前一个组件显示出来。

【例 9-5】 在 Frame 容器中，采用 CardLayout 布局方式布局。总共放入 10 张卡片，当单击“下一张卡片”按钮时，可以调用下一张卡片。

```
package com.awt;
import java.awt.*;
import java.awt.event.*;
public class MyCardLayout {
 public static void main(String []args)
 {
        MyFrame3 fr=new MyFrame3();
          fr.setVisible(true);
 }
}
 class MyFrame3 extends Frame implements ActionListener
 {
        Panel Pleft=new Panel();
        Panel Pright=new Panel();
        CardLayout car;
        public MyFrame3()
        {
            this.setBounds(200,200,600,300);
```

```
            this.setLayout(new BorderLayout());//设置容器布局方式为边界布局
            Pleft.setBackground(Color.red);
            Pright.setBackground(Color.blue);
            this.add(Pleft,BorderLayout.CENTER);
            this.add(Pright,BorderLayout.EAST);
            Pright.setLayout(new FlowLayout());
            Button [] b=new Button[10];
            for(int i=0;i<10;i++)
            {
                b[i]=new Button("第"+i+"个");
                Pleft.add(b[i]);
            }
            car=new CardLayout();
            Pleft.setLayout(car);
            Button b1=new Button("下一张卡片");
            b1.addActionListener(this);
            Pright.add(b1);
    }
    public void actionPerformed(ActionEvent e)
    {
        car.next(Pleft);
    }
}
```

运行该程序，出现如图 9.9 所示界面。

当单击图 9.9 右边的“下一张卡片”按钮时，出现如图 9.10 所示界面。

图 9.9　CardLayout 布局一

图 9.10　CardLayout 布局二

在该程序中，当单击“下一张卡片”按钮时，显示下一张卡片。这里“下一张卡片”按钮产生了动作事件。动作事件的具体用法将在后续章节中讲到。

9.2.4　GridLayout 布局

GridLayout 是网格布局，它使容器中各个组件呈网格状布局，平均占据容器的空间。即它把容器空间划分成若干行和若干列的网格区域，每个区域所放的组件大小是一样的。该布局提供的构造方法如下：

public GridLayout(int rows,int colums,int hgap,int vgap)：该方法中参数 rows 和参数 colums 分别指定网格的行数和列数，参数 hgap 和 vgap 分别指定组件之间的横向距离和纵向距离。

public GridLayout(int rows,int colums)：该方法用于指定网格的行数和列数，组件之间的横、纵向距离默认为 0。

public GridLayout()：该方法中的四个参数均取默认值。

【例 9-6】 在 Frame 容器中，采用 GridLayout 布局方式布局，向容器中添加 3 行 2 列按钮组件。

```
package com.awt;
import java.awt.*;
public class MyGridLayout {
public static void main(String args[]) {
      MyGridLayout myg=new MyGridLayout();
      myg.showGridLayout();
}
public void showGridLayout()
 {
      Frame fr = new Frame("GridLayout 使用");
      fr.setLayout(new GridLayout(3,2)); //容器平均分成 3 行 2 列共 6 格
      fr.add(new Button("1"));
      fr.add(new Button("2"));
      fr.add(new Button("3"));
      fr.add(new Button("4"));
      fr.add(new Button("5"));
      fr.add(new Button("6"));
      fr.setLocation(200,200);
      fr.setSize(300,300);
      fr.setVisible(true);
 }
}
```

运行该程序，出现如图 9.11 所示界面。

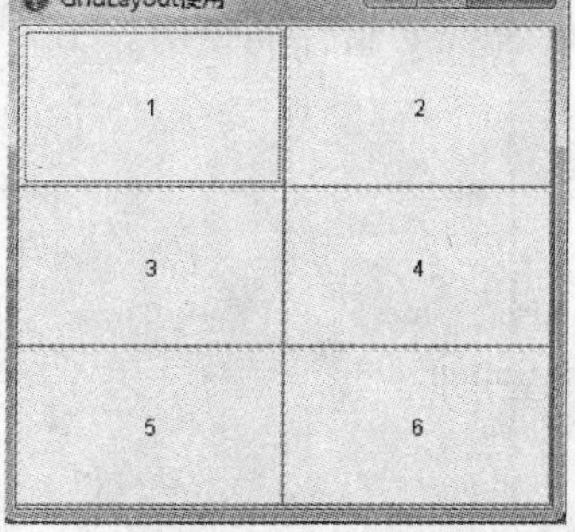

图 9.11　GridLayout 布局

9.3 Swing

Swing 产生的主要原因就是 AWT 不能满足图形化用户界面发展的需要。AWT 缺少剪贴板、打印支持、键盘导航，不能设计出任意形状的按钮；它甚至不包括弹出式菜单或滚动窗格等基本元素。此外，AWT 体系结构还存在着其他一些严重的缺陷。

随着图形化用户界面发展的需要，Swing 出现了。Swing 组件几乎都是轻量级组件，与 AWT 相对的重量级组件相比，Swing 没有本地的对等组件，不像 AWT 组件那样要在它们自己本地的不透明窗体中绘制，而 Swing 组件会在它们的重量级组件的窗口中绘制。

本节主要介绍 Swing 组件的基本使用方法，以及使用 Swing 组件创建用户界面的过程。首先我们需要熟悉 Swing 的体系结构，如图 9.12 所示。

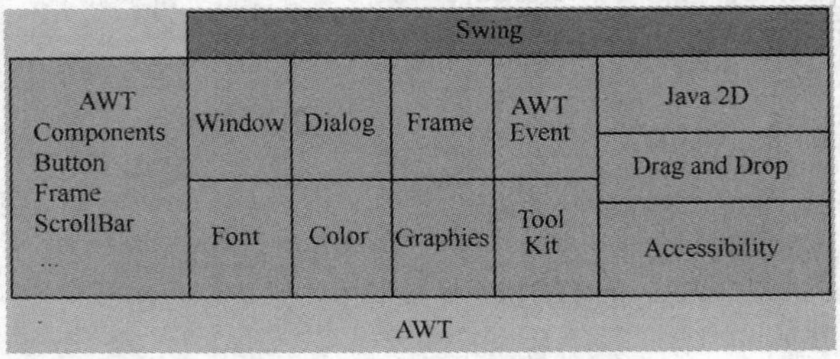

Swing
AWT Components Button Frame ScrollBar …
Window
Dialog
Frame
AWT Event
Java 2D
Drag and Drop
Font
Color
Graphies
Tool Kit
Accessibility
AWT

图 9.12　Swing 的体系结构

Swing 的主要特性包括：

● Swing 是由纯 Java 实现的。Swing 组件是用 Java 实现的轻量级组件，没有本地代码，不依赖操作系统的支持，这是它与 AWT 组件的最大区别。由于 AWT 组件通过与具体平台相关的对等类（Peer）实现，因此，Swing 比 AWT 组件具有更强的实用性。Swing 在不同的平台上表现一致，并且有能力提供本地窗口系统不支持的其他特性。

● Swing 采用了一种 MVC 的设计范式，即“模型-视图-控制器”（Model-View-Controller）。其中，模型用来保存内容，视图用来显示内容，控制器用来控制用户输入。

● Swing 具有更丰富而且更加方便的用户界面元素集合，它对于底层平台的依赖更少。因此，特殊平台上的 bug 会相对减少，它会给用户带来交叉平台上的统一的视觉体验。

现在以一个具体的案例来讲解 Swing 组件的使用。

```
package com.swing;
import java.awt.*;
import javax.swing.*;
public class HelloJframe extends JFrame {
        JButton clickButton, okButton;
public HelloJframe(String aTitle) {
        setTitle(aTitle);
        getContentPane().setLayout(new FlowLayout());
        clickButton = new JButton("点击我!");
        getContentPane().add(clickButton);
        okButton = new JButton("Ok!");
        getContentPane().add(okButton);
```

```
            setSize(200, 100);
            setVisible(true);
    }
        public static void main(String[] args){
            new HelloJframe("Swing 案例");
        }
    }
```

运行该程序，出现如图 9.13 所示界面。

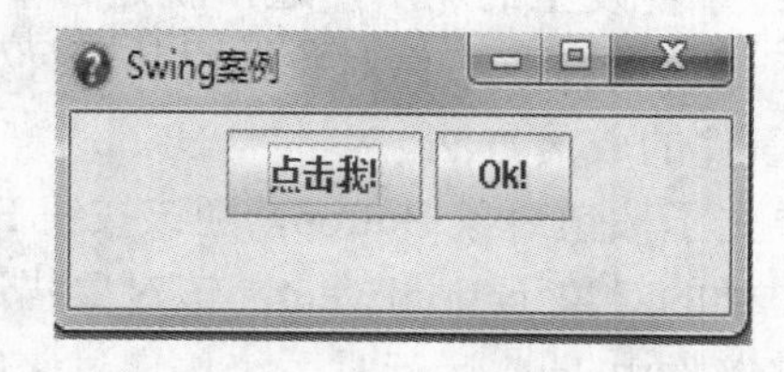

图 9.13 Swing 组件使用

从上面例子中可以看出，Swing 组件与 AWT 组件在设计与使用上有一定的差别，具体内容如下。

（1）Swing 组件的使用。

Swing 中的大多数组件都是 AWT 组件名前面加了一个“J”。除了拥有与 AWT 类似的基本组件外，Swing 还扩展了一些更新、更丰富的高层组件。在 Swing 中不但用轻量级组件替代了 AWT 中的重量级组件，而且 Swing 的替代组件中都包含有一些其他的特性。例如，Swing 的按钮和标签可显示图标和文本，而 AWT 的按钮和标签只能显示文本。

（2）ContentPane 对象的使用。

从上面代码可以看出，在设置布局管理器和加入组件前，与 AWT 不同，Swing 要求我们先要调用容器的 getContentPane()方法，它返回一个内容面板对象 ContentPane。内容面板是顶层容器包含的一个普通容器，它是一个轻量级组件。对 JFrame 添加组件有两种方式：

① 用 getContentPane()方法获得 JFrame 的内容面板，再对其加入组件，代码如下：

```
frame.getContentPane().add(childComponent);
```

② 建立一个 JPanel 或 JDesktopPane 之类的中间容器，把组件添加到容器中，用 setContentPane()方法把该容器设置为 JFrame 的内容面板，代码如下：

```
JPanel contentPane=new JPanel( );
frame.setContentPane(contentPane);
```

Swing 的布局管理器和事件处理模型与 AWT 类似，这里就不再赘述了。

9.4 事件处理

图形界面通过事件处理机制响应用户与程序的交互。产生事件的组件称为事件源。例如当用户单击界面某个按钮会产生动作事件，该按钮就是事件源。要处理产生的事件，就需要在特定的方法中编写处理事件的程序。这样当组件产生某种事件时就会调用处理这种事件的方法，从而实现用户与程序之间的交互。

9.4.1 事件处理机制

前面讲解了如何放置各种组件来使图形界面更加丰富多彩，但是还不能响应用户的任何操作。若使图形界面能够接收用户的操作，我们就必须给各个组件加上事件处理机制。在事件处理的过程中，主要涉及3类对象。

Event（事件）：用户对组件的一个操作，称之为一个事件，以类的形式出现。例如，鼠标操作对应的事件类是MouseEvent。

Event Source（事件源）：事件发生的场所，通常就是各个组件，例如按钮Button。

Event Handler（事件处理者）：接收事件对象并对其进行处理的对象事件处理器，通常就是某个Java类中负责处理事件的成员方法。

例如，如果用户用鼠标单击了按钮对象Button，则该按钮Button就是事件源，而Java运行时系统会生成ActionEvent类的对象actionEvent，该对象描述了单击事件发生时的一些信息。然后，事件处理者对象将接收由Java运行时系统传递过来的事件对象actionEvent，并进行相应的处理。事件处理模型如图9.14所示。

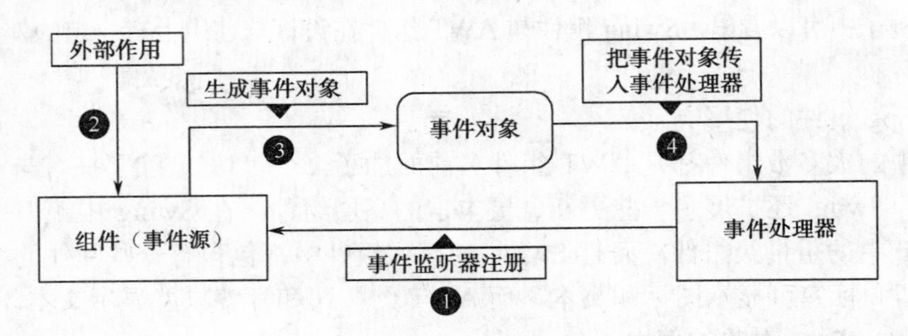

图9.14　事件处理模型

由于同一个事件源上可能发生多种事件，因此，Java采取了授权模型（Delegation Model）。事件源可以将在其自身所有可能发生的事件分别授权给不同的事件处理者来处理。比如，在Canvas对象上既可能发生鼠标事件，也可能发生键盘事件，该Canvas对象就可以授权给事件处理者1来处理鼠标事件，同时授权给事件处理者2来处理键盘事件。有时也将事件处理者称为监听器，主要原因也在于监听器时刻监听着事件源上发生的所有事件类型，一旦该事件类型与自己所负责处理的事件类型一致，就马上进行处理。授权模型将事件的处理委托给外部的处理实体进行处理，实现了将事件源和监听器分开的机制。事件处理者（监听器）通常是一个类，该类如果能够处理某种类型的事件，就必须实现与该事件类型相对的接口。例如，一个ButtonHandler类之所以能够处理ActionEvent事件，原因在于它实现了与ActionEvent事件对应的接口ActionListener。每个事件类都有一个与之相对应的接口。

9.4.2 事件处理方法

1．事件分类

Java按照事件类型定义了许多事件类。与AWT有关的所有事件类都由java.awt.AWTEvent类派生，它也是EventObject类的子类。下面简要介绍几个事件类。

ComponentEvent：组件事件类。组件尺寸的变化、移动、显示或隐藏时产生此类事件。

ContainerEvent：容器事件类。组件增加、移动和删除时产生此类事件。

WindowEvent：窗口事件类。窗口被激活、失活、最小化、还原和关闭时产生此类事件。

FocusEvent：焦点事件类。当组件焦点获得和丢失时产生此类事件。

KeyEvent：键盘事件类。当键盘被按下、释放时产生此类事件。

MouseEvent：鼠标事件类。当鼠标单击、移动时产生此类事件。

ActionEvent：动作事件类。当单击按钮或在 TextField 中按“Enter”键时产生此类事件。

AdjustmentEvent：调节事件类。在滚动条上移动滑块以调节数值时产生此类事件。

ItemEvent：选择事件类。当在列表或下拉列表中选择列表项时产生此类事件。

TextEvent：文本事件类。当文本对象改变时产生此类事件。

注意：并不是每个事件类都对应一个具体事件。有些事件类不对应具体事件，有些事件类又对应多种具体事件。

2．事件处理

java.awt.event 包定义了许多事件监听接口，用于发现和处理事件。事件监听接口名称由事件类型名和 Listener 组成，如动作事件监听接口为 ActionListener，文本事件监听器接口为 TextListener 等。每个事件类对应一个事件监听器接口，接口中的每个抽象方法对应该类事件的一种具体操作。事件源通过实现监听器接口处理事件的步骤如下。

（1）自定义类实现事件监听接口。

要建立处理事件的类，需要说明类实现事件监听器接口，格式如下：

```
public class  类名 implements 监听器接口名列表
{…}
```

例如，ActionListener 是动作事件监听器接口，其定义格式如下：

```
interface ActionListener
{
    public abstract void actionPerformed(ActionEvent e)
}
```

自定义类如果实现该接口，则需要实现该接口中的方法，例如：

```
public class Test implements ActionListener
{
    public abstract void actionPerformed(ActionEvent e)
    {
      //填写处理动作事件的具体内容
    }
}
```

（2）将事件源注册为事件监听器。

如果希望组件产生事件时能够得到响应，应将产生事件的组件注册为事件监听器，注册监听器格式如下：

```
组件名.add×××Listener(实现事件监听接口的类对象);
```

其中，×××表示事件类型。由于上一步骤中的 Test 类实现了 ActionListener 接口，因此事件源注册事件监听器的语句如下：

```
组件名.addActionListener(new Test());
```

在此注册语句中，也可以使用 this 代替 new Test()对象，代替后语句如下：

```
组件名.addActionListener(this);
```

（3）实现处理事件接口的抽象方法。

前面已经将事件源注册为事件监听器，现在需要实现事件监听接口的类中的抽象方法来完成事件源的事件处理。实现抽象方法代码如下：

```
public abstract void actionPerformed(ActionEvent e)
{
  //填写处理动作事件的具体内容
}
```

完成上面三个步骤后，如果已经注册事件监听器的事件源要产生动作事件，就会自动调用 actionPerformed(ActionEvent e)方法，从而对事件进行响应。

3．适配器（Adapter）

Java 语言类的层次非常分明，它只支持单继承。为了实现多重继承的能力，Java 可以用一个类实现多个接口，这种机制比多重继承具有更简单、灵活、更强的功能。在 AWT 中就经常用到一个类实现多个接口。但一个类如果实现了几个接口，就必须实现每个接口中的所有方法。如果对某事件不进行相关操作，可以不具体实现其方法，而用空的方法体来代替，但必须把所有方法都写上，这样给编程带来很多麻烦。为了解决这个问题，AWT 使用了适配器（Adapter），Java 语言为一些 Listener 接口提供了适配器类（Adapter）。我们可以通过继承事件所对应的 Adapter 类重写所需要的方法，不需要的方法则不用实现。事件适配器为我们提供了一种简单的实现监听器的手段，可以缩短程序代码。在 java.awt.event 包中定义的事件适配器类有如下几种：

ComponentAdapter：组件适配器。

ContainerAdapter：容器适配器。

FocusAdapter：焦点适配器。

KeyAdapter：键盘适配器。

MouseAdapter：鼠标适配器。

MouseMotionAdapter：鼠标移动适配器。

WindowAdapter：窗口适配器。

【例 9-7】 定义一个 Frame 窗体，当单击窗体右上方的“关闭”按钮时能关闭窗体。请采用继承 WindowAdapter 类的方法来实现该功能。

```
package com.awt;
import java.awt.*;
import java.awt.event.*;
public class AdapterUse extends WindowAdapter {
public AdapterUse() {
      Frame f=new Frame();
      f.setSize(new Dimension(400, 300));
      f.setTitle("窗体关闭案例");
      f.addWindowListener(this);
```

```
        f.setVisible(true);
    }
    public static void main(String[] s){
        new AdapterUse();
    }
    public void windowClosing(WindowEvent windowEvent) {
        System.exit(0);
    }
}
```

运行该程序，出现如图 9.15 所示界面。

图 9.15 “窗体关闭案例”窗口

由于自定义类继承了 WindowAdapter 适配器类，当单击上图中右上方的“关闭”按钮时，则会调用 windowClosing(WindowEvent windowEvent)方法，在该方法中添加退出系统语句“System.exit(0);”，从而达到关闭窗体的目的。

9.4.3 典型事件处理

1．窗口事件

前面讲解了事件处理的 10 种分类，其中窗口事件是用 WindowEvent 类来实现的，它可以实现包括窗体的放大、缩小、关闭等功能。窗口事件对应的事件监听器是 WindowListener。

【例 9-8】 定义一个窗体，在窗体中添加一个名为“显示对话框”的按钮，当单击该按钮时弹出一个对话框，当单击对话框“关闭”按钮时将对话框隐藏，当单击窗体的“关闭”按钮时立即关闭窗体。

```
package com.event;
import java.awt.*;
import java.awt.event.*;
public class DialogUse extends WindowAdapter implements ActionListener{
    Frame frame;
    Button button;
    Dialog dialog;
    public static void main(String args[]){
        DialogUse du = new DialogUse();
        du.showDialog();
    }
```

```
        public void showDialog(){
            frame = new Frame("Dialog 使用");
            button = new Button("显示对话框");
            button.addActionListener(this);
            frame.add("South",button);
            dialog = new Dialog(frame,"Dialog",true);
            dialog.add("Center",new Label("Hello,我是一个对话框!"));
            dialog.addWindowListener(this);
            frame.setLocation(300,300);
            frame.setSize(250,150);
            frame.addWindowListener(this);
            frame.setVisible(true);
        }
        public void actionPerformed(ActionEvent e){
            //设置对话框的位置和大小
            dialog.setBounds(400, 400, 200, 200);
            //显示对话框
            dialog.setVisible(true);
        }
        public void windowClosing(WindowEvent e) {
            if(e.getSource().equals(dialog))//如果单击的是对话框的"关闭"按钮，执行此判断
            {
                dialog.setVisible(false);
            }
            else//否则执行 frame 窗体关闭
            {
                System.exit(0);
            }
        }
}
```

运行该程序，出现如图 9.16 所示窗体界面。

单击图 9.16 中的“显示对话框”按钮时，弹出如图 9.17 所示界面。

单击图 9.17 对话框“Dialog”的“关闭”按钮，对话框将隐藏，当单击窗体中的“关闭”按钮时窗体将关闭。

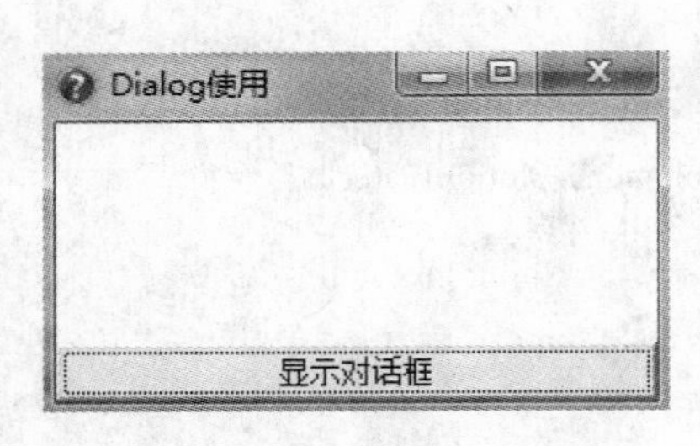

图 9.16　窗体界面

图 9.17　“Dialog”对话框

2. 鼠标事件

MouseEvent 类对应鼠标事件，包括鼠标的单击、双击、按下和释放等事件。鼠标事件对应的监听器是 MouseListener。

【例 9-9】 定义一个 JFrame 窗体类，在此类中定义一个标签用于显示信息，再定义一个按钮，用于判断是鼠标单击该按钮、离开该按钮还是压住该按钮。

```
package com.event;
import java.awt.*;
import java.awt.event.*;
import javax.swing.*;

public class TestMouse extends WindowAdapter implements MouseListener{
    JFrame frame=null;
    JButton jbutton=null;
    JLabel label=null;
    public TestMouse(){
        frame=new JFrame("鼠标应用");
        Container contentPane=frame.getContentPane();
        contentPane.setLayout(new GridLayout(2,1));
        jbutton=new JButton("按钮");
        label=new JLabel("起始状态，还没有鼠标事件",JLabel.CENTER);
        jbutton.addMouseListener(this);
        frame.setBounds(300,300, 300,300);
        frame.setVisible(true);
        frame.addWindowListener(this);
        contentPane.add(label);
        contentPane.add(jbutton);
    }
    public void mousePressed(MouseEvent e){
        label.setText("你已经压下鼠标按钮");
    }
    public void mouseReleased(MouseEvent e){
        label.setText("你已经放开鼠标按钮");
    }
    public void mouseEntered(MouseEvent e){
        label.setText("鼠标光标进入按钮");
    }
    public void mouseExited(MouseEvent e){
        label.setText("鼠标光标离开按钮");
    }
    public void mouseClicked(MouseEvent e){
        label.setText("你已经按下按钮");
    }
    public void windowClosing(WindowEvent e){
        System.exit(0);
    }
```

```
        public static void main(String[] args){
            new TestMouse();
        }
}
```

运行该程序，起始状态提醒的是“还没有鼠标事件”，出现如图 9.18 所示界面。

图 9.18　鼠标应用

当鼠标按住“按钮”按钮时，窗体上边信息显示“你已经压下鼠标按钮”，如图 9.19 所示。

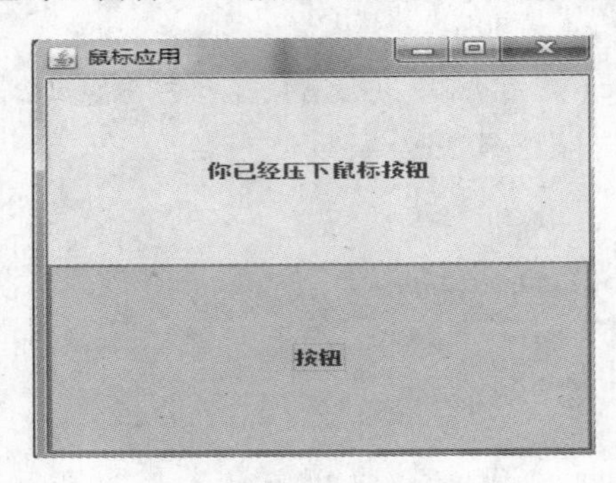

图 9.19　压下鼠标

3．键盘事件

在 Java 程序中，键盘事件也是常见的一种事件。键盘事件对象一般由类 KeyEvent 包装，记录从键盘上输入的字符等信息。在键盘事件处理程序中最重要的是要完成键盘事件监听器，对键盘事件进行处理。要实现键盘事件监听器，就是要实现键盘事件监听器接口。常用的键盘事件监听器有 java.awt.event.FocusListener 和 java.awt.event.KeyListener。接口 FocusListener 主要用来处理获取或失去键盘焦点的事件。获得键盘焦点就意味着从键盘上输入字符可以被本事件处理模型中的事件源捕捉到。失去键盘焦点就意味着当前事件源不会接收到键盘的输入。接口 KeyListener 主要用来处理键盘的输入，如按下键盘上的某个键、放开某个键，或输入某个字符。具体声明如下：

```
public interface KeyListener extends EventListener
{       public void keyTyped(KeyEvent e);
        public void keyPressed(KeyEvent e);
        public void keyReleased(KeyEvent e);
}
```

接口 FocusListener 所对应的键盘事件适配器类为 FocusAdapter。接口 KeyListener 所对应的键盘事件适配器类为 KeyAdapter。

【例 9-10】 新建一个窗体，移动键盘上、下键和左、右键，然后在控制台打印出键盘的移动方向。

```
package com.event;
import java.awt.*;
import java.awt.event.*;
public class TestKey {
	public static void main(String[] args) {
		new KeyFrame();
	}
}
class KeyFrame extends Frame {
	public KeyFrame(){
		setSize(200, 200);
		setLocation(300,300);
		addKeyListener(new MyKeyMonitor());
		setVisible(true);
	}
class MyKeyMonitor extends KeyAdapter {
	public void keyPressed(KeyEvent e) {
			int keyCode = e.getKeyCode();
			if(keyCode == KeyEvent.VK_UP) {
				System.out.println("UP");
			}
			if(keyCode == KeyEvent.VK_DOWN) {
				System.out.println("DOWN");
			}
			if(keyCode == KeyEvent.VK_LEFT) {
				System.out.println("LEFT");
			}
			if(keyCode == KeyEvent.VK_RIGHT) {
				System.out.println("RIGHT");
			}
		}
	}
}
```

运行该程序，出现如图 9.20 所示界面。

弹出窗体后，移动键盘向上键、向下键、向左键和向右键。这时在控制台出现结果为：

```
UP
DOWN
LEFT
RIGHT
```

图 9.20　键盘窗体

9.5　案例

9.5.1　案例一：简单计算器的实现

该案例主要完成一个类似于 Windows 计算器的简单计算器。

```
package com.event;
import javax.swing.*;
import java.awt.*;
import java.awt.event.*;
public class Calculator extends JFrame implements ActionListener
{
  //定义各种组件
  private JButton plus; //定义处理“+”功能对象
  private JButton minus; //定义处理“-”功能对象
  private JButton division ; //定义处理“/”功能对象
  private JButton multiplication; //定义处理“*”功能对象
  private JButton qiuyu; //定义处理“%”功能对象
  private JButton equal; //定义处理“=”功能对象
  private JButton fu;//定义处理“+/-”功能对象
  private JButton dot;//定义处理“.”功能对象
  private JButton sqrt;//定义处理“sqrt”功能对象
  private JButton reciprocal=new JButton("1/x");//定义处理“1/x”功能对象
  private JButton A; //定义处理“A”功能对象
  private JButton B; //定义处理“B”功能对象
  private JButton C;//定义处理“C”功能对象
  private JButton D;//定义处理“D”功能对象
  private JButton E;//定义处理“E”功能对象
  private JButton F;//定义处理“F”功能对象
  JFrame jframe;
  private TextField textField; //定义文本框
  JMenuItem copy,paste,science ,standard ,about;
  JRadioButton hexadecimal;//十六进制
  JRadioButton decimal;//十进制
```

```
JRadioButton octal;//八进制
JRadioButton binary; //二进制
JButton backspace,ce,c,num0,num1,num2,num3,num4,num5,num6,num7,num8,num9;
Container cp;
JTextField text;
String copycontent="";
boolean clickable=true,clear=true;
int all=0;
double before;
String symbol;//符号
int jin=10,first=1;

public Calculator()
{
    setTitle("简单计算器");
    setBounds(400, 400, 420, 300); //设置计算器的显示位置以及大小
    //实例化组件对象
    plus=new JButton("+");
    minus=new JButton("-");
    multiplication=new JButton("*");
    division=new JButton("/");
    qiuyu=new JButton("%");
    equal =new JButton("=");
    fu=new JButton("+/-");
    dot=new JButton(".");
    sqrt=new JButton("sqrt");
    reciprocal=new JButton("1/x");
    A=new JButton("A");
    B=new JButton("B");
    C=new JButton("C");
    D=new JButton("D");
    E=new JButton("E");
    F=new JButton("F");
    num0=new JButton("0");
    num1=new JButton("1");
    num2=new JButton("2");
    num3=new JButton("3");
    num4=new JButton("4");
    num5=new JButton("5");
    num6=new JButton("6");
    num7=new JButton("7");
    num8=new JButton("8");
    num9=new JButton("9");
    textField=new TextField();
    text=new JTextField(25);
    text.setText("0.");
    text.setHorizontalAlignment(JTextField.RIGHT);
```

```
//实例化面板
JPanel jp1=new JPanel();
JPanel jp2=new JPanel();
JPanel jp3=new JPanel();
jp1.setLayout(new GridLayout(1,6));
jp2.setLayout(new GridLayout(2,4));
jp3.setLayout(new GridLayout(6,6));
hexadecimal=new JRadioButton("十六进制");
hexadecimal.setVisible(false);
decimal=new JRadioButton("十进制",true);
decimal.setVisible(false);
octal=new JRadioButton("八进制");
octal.setVisible(false);
binary=new JRadioButton("二进制");
binary.setVisible(false);
hexadecimal.addActionListener(this);
decimal.addActionListener(this);
octal.addActionListener(this);
binary.addActionListener(this);
ButtonGroup btg=new ButtonGroup();
cp=getContentPane();
cp.add(jp1,"North");
cp.add(jp2,"Center");
cp.add(jp3,"South");
btg.add(hexadecimal);
btg.add(decimal);
btg.add(octal);
btg.add(binary);
jp1.add(text);
text.setEditable(false);
text.setBackground(new Color(255, 255, 255));
jp2.add(hexadecimal);
jp2.add(decimal);
jp2.add(octal);
jp2.add(binary);
backspace=new JButton("Backspace");
backspace.setForeground(new Color(255,0,0));
backspace.addActionListener(this);
ce=new JButton("CE");
ce.setForeground(new Color(255,0,0));
ce.addActionListener(this);
c=new JButton("C");
c.setForeground(new Color(255,0,0));
c.addActionListener(this);
textField.setVisible(false);
jp2.add(textField);
jp2.add(backspace);
```

```
jp2.add(ce);
jp2.add(c);
jp3.add(num7);
num7.addActionListener(this);
jp3.add(num8);
num8.addActionListener(this);
jp3.add(num9);
num9.addActionListener(this);
jp3.add(multiplication);
multiplication.setForeground(new Color(255,0,0));
multiplication.addActionListener(this);
jp3.add(sqrt);
sqrt.addActionListener(this);
jp3.add(num4);
num4.addActionListener(this);
jp3.add(num5);
num5.addActionListener(this);
jp3.add(num6);
num6.addActionListener(this);
jp3.add(division);
division.setForeground(new Color(255,0,0));
division.addActionListener(this);
jp3.add(qiuyu);
qiuyu.addActionListener(this);
jp3.add(num1);
num1.addActionListener(this);
jp3.add(num2);
num2.addActionListener(this);
jp3.add(num3);
num3.addActionListener(this);
jp3.add(minus);
minus.setForeground(new Color(255,0,0));
minus.addActionListener(this);
jp3.add(reciprocal);
reciprocal.addActionListener(this);
jp3.add(num0);
num0.addActionListener(this);
jp3.add(fu);
fu.addActionListener(this);
jp3.add(dot);
dot.addActionListener(this);
jp3.add(plus);
plus.setForeground(new Color(255,0,0));
plus.addActionListener(this);
jp3.add(equal);
equal.setForeground(new Color(255,0,0));
equal.addActionListener(this);
```

```
jp3.add(A);
A.addActionListener(this);
jp3.add(B);
B.addActionListener(this);
jp3.add(C);
C.addActionListener(this);
jp3.add(D);
D.addActionListener(this);
jp3.add(E);
E.addActionListener(this);
jp3.add(F);
F.addActionListener(this);
A.setVisible(false);
B.setVisible(false);
C.setVisible(false);
D.setVisible(false);
E.setVisible(false);
F.setVisible(false);
JMenuBar mainMenu = new JMenuBar();
setJMenuBar(mainMenu);
JMenu editMenu = new JMenu("编辑");
JMenu viewMenu = new JMenu("查看");
JMenu helpMenu = new JMenu("帮助");
mainMenu.add(editMenu);
mainMenu.add(viewMenu);
mainMenu.add(helpMenu);
copy = new JMenuItem("  复制");
paste = new JMenuItem("  粘贴");
//设置粘贴快捷键
KeyStroke pasteks=KeyStroke.getKeyStroke(KeyEvent.VK_V,Event.CTRL_MASK);
paste.setAccelerator(pasteks);
//设置复制快捷键
KeyStroke copyks=KeyStroke.getKeyStroke(KeyEvent.VK_C,Event.CTRL_MASK);
copy.setAccelerator(copyks);
editMenu.add(copy);
editMenu.add(paste);
copy.addActionListener(this);
paste.addActionListener(this);
standard = new JMenuItem("●标准型");
science = new JMenuItem("   科学型");
viewMenu.add(standard);
viewMenu.add(science);
standard.addActionListener(this);
science.addActionListener(this);
about = new JMenuItem("  关于计算器");
helpMenu.add(about);
about.addActionListener(this);
```

```
    addWindowListener(new WindowDestroyer());//结束窗口
  }
//动作事件响应
 public void actionPerformed(ActionEvent e)
{
   Object ob = e.getSource();
   if(first==1)
         text.setText("");
   first=0;
    if(ob==copy)
    {
         copycontent = text.getText();
   }
   if(ob==paste)
    {
         text.setText(text.getText()+copycontent);
   }
   //采用“科学型”
   if(ob==science)
   {
         hexadecimal.setVisible(true);
         decimal.setVisible(true);
         octal.setVisible(true);
         binary.setVisible(true);
         standard.setText("      标准型");
         science.setText("●科学型");
         A.setVisible(true);
         B.setVisible(true);
         C.setVisible(true);
         D.setVisible(true);
         E.setVisible(true);
         F.setVisible(true);
         A.setEnabled(false);
         B.setEnabled(false);
         C.setEnabled(false);
         D.setEnabled(false);
         E.setEnabled(false);
         F.setEnabled(false);
   }
  //处理退格
  if(ob==backspace)
  {
        String s = text.getText();
        text.setText("");
        for (int i = 0; i < s.length() - 1; i++)
        {
              char a = s.charAt(i);
```

```
            text.setText(text.getText() + a);
        }
    }
    //处理“CE”
    if (ob==ce)
    {
        text.setText("0.");
        clear=true;
        first=1;
    }
    //采用“标准型”
    if(ob==standard)
    {
        hexadecimal.setVisible(false);
        decimal.setVisible(false);
        octal.setVisible(false);
        binary.setVisible(false);
        standard.setText("●标准型");
        science.setText("    科学型");
        A.setVisible(false);
        B.setVisible(false);
        C.setVisible(false);
        D.setVisible(false);
        E.setVisible(false);
        F.setVisible(false);
    }
    //处理“关于”
    if(ob==about)
    {
        JOptionPane.showMessageDialog(jframe,"用 Java 程序编写的计算器","关于计算器",
        JOptionPane.INFORMATION_MESSAGE);
    }
    //处理“C”
    if (ob==c)
    {
        text.setText("0.");    ;
        clear=true;
        first=1;
    }
    //处理数字“0”
    if(ob==num0)
     {
        if(clear==false)//判断是否单击了符号位
        text.setText("");
        text.setText(text.getText()+"0");
     }
    //处理数字“1”
```

```
if(ob==num1)
 {
     if(clear==false)
     text.setText("");
     text.setText(text.getText()+"1");
     clear=true;//第二次不再清空（前两句）
 }
//处理数字“2”
if(ob==num2)
 {
     if(clear==false)
     text.setText("");
     text.setText(text.getText()+"2");
     clear=true;
 }
//处理数字“3”
if(ob==num3)
 {
     if(clear==false)
     text.setText("");
     text.setText(text.getText()+"3");
     clear=true;
 }
//处理数字“4”
if(ob==num4)
 {
     if(clear==false)
     text.setText("");
     text.setText(text.getText()+"4");
     clear=true;
 }
//处理数字“5”
if(ob==num5)
 {
     if(clear==false)
     text.setText("");
     text.setText(text.getText()+"5");
     clear=true;
 }
//处理数字“6”
if(ob==num6)
 {
     if(clear==false)
     text.setText("");
     text.setText(text.getText()+"6");
     clear=true;
 }
```

```
//处理数字“7”
if(ob==num7)
 {
     if(clear==false)
     text.setText("");
     text.setText(text.getText()+"7");
     clear=true;
 }
//处理数字“8”
if(ob==num8)
 {
     if(clear==false)
     text.setText("");
     text.setText(text.getText()+"8");
     clear=true;
 }
//处理数字“9”
if(ob==num9)
 {
     if(clear==false)
     text.setText("");
     text.setText(text.getText()+"9");
     clear=true;
 }
//处理字符“A”
 if(ob==A)
 {
     text.setText(text.getText()+"A");
 }
 //处理字符“B”
if(ob==B)
 {
     text.setText(text.getText()+"B");
 }
//处理字符“C”
if(ob==C)
 {
     text.setText(text.getText()+"C");
 }
//处理字符“D”
if(ob==D)
 {
     text.setText(text.getText()+"D");
 }
//处理字符“E”
if(ob==E)
 {
```

```
        text.setText(text.getText()+"E");
    }
    //处理字符“F”
    if(ob==F)
    {
        text.setText(text.getText()+"F");
    }
    //处理字符“.”
    if(ob==dot)
    {
        clickable=true;
        for (int i = 0; i < text.getText().length(); i++)
        if ('.' == text.getText().charAt(i))
        {
                clickable=false;
                break;
    }
      if(clickable==true)
        text.setText(text.getText()+".");
    }
    try
    {
     if(ob==plus)//处理加法
     {
          before=Double.parseDouble(text.getText());
          symbol="+";
          clear=false;
     }
     if(ob==minus)//处理减法
     {
          before=Double.parseDouble(text.getText());
          symbol="-";
          clear=false;
     }
     if(ob==multiplication)//处理乘法
     {
          before=Double.parseDouble(text.getText());
          symbol="*";
          clear=false;
     }
     if(ob==division)//处理除法
     {
          before=Double.parseDouble(text.getText());
          symbol="/";
          clear=false;
     }
     if(ob==equal)//处理等号
```

```
{
    double ss=Double.parseDouble(text.getText());
    text.setText("");
    if( symbol=="+")
    text.setText(before+ss+"");
    if( symbol=="-")
    text.setText(before-ss+"");
    if( symbol=="*")
    text.setText(before*ss+"");
    if( symbol=="/")
    text.setText(before/ss+"");
    clear=false;
}
if(ob==sqrt)//求开方
{
    String s = text.getText();
    if (s.charAt(0) == '-')
    {
        text.setText("负数不能开根号");
}
else
        text.setText(Double.toString(java.lang.Math.sqrt(Double.parseDouble(text.getText()))));
        clear=false;
}
if(ob==reciprocal)
{
    if (text.getText().charAt(0) == '0'&&text.getText().length() == 1)
    {
        text.setText("除数不能为零");
  }
else
{
        boolean isDec = true;
        int i, j, k;
        String s = Double.toString(1 / Double.parseDouble(text.getText()));
        for (i = 0; i < s.length(); i++)
        if (s.charAt(i) == '.')
        break;
        for (j = i + 1; j < s.length(); j++)
        if (s.charAt(j) != '0')
        {
        isDec = false;
        break;
        }
        if (isDec == true)
        {
        String stemp = "";
```

```
                for (k = 0; k < i; k++)
                stemp += s.charAt(k);
                text.setText(stemp);
        }
        else
            text.setText(s);
        }
            clear=false;
        }
        if(ob==qiuyu)//求余
        {
            text.setText("0");
            clear=false;
        }
        if (ob == fu) //求正负
        {
            boolean isNumber = true;
            String s = text.getText();
        for (int i = 0; i < s.length(); i++)
        if (! (s.charAt(i) >= '0' && s.charAt(i) <= '9' || s.charAt(i) == '.' || s.charAt(i) == '-'))
        {
            isNumber = false;
            break;
            }
        if (isNumber == true)
          {
            if (s.charAt(0) == '-')
            {
            text.setText("");
            for (int i = 1; i < s.length(); i++)
            {
                char a = s.charAt(i);
                text.setText(text.getText() + a);
             }
            }
          else
          text.setText('-' + s);
          }
        }
    }
    catch(Exception e1)
    {
     text.setText("运算出错");
     clear=false;
    }
  }
//退出窗体
```

```
class WindowDestroyer extends WindowAdapter
{
 public void windowClosing(WindowEvent e)
 {
 System.exit(0);
 }
}
//主函数
public static void main(String arg[])
{
 Calculator win = new Calculator();
 win.setVisible(true);
}
}
```

运行该程序，出现如图 9.21 所示界面。

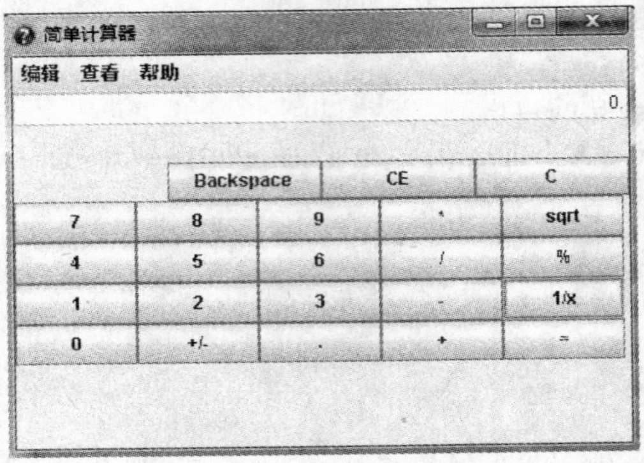

图 9.21　简单计算器

9.5.2　案例二：简单记事本的实现

该案例主要实现一个简单记事本，主要功能包括文件的新建、打开、保存、另存为等。源代码如下：

```
package com.event;
import java.awt.Toolkit;
import java.awt.datatransfer.Clipboard;
import java.awt.event.ActionEvent;
import java.awt.event.ActionListener;
import java.io.BufferedReader;
import java.io.File;
import java.io.FileNotFoundException;
import java.io.FileOutputStream;
import java.io.FileReader;
import java.io.IOException;
import java.io.OutputStreamWriter;
import javax.swing.JFileChooser;
```

```
import javax.swing.JFrame;
import javax.swing.JMenu;
import javax.swing.JMenuBar;
import javax.swing.JMenuItem;
import javax.swing.JOptionPane;
import javax.swing.JScrollPane;
import javax.swing.JTextArea;

public class Notpad extends JFrame implements ActionListener
{
  private JMenuBar menuBar;//定义菜单工具条
  private JMenu file, edit, search, help;//定义“文件”、“编辑”、“查找”、“帮助”等对象
  private JMenuItem New, open, save, saveAs, exit,cut, paste, copy, find,about;//定义“新建”、“打开”、
//“保存”等对象
  private JTextArea jtextarea;//定义文本域对象
  private JScrollPane scrollPane; //定义滚动面板
  private Toolkit toolkit;
  private Clipboard clipboard; //定义粘贴板对象
  private JFileChooser jFileChooser;// 文件选择器
  File fileOpen, fileSave;// 打开、保存文件对象
   public Notpad()
   {
        this.setTitle("记事本");
        jtextarea = new JTextArea();
        scrollPane = new JScrollPane(jtextarea);
        scrollPane.setViewportView(jtextarea);
      // 获取默认工具包
         toolkit = Toolkit.getDefaultToolkit();
      // 剪贴板使用
        clipboard = toolkit.getSystemClipboard();
      // 文件选择对话框
        jFileChooser = new JFileChooser();
        this.setDefaultCloseOperation(this.EXIT_ON_CLOSE);
        this.setLocationRelativeTo(null);
      //设置窗体的位置和大小
        this.setBounds(300, 300, 600, 400);
      // 设置滚动条
        this.getContentPane().add(scrollPane);
      //设置窗体是否可见
        this.setVisible(true);
      //调用初始化菜单
        initMenuBar();
   }
      // 初始化菜单栏
public void initMenuBar()
{
      menuBar = new JMenuBar();
      file = new JMenu("文件");
```

```
edit = new JMenu("编辑");
search = new JMenu("格式");
help = new JMenu("帮助");
//“文件”菜单项
New = new JMenuItem("新建(N)", 'N');
open = new JMenuItem("打开(O)", 'O');
save = new JMenuItem("保存(S)", 'S');
saveAs = new JMenuItem("另存为(A)", 'A');
exit = new JMenuItem("退出(Q)", 'Q');
// 添加“文件”子菜单项
file.add(New);
file.addSeparator();
file.add(open);
file.add(save);
file.add(saveAs);
file.addSeparator();
file.addSeparator();
file.add(exit);
// 添加“编辑”子菜单项
cut = new JMenuItem("剪切");
paste = new JMenuItem("粘贴");
copy = new JMenuItem("复制");
find = new JMenuItem("查找");
edit.add(cut);
edit.add(paste);
edit.add(copy);
edit.addSeparator();
edit.add(find);
edit.addSeparator();
// 添加“帮助”子菜单项
about = new JMenuItem("关于");
help.add(about);
// 往菜单栏添加菜单项
menuBar.add(file);
menuBar.add(edit);
menuBar.add(search);
menuBar.add(help);
this.setJMenuBar(menuBar);
// 给按钮添加事件
about.addActionListener(this);
New.addActionListener(this);
save.addActionListener(this);
saveAs.addActionListener(this);
open.addActionListener(this);
exit.addActionListener(this);
}
//动作事件
public void actionPerformed(ActionEvent e)
```

```
{
    if (e.getSource() == New)// 添加“新建”文件事件
    {
      this.jtextarea.setText("");
      this.setTitle("新建文本");
    } else if (e.getSource() == open)// 添加“打开”文件对话框事件
     {
    OpenFile();
     } else if (e.getSource() == save)// 添加“保存”文件事件
      {
     saveFile();
      } else if (e.getSource() == saveAs)// 添加“另存为”事件
     {
     saveFile();
     } else if (e.getSource() == exit)// 添加“退出”程序事件
     {
     System.exit(0);
     }
      else
     {
         JOptionPane.showMessageDialog(null,"这是个用 Java 程序编写的计算器", "关于",
         JOptionPane.INFORMATION_MESSAGE);
     }
}
 //读文件，用于打开文件
void OpenFile()
{
        int val = jFileChooser.showOpenDialog(null);// 得到“文件”对话框返回值
        if (val == JFileChooser.CANCEL_OPTION) {// 取消
                return;
        }
        fileOpen = jFileChooser.getSelectedFile();// 打开“文件”对话框所选择文件对象
        if (fileOpen == null) {// 没有选择文件
                return;
        }
        String ofname = fileOpen.getAbsolutePath();// 得到选择文件对象的绝对路径
        String resl = "";
        try {
                // 根据所选择文件路径信息构建一个文件字符输入流对象
                FileReader fr = new FileReader(ofname);
                //使用缓冲流包装文件字符流
                BufferedReader br = new BufferedReader(fr);
                String str;
                //循环读取流中的内容
                while ((str = br.readLine()) != null) {
                        resl = resl + str + "\n";
                }
        } catch (FileNotFoundException e1) {
```

```
                e1.printStackTrace();
            } catch (IOException ee) {
                ee.printStackTrace();
            }
            jtextarea.setText(resl);
    }
void saveFile() // 保存文件内容
        {
            int val = jFileChooser.showSaveDialog(null);
            if (val == JFileChooser.CANCEL_OPTION) {
                return;
            }
            fileSave = jFileChooser.getSelectedFile();// 打开“文件”对话框所选择文件对象
            String sfname = fileSave.getAbsolutePath();// 得到选择文件对象的绝对路径
            try {
                //建立一个输出流对象
                OutputStreamWriter os = new OutputStreamWriter(
                        new FileOutputStream(sfname, true), "gb2312");
                os.write(jtextarea.getText());
                os.close();
            } catch (IOException e1) {
                e1.printStackTrace();
            }
        }
 public static void main(String[] args)
 {
      Notpad menu = new Notpad();
  }
}
```

运行该程序，出现如图 9.22 所示结果。

图 9.22 “记事本”窗口

9.5.3　案例三：本章知识在贪吃蛇项目中的应用

通过本章的学习，可以利用图形组件、事件处理等知识完成游戏界面的设计，以及一些事件的处理。

1．任务

（1）设计游戏界面：游戏框架、框架中的菜单、对菜单的事件进行处理。

（2）利用输入/输出流的知识，完成保存成绩记录、打开成绩记录文件、打开帮助文件并查看内容的操作。

（3）利用异常的知识处理异常。

2．编程思路

1）游戏界面类 GameFrame 类，是框架 Frame 的子类，即该类需继承 Frame 类。在该框架中有菜单项，通过单击菜单项产生行为，即单击菜单项为动作事件，需要实现动作监听器的抽象方法进行事件的处理，即该类需实现 ActionListener 监听器接口。通过以上分析，GameFrame 类的首部需要修改。

（1）将 GameFrame 类的首部：

```
public class GameFrame
```

修改为：

```
public class GameFrame extends Frame implements ActionListener
```

为 GameFrame 类增加菜单，对菜单的事件进行处理。贪吃蛇游戏中具有如下菜单，如图 9.23、图 9.24 和图 9.25 所示。

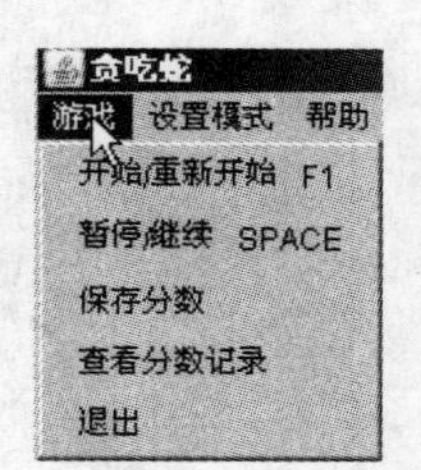

图 9.23 “游戏”菜单

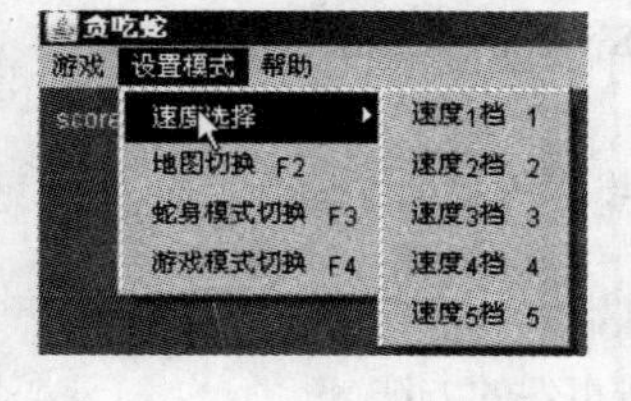

图 9.24 “设置模式”菜单

图 9.25 “帮助”菜单

① 在 GameFrame 类中，增加以下属性的定义：

```
/*游戏界面中的菜单及菜单项变量*/
MenuBar menuBar;
Menu gameMenu,modeMenu,helpMenu,speedChoice;
MenuItem restart,pauseCon,save,viewRcord,close;
MenuItem[] speed=new MenuItem[6];
MenuItem mapSwitch,snakeSwitch,modeSwitch,desprition;
```

② 在 GameFrame 类中，增加初始化菜单组件的方法 initComponent()，增加的代码段如下：

```
public void initComponent(){
        menuBar=new MenuBar();
        gameMenu=new Menu("游戏");
        modeMenu=new Menu("设置模式");
```

```
        helpMenu=new Menu("帮助");
        restart=new MenuItem("开始/重新开始      F1");
        pauseCon=new MenuItem("暂停/继续      SPACE");
        save=new MenuItem ("保存分数");
        viewRcord=new MenuItem("查看分数记录");
        close=new MenuItem("退出");
        speedChoice=new Menu("速度选择");
        for(int i=1;i<=5;i++){
            speed[i]=new MenuItem(String.valueOf(i));
        }
        mapSwitch=new MenuItem("地图切换      F2");
        snakeSwitch=new MenuItem("蛇身模式切换      F3");
        modeSwitch=new MenuItem("游戏模式切换      F4");
        desprition=new MenuItem("游戏说明");
        this.setMenuBar(menuBar);
        menuBar.add(gameMenu);
        menuBar.add(modeMenu);
        menuBar.add(helpMenu);
        gameMenu.add(restart);
        gameMenu.add(pauseCon);
        gameMenu.add(save);
        gameMenu.add(viewRcord);
        gameMenu.add(close);
        modeMenu.add(speedChoice);
        modeMenu.add(mapSwitch);
        modeMenu.add(snakeSwitch);
        modeMenu.add(modeSwitch);
        for(int i=1;i<=5;i++){
            speedChoice.add("速度"+i+"挡      "+i);
        }
        helpMenu.add(desprition);
        addEvent();//调用注册事件的方法
    }
```

③ 在 GameFrame 类中，增加为菜单项注册动作事件的方法 addEvent()，增加的代码段如下：

```
/*为菜单项注册动作事件 */
    public void addEvent(){
        restart.addActionListener(this);
        pauseCon.addActionListener(this);
        save.addActionListener(this);
        viewRcord.addActionListener(this);
        close.addActionListener(this);
        for(int i=1;i<=5;i++){
            speed[i].addActionListener(this);
        }
        mapSwitch.addActionListener(this);
        snakeSwitch.addActionListener(this);
```

```
            modeSwitch.addActionListener(this);
            desprition.addActionListener(this);
        }
```

④ 在 GameFrame 类中，增加为菜单项实现动作事件的方法 actionPerformed()，该方法由于涉及线程的知识，这里只写出方法的一部分，待后面完善。增加的代码段如下：

```
    /*实现菜单中各菜单项的动作事件*/
        public void actionPerformed(ActionEvent e){}
```

⑤ 在 GameFrame 类中，增加构造方法，设置框架的相关属性。

```
        /*构造方法，初始化游戏界面，为框架注册按键监听器，游戏开始*/
        public GameFrame(){
            initComponent();
            this.setTitle("贪吃蛇");//设置标题
            this.setLocation(200, 200);//设置位置
            this.setSize(WIDTH, HEIGHT);//设置大小
            Color c = new Color(0,160,0);//设置颜色为亮绿色
            this.setBackground(c);//设置背景
            this.setResizable(false);//可缩放
            this.setVisible(true);//可见
            this.addWindowListener(new WindowAdapter() {// 匿名的局部类，实现窗口关闭
                public void windowClosing(WindowEvent e) {
                    setVisible(false);
                    System.exit(0);
                }
            });
            this.addKeyListener(new KeyMonitor());//注册键盘监听器
            gameStart();//游戏开始
        }
```

⑥ 为 GameFrame 类增加包的导入，增加如下代码：

```
    import java.awt.*;
    import java.awt.event.*;
    import javax.swing.*;
```

2）利用输入/输出流的知识，完成保存成绩记录、打开成绩记录文件和帮助文件的操作。在完成本功能前需要注意，由于要对文件进行读取，需要先对文件进行说明。

● 工程目录下的 src\record.txt 若不存在，将自动新建，可以采用自动创建的方法。

● 工程目录下的 src\help.txt 若不存在，将自动新建，但文件中内容为空。因此该文件最好手动创建好，并写好内容。

该部分功能运行时效果如图 9.26、图 9.27 和图 9.28 所示。

（1）完成保存成绩记录的功能。

① 在 GameFrame 类中，增加保存记录的方法 saveRecord()。增加如下代码段：

图 9.26　输入姓名

图 9.27　单击“确定”按钮保存成功

图 9.28　单击“取消”按钮放弃保存

```
/*保存分数记录*/
    public void saveRecord(){
        String name=JOptionPane.showInputDialog("准备保存！请输入你的姓名");//输入框输入
        //姓名
        String content="姓名:"+name+"    "+"成绩："+score;    //要保存的内容
        RandomAccessFile raf;  //随机存取文件
        String contentToCn=null;  //字符编码转换后的内容
        /* 若输入框单击“确定”按钮，则保存；否则单击“取消”按钮，则放弃保存 */
        if(name!=null){
            try{
                    //为了字符串不显示乱码，需要转换为中文字符编码，如“GBK”
                    contentToCn = new String(content.getBytes("GBK"), "ISO8859_1");
                    //建随机存取文件对象
                    raf = new RandomAccessFile("src\\record.txt", "rw");
                    //文件指针指向文件尾
                    raf.seek(raf.length());
                    //写出内容
                    raf.writeBytes(contentToCn + "\r\n");
                    //关闭资源
                    raf.close();
                    //显示保存成功
                    JOptionPane.showMessageDialog(null,"分数记录保存成功");
                }catch(FileNotFoundException e){
                    System.out.println("记录文件找不到！");
                }catch(IOException e){
                    System.out.println("写数据出错！");
                }
        }else JOptionPane.showMessageDialog(null,"你已经取消保存");
    }
```

② 为 GameFrame 类增加属性，增加如下语句：

```
private int score = 0;// 成绩，初值为 0
```

③ 为 GameFrame 类增加包的导入，增加如下代码：

```
import java.io.FileNotFoundException;
import java.io.IOException;
import java.io.RandomAccessFile;
import javax.swing.JOptionPane;
```

（2）利用输入/输出流的知识，完成打开查看记录，打开帮助文件并查看内容功能。该部分功能运行时效果如图 9.29 和图 9.30 所示。

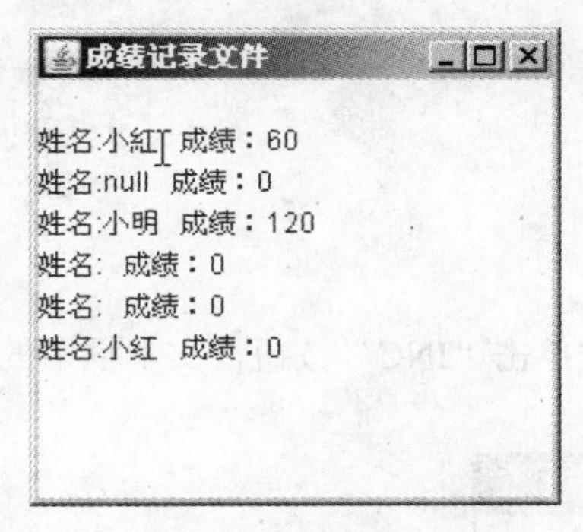

图 9.29 显示“成绩记录文件”窗口

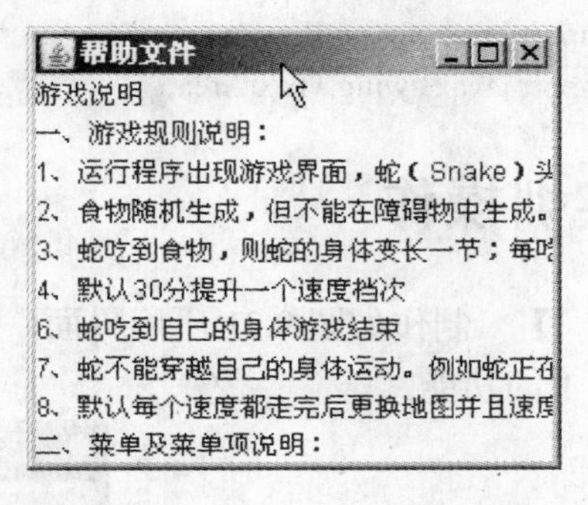

图 9.30 显示“帮助文件”窗口

① 在 GameFrame 类中，增加打开文件的方法 openTxt()。增加如下代码段：

```
/*打开文本文件，查看其内容*/
    public void openTxt(MenuItem item){
        String title =null;
        String filePath=null;
        if(item==desprition){ //若菜单项为“游戏说明”
            title="帮助文件";
            filePath="src\\help.txt";
            }
        else if(item==viewRcord){ //若菜单项为“查看分数记录”
            title="成绩记录文件";
            filePath="src\\record.txt";
        }
        JFrame note=new JFrame(title);//新建框架
        note.setSize(400,600); //设置大小
        JTextArea jta=new JTextArea();//新建文本区域
        note.add(jta); //构建外观
        note.setVisible(true); //设置可见性
        try{
            FileReader in=new FileReader(filePath);//文件字符输入流
        String s="";
        int b;
        while((b=in.read())!=-1){       //循环读入
```

```
                s=s+((char)b);
            }
        jta.append(s);  //向文本区域中追加内容
        }catch(FileNotFoundException e){
            System.out.println("帮助文件找不到！");
        }catch(IOException e){
            System.out.println("读取数据出错！");
        }
    }
```

② 为 GameFrame 类增加包的导入，增加如下代码：

```
import java.io.FileReader;
import javax.swing.JFrame;
import javax.swing.JTextArea;
```

9.6 实训操作

【任务一】 制作如图 9.31 所示界面，并完成单击“INC”按钮，文本框中的数字（初值为 0）增加 1 的功能。

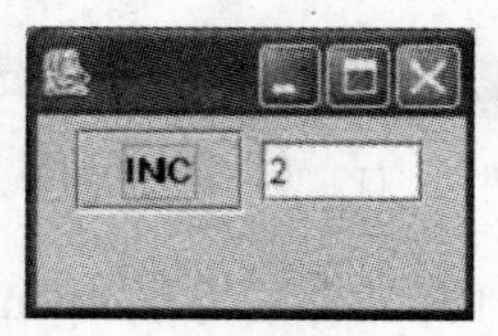

图 9.31 数字增加

【任务二】 查找 JTextArea 类中的相关方法，完成案例二中记事本中的复制、剪切、粘贴等功能。

习 题

选择题

1. 在 Java 语言中，下面哪个布局管理器是 JApplet 的默认布局管理器？（ ）

A．BorderLayout B．CardLayout C．GridLayout D．FlowLayout

2. 下列哪些接口在 Java 中没有定义相对应的 Adapter 类？（ ）

A．MouseListener B．KeyListener C．ActionListener D．ItemListener
E．WindowListener

3. 下列哪种 Java 组件为容器组件？（ ）

A．List 列表框 B．Choice 下拉式列表框
C．Panel 面板 D．MenuItem 命令式菜单项

4. 使用哪一个布局管理器时，当 Frame 的大小被改变时 Frame 中的按钮位置可能会被改变？（ ）

A．BorderLayout B．FlowLayout C．CardLayout D．GridLayout

5．下列各种 Java 的布局方式，哪种是 Java Application 应用程序主窗体 Frame 的默认布局方式？（　　）

A．FlowLayout 布局方式　　B．BorderLayout 布局方式

C．GridLayout 布局方式　　D．CardLayout 布局方式

6．对 Java 中的 Button 类按钮对象进行鼠标单击事件编程，该事件监听器程序应实现如下哪种接口？（　　）

A．ActionListener 接口　　B．MouseMotionListener 接口

C．ItemListener 接口　　D．WindowListener 接口

7．Java 中将 GUI 组件的事件处理机制改为如下哪种编程模型？（　　）

A．Java 的面向对象　　B．事件响应及传递

C．事件委托授权处理模型　　D．事件过滤机制

8．如下哪种 Java 的控件将不会引发动作事件（ActionEvent）？（　　）

A．Button　　B．MenuItem

C．Panel　　D．CheckboxMenuItem

9．事件监听接口中的方法的返回值是（　　）。

A．int　　B．String　　C．void　　D．Object

E．AWTEvent

10．下列关于事件监听和组件间关系说法中，正确的是（　　）。

A．Event Listener 与组件间是一对一的关系

B．Event Listener 与组件间是一对多的关系

C．Event Listener 与组件间是多对一的关系

D．Event Listener 与组件间是多对多的关系

11．下列哪些接口在 Java 中没有定义相对应的 Adapter 类？（　　）

A．MouseListener　　B．KeyListener

C．ActionListener　　D．ItemListener

E．WindowListener

12．要将 MenuBar 加入到一个 Frame 中，应使用的方法是（　　）。

A．setMenu()　　B．setMenuBar()

C．add()　　D．addMenuBar()

第10章 线 程

本章要点：

- 线程概述
- 线程的创建与启动
- 线程的状态与常用方法
- 线程优先级和调度

线程可以很方便地控制方法的执行。如循环执行方法，设置方法执行的时间间隔，方法的停止执行等，在一些项目开发中经常使用。Java 虚拟机允许应用程序并发地运行多个执行线程，多个线程共享进程的内存，大大提高了程序的执行效率和 CPU 的利用率。

10.1 线程概述

现在的操作系统是多任务操作系统，多线程是实现多任务的一种方式。程序、进程和线程，它们之间到底有什么联系呢？程序是一段静态的代码，进程是程序的一次动态执行过程。进程是指一个内存中运行的应用程序，每个进程都有自己独立的一块内存空间。比如在 Windows 系统中，一个运行的 exe 就是一个进程。线程是指进程中的一个执行流程，一个进程中可以运行多个线程，线程是比进程更小的执行单位。比如 java.exe 进程中可以运行很多线程。线程总是属于某个进程，进程中的多个线程共享进程的内存。“同时”执行是人的感觉，在线程之间实际上轮换执行。在基于线程的多任务处理环境中，线程是最小的处理单位。

10.2 线程的创建与启动

创建线程有两种方法。一种方法是将类声明为 Thread 的子类，该子类应重写 Thread 类的 run()方法。

```
class A extends Thread{
        int a;
        public A(int a){
            this.a=a;
        }
        public void run( ){
            … //此处为线程执行的主体部分
      }
        …
}
```

启动该线程的方法如下。

```
A one=new A(12);
one.start();      //使该线程开始执行，Java 虚拟机调用该线程的 run()方法
```

【例 10-1】 利用 extends Thread 方式创建线程举例。

源程序：TestThread.java

```
public class TestThread extends Thread{
    public TestThread(String name) { //构造方法
        super(name);
    }
    public void run() {
        for(int i = 0;i<5;i++){
            for(long k= 0; k <100000000;k++); //延迟
            System.out.println(this.getName()+" :"+i);
        }
    }
    public static void main(String[] args) {
        Thread t1 = new TestThread("张三");
        Thread t2 = new TestThread("李四");
        t1.start(); //启动线程
        t2.start();
    }
}
```

运行结果为：

```
张三 :0
李四 :0
张三 :1
李四 :1
张三 :2
李四 :2
张三 :3
李四 :3
张三 :4
李四 :4
```

创建线程的第二种方法是声明实现 Runnable 接口的类，该类实现 Runnable 接口，类必须定义 run()方法。

```
class B   implements Runnable{
  int b;
    public B(int b){
      this.b=b;
  }
  public void run( ){
  …        //此处为线程执行的主体部分
```

```
    }
    ...
}
```

线程的启动方法如下。

```
B two=new B(12);
new Thread(two).start();
```

【例 10-2】 利用 implements Runnable 方式创建线程举例。

源程序：TestRunnable.java

```
/**
 * TestRunnable.java
 */
class DoSomething implements Runnable {
    private String name;
    public DoSomething(String name) { //构造方法
        this.name = name;
    }
    public void run() {
        for (int i = 0; i < 5; i++) {
            for (long k = 0; k < 100000000; k++);//延迟
            System.out.println(name + ": " + i);
        }
    }
}
public class TestRunnable {
    public static void main(String[] args) {
        DoSomething ds1 = new DoSomething("张三");
        DoSomething ds2 = new DoSomething("李四");
        Thread t1 = new Thread(ds1); //新建线程对象
        Thread t2 = new Thread(ds2);
        t1.start(); //启动线程
        t2.start();
    }
}
```

运行结果为：

```
李四: 0
张三: 0
李四: 1
张三: 1
李四: 2
张三: 2
李四: 3
张三: 3
李四: 4
```

张三: 4

注意：无论采用线程的哪种定义方式，启动线程都是在线程的 Thread 对象上调用 start()方法，而不是 run()方法或者别的方法。

一个 Java 应用总是从 main()方法开始运行的，main()方法运行在一个线程内，它被称为主线程。

方法 run()可以执行任何所需的操作。启动该线程的实例，即线程对象调用 start()方法，则线程自动调用对象的 run()方法。

10.3 线程的状态与常用方法

10.3.1 线程的状态

一个线程从创建、启动到终止的整个过程称为线程的生命周期，在其间的任何时刻，线程总是处于某个特定的状态。这些状态如图 10.1 所示。

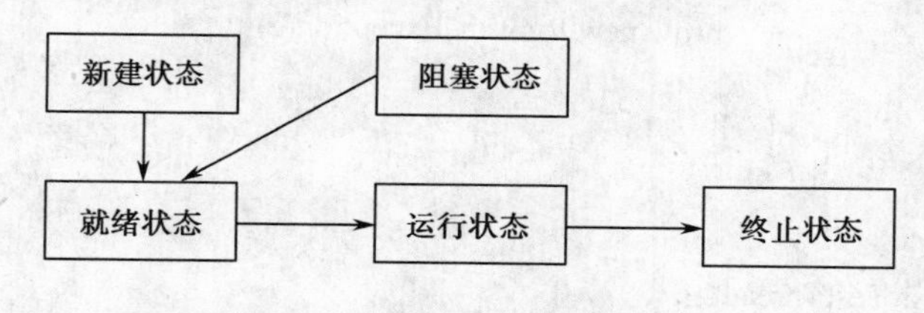

图 10.1 线程的状态转换图

（1）新建状态：线程对象已经创建，对应 new 语句。

（2）就绪状态：就绪状态也可叫做可执行状态，对应 start()方法。

（3）运行状态：当处于就绪状态的线程被调度并获得了 CPU 等执行必需的资源时，便进入到该状态，即运行了 run()方法。

（4）等待/阻塞/睡眠状态：三状态组合为一种，其共同点是线程仍旧是活的，但是当前没有条件运行。换句话说，它是可运行的，如果某个事件出现，它可能返回到可运行状态。对应以下四种情况之一：

- 调用 sleep()方法。
- 调用 wait()方法，等待一个条件变量。
- 进入阻塞状态。
- 如果线程中有输入/输出操作，也将进入阻塞状态。

（5）终止状态：终止状态是线程执行结束的状态，没有任何方法可改变它的状态。

10.3.2 线程常用方法

线程常用的方法有以下几种：

public void start()：启动线程。

public void run()：执行线程。

public static void sleep(long millis) throws InterruptedException：线程的休眠。休眠时间单位是毫秒（millis）。

public static void sleep(long millis, int nanos)throws InterruptedException：在指定的毫秒数加指定的纳秒数内让当前正在执行的线程休眠。

public final void stop()：线程的停止，但该方法具有不安全性。

public static Thread currentThread()：得到当前正在运行的线程。

public final String getName()：得到线程的名称。

【例 10-3】 线程一些方法的使用举例。

源程序：TestThread1.java

```
class MyThread1 extends Thread {
        private int a = 0;
        public void run() {
            for (int a = 0; a < 10; a++) {
                System.out.println(currentThread().getName() + ":" + a);
                try {
                    sleep(100);                     // 给其他线程运行的机会
                } catch (InterruptedException e) {
                    throw new RuntimeException(e);
                }
            }
        }
    }
    public class TestThread1 {
        public static void main(String[] args) {
            MyThread1 thread = new MyThread1();      // 创建用户线程对象
            thread.start();                          // 启动用户线程
            thread.run();                        // 主线程调用用户线程对象的 run()方法
        }
    }
```

运行结果为：

```
main:0
Thread-0:0
Thread-0:1
main:1
main:2
Thread-0:2
main:3
Thread-0:3
main:4
Thread-0:4
main:5
Thread-0:5
Thread-0:6
main:6
main:7
Thread-0:7
```

```
Thread-0:8
main:8
main:9
Thread-0:9
```

10.4 线程优先级和调度

与线程休眠类似，线程的优先级仍然无法保障线程的执行次序。只不过，优先级高的线程获取 CPU 资源的概率较大，优先级低的并非没机会执行。

线程的优先级用 1～10 的整数表示，数值越大优先级越高，默认的优先级为 5。Thread 类有 3 个与线程优先级有关的静态常量：

- MIN_PRIORITY：表示线程的最小优先级别 1。
- MAX_PRIORITY：表示线程的最大优先级别 10。
- NORM_PRIORITY：表示线程的默认优先级别 5。

在一个线程中开启另外一个新线程，则新开线程称为该线程的子线程，子线程初始优先级与父线程相同。

【例 10-4】 线程的优先级举例。

源程序：TestPriority.java

```
public class TestPriority {
        public static void main(String[] args) {
                Thread t1 = new MyThread3();
                Thread t2 = new Thread(new MyRunnable());
                t1.setPriority(10); //设置优先级别 10
                t2.setPriority(1); //设置优先级别 1
                t2.start(); //启动线程
                t1.start();
        }
}
class MyThread3 extends Thread {
        public void run() {
                for (int i = 0; i < 10; i++) {
                        System.out.println("线程 1 第" + i + "次执行！");
                        try {
                                Thread.sleep(100);
                        } catch (InterruptedException e) {
                                e.printStackTrace();
                        }
                }
        }
}
class MyRunnable implements Runnable {
        public void run() {
                for (int i = 0; i < 10; i++) {
                        System.out.println("线程 2 第" + i + "次执行！");
```

```
                                        try {
                                                    Thread.sleep(100);
                                        } catch (InterruptedException e) {
                                                    e.printStackTrace();
                                        }
                            }
                }
        }
```

运行结果为：

```
线程 2 第 0 次执行!
线程 1 第 0 次执行!
线程 2 第 1 次执行!
线程 1 第 1 次执行!
线程 2 第 2 次执行!
线程 1 第 2 次执行!
线程 2 第 3 次执行!
线程 1 第 3 次执行!
线程 2 第 4 次执行!
线程 1 第 4 次执行!
线程 2 第 5 次执行!
线程 1 第 5 次执行!
线程 2 第 6 次执行!
线程 1 第 6 次执行!
线程 1 第 7 次执行!
线程 2 第 7 次执行!
线程 2 第 8 次执行!
线程 1 第 8 次执行!
线程 1 第 9 次执行!
线程 2 第 9 次执行!
```

10.5 案例

10.5.1 案例一：模拟球的弹跳

1．任务

（1）单击“开始”按钮，球从左上角向右下方运动。只要碰到边界，则向相反方向弹跳。

（2）单击“停止”按钮，则球停止运动，如图 10.2 所示。

2．编程思路

本案例可以利用线程来模拟球的弹跳。案例文件名为 Bounce.java，其中含有三个类：Ball 类、BallPanel 类、Bounce 类。

开发步骤如下。

图 10.2　模拟球的弹跳

（1）编写 Ball 类。实现球形的定义及球的移动。其中有两个方法：

```
public void move() //球移动一步，碰到边界则向相反方向弹跳
public Ellipse2D getShape() //得到矩形边界定义的椭圆
```

Ball 类代码如下。

源程序：Ball.java

```
import java.awt.*;
import java.awt.event.*;
import java.awt.geom.*;
import java.util.*;
import javax.swing.*;

class Ball
{
        private static final int XSIZE = 15; //球的横轴为 15 像素
        private static final int YSIZE = 15;//球的纵轴为 15 像素
        private double x = 0;    //球移动的起始坐标为左上角
        private double y = 0;
        private double dx = 1; //默认球每一次移动一步，起始方向为右下方 45 度方向
        private double dy = 1;
  /**
   * 将球移动一步，如果撞击到面板的矩形边界，则弹向相反方向
  */
  public void move(Rectangle2D bounds)
  {
       x += dx; //球移动一步，起始方向为右下方 45 度的方向
       y += dy;
       if (x <=bounds.getMinX())//如果已经到了左边界，则 x 坐标反向
       {
           x = bounds.getMinX();
           dx = -dx;
       }
```

```
        if (x + XSIZE >= bounds.getMaxX())//如果已经到达右边界，则 x 坐标方向
        {
            x = bounds.getMaxX() - XSIZE;
            dx = -dx;
        }
        if (y <= bounds.getMinY())//如果已经到达上边界，则 y 坐标反向
        {
            y = bounds.getMinY();
            dy = -dy;
        }
        if (y + YSIZE >= bounds.getMaxY())//如果已经到达下边界，则 y 坐标反向
        {
            y = bounds.getMaxY() - YSIZE;
            dy = -dy;
        }
    }
    /**
     *得到矩形边界定义的椭圆，以 double 精度定义
    */
    public Ellipse2D getShape()
    {
        return new Ellipse2D.Double(x, y, XSIZE, YSIZE);
    }
}
```

（2）编写 BallPanel 类。球面板类，实现画球功能。其中有两个方法：

```
public void add(Ball b)                    // 将所有球对象加在数组列表中
public void paintComponent(Graphics g)          // 画数组列表中的所有球
```

BallPanel 类的代码如下所示。

源程序：BallPanel.java

```
class BallPanel extends JPanel
{
    //balls 数组列表存放所有球对象
    private ArrayList<Ball> balls = new ArrayList<Ball>();
   /**
    *将所有球对象加在数组列表中
   */
    public void add(Ball b)
    {
        balls.add(b);
    }
    /**
     *利用对象将数组列表中的球都填充画出
    */
    public void paintComponent(Graphics g)
```

```
    {
        super.paintComponent(g);
        Graphics2D g2 = (Graphics2D) g;
        for (Ball b : balls)
        {
            g2.fill(b.getShape());
        }
    }
}
```

（3）编写 Bounce 类。该类的功能是一个框架 JFrame，框架中含有两个面板 BallPanel 和 buttonPanel。其中 BallPanel 居中，buttonPanel 居南边。含有两个按钮："开始"按钮和"停止"按钮。单击"开始"按钮，启动线程，球运动。单击"停止"按钮，球停止运动。Bounce 类有以下几个方法：

```
public Bounce() //构造方法：构建外观，注册事件
class BallDriver implements Runnable   //线程，实现球的运动，内部类
public static void main(String args[])   //主方法
public void actionPerformed(ActionEvent e)   //实现按钮的动作事件
```

Bounce 类的代码如下所示。

源程序：Bounce.java

```
class Bounce extends JFrame implements ActionListener
{
        public static final int DEFAULT_WIDTH = 450; //框架的宽，单位为像素
        public static final int DEFAULT_HEIGHT = 350;//框架的高，单位为像素
        private BallPanel panel; //球面板
        Ball ball;   //球
        boolean life=true;//表示球运动的生命，默认球运动
        Button start; //"开始"按钮
        Button stop;   //"停止"按钮
/**
 *     构造方法
 */
  public Bounce()
  {
  //（1）设置框架的属性
  setSize(DEFAULT_WIDTH, DEFAULT_HEIGHT);//弹跳界面大小
  setTitle("Bounce");   //设置标题
  setDefaultCloseOperation(JFrame.EXIT_ON_CLOSE); //设置默认关闭操作
  setVisible(true); //设置框架的可见性
  panel = new BallPanel();//增加球弹跳的面板
  ball=new Ball();   //建球对象
  //（2）构建按钮面板
  JPanel buttonPanel = new JPanel();
  start=new Button("开始");
  stop=new Button("停止");
```

```
        buttonPanel.add(start);
        buttonPanel.add(stop);
        //布局
        add(panel, BorderLayout.CENTER); //球弹跳面板居中
        add(buttonPanel, BorderLayout.SOUTH);//按钮面板位于南边
        //注册动作事件
        start.addActionListener(this);
        stop.addActionListener(this);
        }
        /**
         * 实现球移动的线程，内部类，便于访问外部的变量
         */
        class BallDriver implements Runnable{
              public void run( ){
                    while(life){
                    ball.move(panel.getBounds());
                    Graphics g=panel.getGraphics();//得到图形对象
                    panel.paint(g);//画球
                    try{
                    Thread.sleep(3); //休眠 3 毫秒，即每 3 毫秒移动一步
                    }catch(Exception e){ }
                }
            }
        }

        /**
         * 主方法
        */
        public static void main(String args[]){
              Bounce bounce=new Bounce();
        }
        /**
         * 实现动作事件的方法
         */
        public void actionPerformed(ActionEvent e) {
           Thread t=new Thread(new BallDriver()); //创建线程对象
           if(e.getSource()==start){ //若单击“开始”按钮
                    life=true; //表示球可移动
                    panel.add(ball); //将球加在球面板中
                    t.start(); //启动线程
           }
           else {                //否则，单击“停止”按钮
                  life=false;//表示球不能移动
           }
        }
      }
```

10.5.2　案例二：本章知识在贪吃蛇项目中的应用

通过学习本章，可以利用线程来完成游戏的移动控制。

1．任务

（1）利用线程的知识，定义游戏线程类，实现游戏的移动控制。

（2）完善 GameFrame 类，增加成绩的设定、得到，检查等级作通一关、通全关的处理方法。

（3）绘制游戏界面，若游戏结束，绘制游戏结束画面。

（4）实现各动作事件，实现功能键的按键控制。

2．编程思路

（1）定义 GameThread 类。它表示游戏线程类，定义了继续游戏、暂停游戏、设置速度挡、蛇运行启动、重写线程的 run()方法等行为。在本工程 GreekSnake 中，增加 GameThread 类的定义。该类代码如下所示。

源程序：GameThread.java

```
class GameThread extends Thread {
    private boolean pause = false;//暂停标志为假
    private int speed = 120;//默认速度 3 挡，即每步间隔 120ms
    GameFrame gameFrame;
    //构造方法
    public GameThread(GameFrame gameFrame) {
        this.gameFrame = gameFrame;
    }
    //游戏继续
    public void go_on() {
        this.pause = false;
    }
    //得到暂停标志
    public boolean isPause() {
        return pause;
    }
    //设置暂停标志
    public void setPause(boolean pause) {
        this.pause = pause;
    }
    //游戏暂停
    public void pause() {
        this.pause = true;
    }
    //游戏重新开始
    public void reStart() {
        this.speedLevel(120);
        gameFrame.setscore(0);
        this.pause = false;
        gameFrame.s = new Snake(gameFrame);
        gameFrame.setGameover(false);
```

```
        }
        //设定速度挡
        public void speedLevel(int i) {
            this.speed = i;
        }
        //重写线程的 run()方法
        public void run() {
            while (true) {
                if (pause)
                    continue;
                else
                    gameFrame.repaint();
                try {
                    Thread.sleep(speed);
                } catch (InterruptedException e) {
                    e.printStackTrace();
                }
            }
        }
    }
```

（2）完善 GameFrame 类，增加成绩的设定、得到，检查等级作通一关、通全关处理的方法。

① GameFrame 中增加属性。

```
GameThread th = new GameThread(this);// th：游戏线程对象
```

② 在 GameFrame 中完善 gameStart()方法。

将原来的代码：

```
public void gameStart(){ };
```

修改为如下代码：

```
public void gameStart(){
        th.start();
}
```

③ 在 GameFrame 中增加 getscore()、setscore()、scoreCheck()方法，增加的代码如下：

```
/*得到分数*/
    public int getscore() {
        return score;
    }
/*设定分数*/
    public void setscore(int i) {
        score = i;
    }
/*检查分数，每增 30 分，提速 1 挡
    绘制游戏过关和通全关的画面
*/
```

```
public void scoreCheck(Graphics g){
    if(score == 30) th.speedLevel(90);
    if(score ==60) th.speedLevel(60);
    if(score == 90){
        th.speedLevel(120);
        MAPSTYLE++;
        if(MAPSTYLE == 4){//若三种地图自动走完，则为通全关，游戏结束
            g.setColor(Color.black);
            g.fillRect(0, 0, WIDTH, HEIGHT);
            g.setColor(Color.YELLOW);
            g.drawString("恭喜你通全关了！ ", 130, 180);
            g.setFont(new Font("黑体", Font.BOLD, 30));
            g.drawString("score:" + score, 10, 60);
            th.pause();
        }
        else{       //否则为过关，自动切换地图到下一关，游戏又开始
            g.setColor(Color.black);
            g.fillRect(0, 0, WIDTH, HEIGHT);
            g.setColor(Color.YELLOW);
            g.drawString("恭喜你过关了！ ", 130, 180);
            g.drawString("进入下一关...", 130, 280);
            g.setFont(new Font("黑体", Font.BOLD, 30));
            g.drawString("score:" + score, 10, 60);
            try {
                th.sleep(3000);     //休眠 3s
            } catch (InterruptedException e) {
                e.printStackTrace();
            }
            f.reAppear();
            th.reStart();
        }
    }
}
```

④ 在 GameFrame 中增加包的导入。增加的代码如下：

```
import java.awt.Color;
import java.awt.Font;
import java.awt.Graphics;
```

（3）在 GameFrame 中增加 paint()方法，绘制游戏界面，若游戏结束，绘制游戏结束画面。游戏结束时画面如图 10.3 所示。

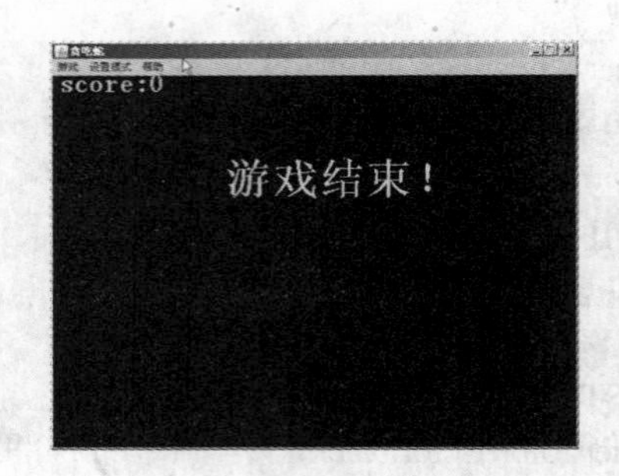

图 10.3　游戏结束时画面

增加的代码如下：

```
/* 绘制游戏界面中的地图、食物和蛇
 * 并判断游戏是否结束，若结束，绘制游戏结束画面
 * 随时进行分数等级的检查
 */
public void paint(Graphics g) {
    // 画格
    Color old = g.getColor();
    Map.draw(g);
    f.draw(g);// 画食物
    s.draw(g);// 画蛇
    s.eat(f);     //蛇吃食物
    g.setColor(Color.YELLOW);
    g.drawString("score:" + score, 10, 60);//显示分数
    g.setFont(new Font("宋体", Font.BOLD, 50));
    if (gameover) {   //绘制游戏结束画面，游戏结束
        g.setColor(Color.black);
        g.fillRect(0, 0, WIDTH, HEIGHT);
        g.setColor(Color.YELLOW);
        g.drawString("游戏结束！ ", 200, 180);
        g.setFont(new Font("黑体", Font.BOLD, 30));
        g.drawString("score:" + score, 10, 60);
        th.pause();
    }
    g.setColor(old);
    this.scoreCheck(g);//进行分数等级检查
}
```

（4）实现各动作事件，实现功能键的按键控制。在本工程 GreekSnake 中，有如下事件发生：

- 单击游戏框架菜单中的菜单项控制游戏，为动作事件。在 GameFrame 中实现行为。
- 在游戏框架中按键盘上的功能键控制游戏的功能，为键击事件。在 GameFrame 类中处理。
- 在游戏框架中按键盘上的方向键控制蛇移动的方向，为键击事件。在 Snake 类中处理。
- GameFrame 类中与 Snake 类中的键击事件的处理，两者是调用关系。
- 游戏框架中的按键通过 KeyMonitor 键盘适配器来监听。

① 在 GameFrame 类中完善 actionPerformed(ActionEvent)方法，做菜单项动作事件的处理。将原来的代码：

```
public void actionPerformed(ActionEvent e){}
```

修改为如下代码：

```
/*实现菜单中各菜单项的动作事件*/
    public void actionPerformed(ActionEvent e){
        MenuItem o=(MenuItem)e.getSource();//得到事件源
        if(o==restart){   th.reStart();}//开始/重新开始
        else if(o==pauseCon){              //暂停/继续
            if (!th.isPause())
                th.pause();
            else
                th.go_on();
        }
        else if(o==save){saveRecord();}  //保存记录
        else if(o==viewRcord){openTxt(viewRcord);} //打开查看记录文件
        else if(o==close){System.exit(0);}  //退出
        else if(o==speed[1]){th.speedLevel(300); } //速度 1 挡
        else if(o==speed[2]){th.speedLevel(210);}  //速度 2 挡
        else if(o==speed[3]){th.speedLevel(120);}  //速度 3 挡
        else if(o==speed[4]){th.speedLevel(90);}   //速度 4 挡
        else if(o==speed[5]){th.speedLevel(60);}   //速度 5 挡
        else if(o==mapSwitch){                   //地图模式切换
            MAPSTYLE = MAPSTYLE%3+1;
            f.reAppear();
            th.reStart();
        }
        else if(o==snakeSwitch){SNAKESTYLE = SNAKESTYLE%2+1;}//蛇身模式切换
        else if(o==modeSwitch){                          //游戏模式切换
            GAMESTYLE = GAMESTYLE%2+1;
            f.reAppear();
            th.reStart();
        }
        else if(o==desprition){openTxt(desprition);} //打开帮助文件
    }
```

② 在 GameFrame 类中增加 actionPerformed(ActionEvent)方法，做键盘按键事件的处理。

```
/*处理键盘上的按键事件*/
    public void processKey(int key, KeyEvent e) {
        if(MOVECHECK){  //若移动检查为真
            s.keyPressed(e);  //处理方向键的按键
            MOVECHECK = false;   //移动检查为假
        }
        switch (key) {
        case KeyEvent.VK_SPACE:  //按“空格”键
```

```
            if (!th.isPause())
                th.pause();
            else
                th.go_on();
            break;
        case KeyEvent.VK_F1:   //按“F1”键
            th.reStart();
            break;
        case KeyEvent.VK_1:         //按“1”键
            th.speedLevel(300);
            break;
        case KeyEvent.VK_2:         //按“2”键
            th.speedLevel(210);
            break;
        case KeyEvent.VK_3:         //按“3”键
            th.speedLevel(120);
            break;
        case KeyEvent.VK_4:         //按“4”键
            th.speedLevel(90);
            break;
        case KeyEvent.VK_5:         //按“5”键
            th.speedLevel(60);
            break;
        case KeyEvent.VK_F2:        //按“F2”键
            MAPSTYLE = MAPSTYLE%3+1;
            f.reAppear();
            th.reStart();
            break;
        case KeyEvent.VK_F3:        //按“F3”键
            SNAKESTYLE = SNAKESTYLE%2+1;
            break;
        case KeyEvent.VK_F4:        //按“F4”键
            GAMESTYLE = GAMESTYLE%2+1;
            f.reAppear();
            th.reStart();
            break;
        default :
                break;
        }
    }
```

③ 在 GameFrame 类中增加包的导入，增加的语句如下：

```
import java.awt.*;
import java.awt.event.*;
```

④ 在 Snake 类中增加 keyPressed(KeyEvent)方法，做键盘按方向键的事件的处理。增加的方法代码如下：

```
/*处理按键盘的方向键的行为，若按键，则蛇头相应改变方向
 * 但蛇不能穿越自己的身体，故按蛇移动方向相反的方向键则无效
 * */
public void keyPressed(KeyEvent e) {
    int key = e.getKeyCode();//得到按键
    switch (key) {
    case KeyEvent.VK_LEFT:         //按“左”方向键
        if (head.direction != Direction.RIGHT)
            head.direction = Direction.LEFT;
        break;
    case KeyEvent.VK_UP:           //按“上”方向键
        if (head.direction != Direction.DOWN)
            head.direction = Direction.UPPER;
        break;
    case KeyEvent.VK_RIGHT:        //按“右”方向键
        if (head.direction != Direction.LEFT)
            head.direction = Direction.RIGHT;
        break;
    case KeyEvent.VK_DOWN:         //按“下”方向键
        if (head.direction != Direction.UPPER)
            head.direction = Direction.DOWN;
        break;
    }
}
```

⑤ 在 Snake 类中增加包的导入，语句如下：

```
import java.awt.event.KeyEvent;
```

⑥ 在 GreekSnake 类中增加类 KeyMonitor 的定义。游戏框架中的按键通过 KeyMonitor 键盘适配器来监听。KeyMonitor 的定义代码如下：

源程序：KeyMonitor.java

```
import java.awt.event.KeyAdapter;
import java.awt.event.KeyEvent;
public class KeyMonitor extends KeyAdapter {
    /*按键处理*/
    public void keyPressed(KeyEvent e) {
        int key = e.getKeyCode();//得到按键
        GameFrame gameFrame = (GameFrame) e.getSource();//得到事件源
        gameFrame.processKey(key, e);   //处理按键
    }
}
```

至此，整个贪吃蛇游戏项目制作完毕。参考第 2 章的内容，打包与运行。

10.6 实训操作

【任务】 在框架中画一个矩形，并使它能不停地移动。

习　题

一、选择题

1．以下哪个接口可以建立线程？（　　）

A．Runnable　　B．Run　　C．Thread　　D．Excutable

2．以下哪个类的子类可以建立线程？（　）

A．Runnable　　B．Run　　C．Thread　　D．Excutable

3．下列说法中，错误的一个是（　　）。

A．线程体决定了线程的行为

B．线程创建时，线程体通过一个对象传递给 Thread 类的构造方法

C．创建线程时，虚拟 CPU 自动封装进 Thread 类的实例中

D．线程体由 Thread 类的 start()方法定义

4．下列方法中哪个是执行线程的方法？（　　）

A．run()　　B．start()　　C．sleep()　　D．suspend()

二、编程题

创建三个线程对象，让它们同时执行。CPU 每次运行了一个线程后，休眠 1 毫秒。编程并运行，观看执行结果。

第11章 Java网络编程

本章要点：

➢ IP 地址、InetAddress 类
➢ 基于 URL 的网络编程
➢ 基于 Socket 的网络编程

通过理解 TCP/IP 协议的通信模型，以 JDK 提供的 java.net 包为工具，勤加练习，掌握各种基于 Java 的网络通信的实现方法。

11.1 IP 地址与 InetAddress 类

为了实现网络中不同主机之间的通信，每台主机必须有一个唯一的标志，这就是 IP 地址。java.net 包中提供了实现网络应用程序的类，其中就包括用于描述 IP 地址的类——InetAddress。

11.1.1 IP 地址简介

Internet 上的每台主机都有一个唯一的 IP（Internet Protocol）地址。IP 协议就是使用 IP 地址在主机之间传递信息的协议，这是网络通信的基础。IP 地址使用的是 32 位或 128 位无符号数字，它是一种低级协议，分为 4 段，每段 8 位，用十进制数字表示，每段数字范围为 0～255，段与段之间用符号“.”隔开，如 211.128.0.11。IP 地址由两部分组成，分别为网络地址和主机地址。IP 地址分为 5 类：A、B、C、D、E，常用的是 B 类和 C 类。

11.1.2 InetAddress 类

在 java.net 包中，InetAddress 类是针对 Java 封装的互联网协议（IP）地址，它是 Java 对 IP 地址的一种高级标志。InetAddress 的实例包含 IP 地址，还可能包含相应的主机名，该类内部实现了主机名和 IP 地址之间的相互转换。它提供了一系列方法，以描述、获取和使用网络资源。

public byte[] getAddress()：返回此 InetAddress 对象的原始 IP 地址。返回值是以网络字节为顺序的 byte 类型数组，该数组共有 4 个元素。

public String getHostAddress()：返回该对象描述的 IP 地址字符串。

public String getHostName()：返回此 IP 地址的主机名，该主机名以字符串形式表示。如果此 InetAddress 是用主机名创建的，则记忆并返回主机名；否则，将执行反向名称查找并根据系统配置的名称查找服务返回结果。

public boolean isMulticastAddress()：检查 InetAddress 是否是 IP 多播地址。

InetAddress 类中没有公共的构造方法，经常使用以下方法创建对象实例：

public static InetAddress getByName(String host) throws UnknownHostException：在给定主

机名的情况下确定主机的 IP 地址。主机名可以是机器名（如“java.sun.com”），也可以是 IP 地址的文本表示形式。如果主机为 null，则返回表示回送接口地址的 InetAddress。

public static InetAddress getLocalHost() throws UnknownHostException：返回本地主机 IP 地址。

public static InetAddress[] getAllByName(String host) throws UnknownHostException：在给定主机名的情况下，根据系统上配置的名称服务返回其 IP 地址所组成的数组。其主机名可以是机器名（如“java.sun.com”），也可以是 IP 地址的文本表示形式。

【例 11-1】 应用需求：获取主机“java.sun.com”的域名和 IP 地址。

定义 InetAddressApp.java 文件实现上述应用需求。详细代码如下所示：

源程序：InetAddressApp.java

```
package com.scetop.net.test;
import java.net.InetAddress;
import java.net.UnknownHostException;
public class InetAddressApp {
        public static void main(String[] args) {
            try {
                //声明 InetAddress 对象
                InetAddress sunadds=InetAddress.getByName("java.sun.com");
                //获取远程主机名
                System.out.println("主机名为："+sunadds.getHostName());
                //获取远程 IP 地址
                System.out.println("IP 地址为："+sunadds.getHostAddress());
            } catch (UnknownHostException e) {
                e.printStackTrace();
            }
        }
    }
```

11.2 基于 URL 的 Java 网络编程

11.2.1 统一资源定位符 URL

URL（Uniform Resource Locator）是统一资源定位符的简称，它表示 Internet 上某一资源的地址。通过 URL 我们可以访问 Internet 上的各种网络资源，比如最常见的 WWW、FTP 站点。浏览器通过解析给定的 URL 可以在网络上查找相应的文件或其他资源。

URL 是最为直观的一种网络定位方法。使用 URL 符合人们的语言习惯，容易记忆，所以应用十分广泛。而且在目前使用最为广泛的 TCP/IP 中对于 URL 中主机名的解析也是协议的一个标准，即所谓的域名解析服务。使用 URL 进行网络编程，不需要对协议本身有太多的了解，功能也比较弱，相对而言是比较简单的，所以在这里我们先介绍在 Java 中如何使用 URL 进行网络编程来引导读者入门。

11.2.2 URL 组成

URL 的组成格式为：协议名://资源名

其中：

协议名（protocol）指明获取资源所使用的传输协议，如 HTTP、FTP、Gopher、File 等，其中最常用的是 HTTP 协议，它也是目前 WWW 中应用最广的协议。需要注意的是，协议名之后是冒号加双斜杠（://）。

资源名（resourceName）则应该是资源的完整地址，包括主机名、端口号、文件名或引用。主机名指存放资源的服务器的主机名或 IP 地址；端口号指计算机中区分各种服务所用到的一个整数端口号，范围是 0～65535，缺省为 80；文件名指包括文件的完整路径，缺省为 index.html；引用指文件内部的一个引用。

URL 应用例子如：

http://www.sun.com/ 协议名://主机名

http://home.netscape.com/home/welcome.html 协议名://机器名＋文件名

http://www.gamelan.com:80/Gamelan/network.html#BOTTOM 协议名://机器名＋端口号＋文件名＋内部引用

11.2.3 URL 创建

为了表示 URL，java.net 中实现了类 URL。我们可以通过下面的构造方法来初始化一个 URL 对象。

public URL (String spec)：通过一个表示 URL 地址的字符串 spec 可以构造一个 URL 对象。例如：

```
URL urlBase=new URL("http://www. 263.net/");
```

public URL(URL context, String spec)：通过在指定的上下文中对给定的 spec 进行解析创建 URL 对象。例如：

```
URL net263=new URL ("http://www.263.net/");URL index263=new URL(net263, "index.html");
```

public URL(String protocol, String host, String file)：根据指定的 protocol 名称、host 名称和 file 名称创建 URL，使用指定协议的默认端口。例如：

```
new URL("http", "www.gamelan.com", "/pages/Gamelan.net. html");
```

public URL(String protocol, String host, int port, String file)：根据指定的 protocol、host、port 号和 file 名称创建 URL 对象。例如：

```
URL gamelan=new URL("http", "www.gamelan.com", 80, "Pages/Gamelan.network.html");
```

注意：类 URL 的构造方法都声明抛出非运行时例外（MalformedURLException），当我们创建 URL 对象的时候，如果指定了未知的协议，则会发生这种异常。因此生成 URL 对象时，我们必须要对这一例外进行处理，通常是用 try-catch 语句进行捕获。格式如下：

```
try{
     URL myURL= new URL(…);
}catch (MalformedURLException e){
```

```
        //exception handler code here
    }
```

11.2.4　URL 解析

一个 URL 对象生成后，其属性是不能被改变的，但是我们可以通过类 URL 所提供的方法来获取这些属性。

public String getProtocol()：获取该 URL 的协议名。

public String getHost()：获取该 URL 的主机名。

public int getPort()：获取该 URL 的端口号，如果没有设置端口，返回-1。

public String getFile()：获取该 URL 的文件名。

public String getQuery()：获取该 URL 的查询信息。

public String getPath()：获取该 URL 的路径。

public String getAuthority()：获取该 URL 的权限信息。

public String getUserInfo()：获得使用者的信息。

public String getRef()：获得该 URL 的锚，也称为引用。

【例 11-2】 下面的例子中，我们生成一个 URL 对象，并获取它的各个属性。定义 URLParse.java 文件实现，详细代码如下所示：

源程序：URLParse.java

```
package com.scetop.net.test;
import java.net.URL;
public class URLParse {
    public static void main(String[] args) throws Exception {
        URL Aurl = new URL("http://java.sun.com:80/docs/books/");
        URL tuto = new URL(Aurl, "tutorial.intro.html#DOWNLOADING");
        System.out.println("protocol=" + tuto.getProtocol());
        System.out.println("host =" + tuto.getHost());
        System.out.println("filename=" + tuto.getFile());
        System.out.println("port=" + tuto.getPort());
        System.out.println("ref=" + tuto.getRef());
        System.out.println("query=" + tuto.getQuery());
        System.out.println("path=" + tuto.getPath());
        System.out.println("UserInfo=" + tuto.getUserInfo());
        System.out.println("Authority=" + tuto.getAuthority());
    }
}
```

运行结果为：

```
protocol=http
host =java.sun.com
filename=/docs/books/tutorial.intro.html
port=80
ref=DOWNLOADING
query=null
path=/docs/books/tutorial.intro.html
```

```
UserInfo=null
Authority=java.sun.com:80
```

11.2.5 从 URL 读取 WWW 网络资源

当我们得到一个 URL 对象后，就可以通过它读取指定的 WWW 资源。这时我们将使用 URL 的方法 openStream()，其定义如下：

```
public final InputStream openStream()throus IDException;
```

方法 openSteam()与指定的 URL 建立连接并返回 InputStream 类的对象，以从这一连接中读取数据。

【例 11-3】 应用实例由 URLReader.java 实现，该实例实现读取“www.163.com”网页的内容。

源程序：URLReader.java

```
package com.scetop.net.test;
import java.io.BufferedReader;
import java.io.IOException;
import java.io.InputStreamReader;
import java.net.MalformedURLException;
import java.net.URL;

public class URLReader {
        public static void main(String[] args){
        try {
                URL tirc = new URL("http://www.163.com/");
                // 构建一 URL 对象
                BufferedReader in = new BufferedReader(new InputStreamReader(tirc.openStream()));
                // 使用 openStream 得到一字节输入流，首先将该字节输入流使用转换流进行包装，然
                // 后将包装成的转换流使用缓冲流进行进一步包装
                String inputLine;
                while ((inputLine = in.readLine()) != null) {
                        // 从输入流不断地逐行读数据，直到读完为止
                        System.out.println(inputLine); //把读入的数据打印到屏幕上
                }
                in.close(); // 关闭输入流
        } catch (MalformedURLException e) {
                e.printStackTrace();
        } catch (IOException e) {
                e.printStackTrace();
        }
        }
}
```

11.3 基于 Socket 的 Java 网络编程

11.3.1 Socket 通信

网络上的两个程序通过一个双向的通信连接实现数据的交换，这个双向链路的一端称为一个 Socket。Socket 通常用来实现客户方和服务方的连接。Socket 是 TCP/IP 协议的一个十分流行的编程界面，一个 Socket 由一个 IP 地址和一个端口号唯一确定。

在传统的 UNIX 环境下可以操作 TCP/IP 协议的接口不止 Socket 一个，Socket 所支持的协议种类也不光 TCP/IP 一种，因此两者之间是没有必然联系的。在 Java 环境下，Socket 编程主要是指基于 TCP/IP 协议的网络编程。

Socket 编程是低层次网络编程，但并不等于它功能不强大。恰恰相反，正因为层次低，Socket 编程比基于 URL 的网络编程提供了更强大的功能和更灵活的控制，但是却要更复杂一些。由于 Java 本身的特殊性，Socket 编程在 Java 中可能已经是层次最低的网络编程接口。在 Java 中要直接操作协议中更低的层次，需要使用 Java 的本地方法调用（JNI），在这里就不予讨论了。

11.3.2 Socket 通信机制

使用 Socket 进行 Client/Server 程序设计的一般连接过程是这样的：Server 端 Listen（监听）某个端口是否有连接请求，Client 端向 Server 端发出 Connect（连接）请求，Server 端向 Client 端发回 Accept（接受）消息，一个连接就建立起来了。Server 端和 Client 端都可以通过 Send、Write 等方法与对方通信。其通信机制如图 11.1 所示。

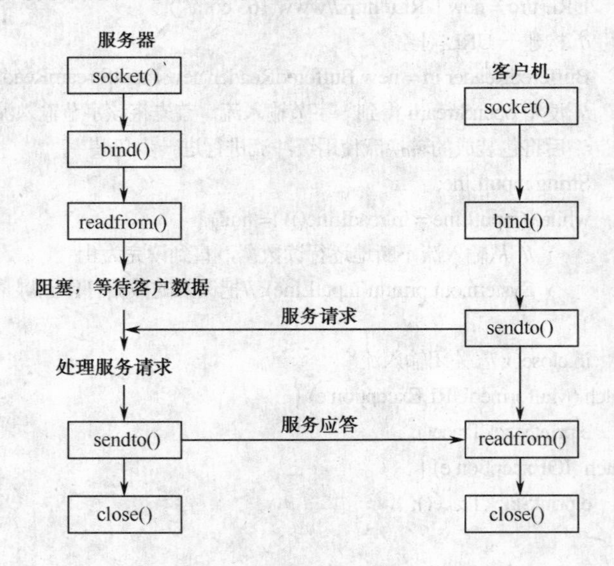

图 11.1　Socket 通信机制

一个功能齐全的 Socket，都要包含以上基本结构，其工作过程包含以下四个基本的步骤：

（1）创建 Socket；

（2）打开连接到 Socket 的输入/输出流；

（3）按照一定的协议对 Socket 进行读/写操作；

（4）关闭 Socket。

第（3）步是程序员用来调用 Socket 和实现程序功能的关键步骤，其他 3 步在各种程序中基本相同。

11.3.3 创建 Socket

Java 在包 java.net 中提供了两个类：Socket 和 ServerSocket，分别用来表示双向连接的客户端和服务端。这是两个封装得非常好的类，使用很方便。其构造方法如下：

Socket(InetAddress address, int port)：创建一个流套接字并将其连接到指定 IP 地址的指定端口号。

Socket(String host, int port)：创建一个流套接字并将其连接到指定主机上的指定端口号。

ServerSocket(int port)：创建绑定到特定端口的服务器套接字。

其中，address、host 和 port 分别是双向连接中另一方的 IP 地址、主机名和端口号。例如：

```
Socket client = new Socket("127.0.01.", 80);
ServerSocket server = new ServerSocket(80);
```

注意，在选择端口时必须小心。每一个端口提供一种特定的服务，只有给出正确的端口，才能获得相应的服务。0～1023 的端口号为系统所保留，例如 HTTP 服务的端口号为 80，TELNET 服务的端口号为 21，FTP 服务的端口号为 23。所以我们在选择端口号时，最好选择一个大于 1023 的数以防止发生冲突。

在创建 Socket 时如果发生错误，将产生 IOException，在程序中必须对之进行处理。所以在创建 Socket 或 ServerSocket 时必须捕获或抛出异常。

11.3.4 客户端 Socket

下面是一个典型的创建 Client 端 Socket 的过程。

```
try{
        Socket socket=new Socket("127.0.0.1",4700);
        //127.0.0.1 是 TCP/IP 协议中默认的本机地址，也可以使用 localhost 替代
}catch(IOException e){
        System.out.println("Error:"+e);
}
```

这是最简单的在客户端创建一个 Socket 的小程序段，也是使用 Socket 进行网络通信的第一步，程序相当简单，在这里不过多解释了。在后面的程序中会用到该程序段。

11.3.5 服务器端的 ServerSocket

下面是一个典型的创建 Server 端 ServerSocket 的过程。

```
ServerSocket server=null;
try {
        server=new ServerSocket(4700);
        //创建一个 ServerSocket 在端口 4700 监听客户请求
}catch(IOException e){
```

```
            System.out.println("can not listen to :"+e);
        }
        Socket socket=null;
        try {
            socket=server.accept();
        //accept()是一个阻塞方法，一旦有客户请求，它就会返回一个Socket对象用于同客户进行交互
        }catch(IOException e){
            System.out.println("Error:"+e);
        }
```

以上的程序是 Server 的典型工作模式，只不过在这里 Server 只能接收一个请求，接收完 Server 就退出了。实际的应用中总是让它不停地循环接收，一旦有客户请求，Server 总是会创建一个服务线程来服务新来的客户，而自己继续监听。程序中 accept()是一个阻塞函数，所谓阻塞性方法就是说该方法被调用后，将等待客户的请求，直到有一个客户启动并请求连接到相同的端口，然后 accept()返回一个对应于客户的 Socket。这时，客户方和服务方都建立了用于通信的 Socket，接下来就是由各个 Socket 分别打开各自的输入/输出流。

11.3.6　打开输入/输出流

类 Socket 提供了方法 getInputStream()和 getOutputStream()来得到对应的输入/输出流以进行读/写操作，这两个方法分别返回 InputStream 和 OutputStream 类对象。为了便于读/写数据，我们可以在返回的输入/输出流对象上建立过滤流，如 DataInputStream、DataOutputStream 或 PrintStream 类对象，对于文本方式流对象，可以采用 InputStreamReader 和 OutputStreamWriter、PrintWriter 等处理。

例如：

```
PrintStream os=new PrintStream(new BufferedOutputStream(socket.getOutputStream()));
DataInputStream is=new DataInputStream(socket.getInputStream());
PrintWriter out=new PrintWriter(socket.getOutStream(),true);
BufferedReader in=new ButfferedReader(new InputSteramReader(Socket.getInputStream()));
```

输入/输出流是网络编程的实质性部分，具体如何构造所需要的过滤流，要根据需要而定，能否运用自如主要看读者对 Java 中输入/输出部分掌握如何。

11.3.7　关闭 Socket

每一个 Socket 存在时，都将占用一定的资源，在 Socket 对象使用完毕时，要将其关闭。关闭 Socket 可以调用 Socket 的 close()方法。在关闭 Socket 之前，应将与 Socket 相关的所有的输入/输出流全部关闭，以释放所有的资源。而且要注意关闭的顺序，与 Socket 相关的所有的输入/输出应该首先关闭，然后再关闭 Socket。

```
os.close();
is.close();
socket.close();
```

尽管 Java 有自动回收机制，网络资源最终是会被释放的，但是为了有效地利用资源，建议读者按照合理的顺序主动释放资源。

11.4 案例：简易通信程序设计

下面我们给出一个用 Socket 实现的客户和服务交互的典型的 C/S 结构的演示程序，读者通过仔细阅读该程序，会对前面所讨论的各个概念有更深刻的认识。程序的意义请参考注释。

（1）客户端程序。

源程序：TalkClient.java

```
package com.scetop.net.test;
import java.io.BufferedReader;
import java.io.InputStreamReader;
import java.io.PrintWriter;
import java.net.Socket;

public class TalkClient {
    public static void main(String args[]) {
    try {
        Socket socket = new Socket("127.0.0.1", 4700);
        // 向本机的 4700 端口发出客户请求
        BufferedReader sin = new BufferedReader(new InputStreamReader(System.in));
        // 由系统标准输入设备构造 BufferedReader 对象
        PrintWriter os = new PrintWriter(socket.getOutputStream());
        // 由 Socket 对象得到输出流，并构造 PrintWriter 对象
        BufferedReader is = new BufferedReader(new InputStreamReader(socket.getInputStream()));
        // 由 Socket 对象得到输入流，并构造相应的 BufferedReader 对象
        String readline;
        readline = sin.readLine(); // 从系统标准输入读入一字符串
        while (!readline.equals("bye")) {
            // 若从标准输入读入的字符串为“bye”则停止循环
            os.println(readline);
            // 将从系统标准输入读入的字符串输出到 Server
            os.flush();
            // 刷新输出流，使 Server 马上收到该字符串
            System.out.println("Client:" + readline);
            // 在系统标准输出上打印读入的字符串
            System.out.println("Server:" + is.readLine());
            // 从 Server 读入一字符串，并打印到标准输出上
            readline = sin.readLine(); // 从系统标准输入读入一字符串
        } // 继续循环
        os.close(); // 关闭 Socket 输出流
        is.close(); // 关闭 Socket 输入流
        socket.close(); // 关闭 Socket
    } catch (Exception e) {
        System.out.println("Error" + e); // 出错，则打印出错信息
    }
    }
```

```
}
```

（2）服务器端程序。

源程序：TalkServer.java

```
package com.scetop.net.test;
import java.io.BufferedReader;
import java.io.InputStreamReader;
import java.io.PrintWriter;
import java.net.ServerSocket;
import java.net.Socket;

public class TalkServer {
    public static void main(String args[]) {
    try {
        ServerSocket server = null;
        try {
            server = new ServerSocket(4700);
            // 创建一个 ServerSocket 在端口 4700 监听客户请求
        } catch (Exception e) {
            System.out.println("can not listen to:" + e);
            // 出错，打印出错信息
        }
        Socket socket = null;
        try {
            socket = server.accept();
            // 使用 accept()阻塞等待客户请求，有客户
            // 请求到来则产生一个 Socket 对象，并继续执行
        } catch (Exception e) {
            System.out.println("Error." + e);
            // 出错，打印出错信息
        }
        String line;
        BufferedReader is = new BufferedReader(new InputStreamReader(socket.getInputStream()));
        // 由 Socket 对象得到输入流，并构造相应的 BufferedReader 对象
        PrintWriter os = new PrintWriter(socket.getOutputStream());
        // 由 Socket 对象得到输出流，并构造 PrintWriter 对象
        BufferedReader sin = new BufferedReader(new InputStreamReader(System.in));
        // 由系统标准输入设备构造 BufferedReader 对象
        System.out.println("Client:" + is.readLine());
        // 在标准输出上打印从客户端读入的字符串
        line = sin.readLine();
        // 从标准输入读入一字符串
        while (!line.equals("bye")) {
            // 如果该字符串为“bye”，则停止循环
            os.println(line);
            // 向客户端输出该字符串
```

```
                        os.flush();
                        // 刷新输出流，使 Client 马上收到该字符串
                        System.out.println("Server:" + line);
                        // 在系统标准输出上打印读入的字符串
                        System.out.println("Client:" + is.readLine());
                        // 从 Client 读入一字符串，并打印到标准输出上
                        line = sin.readLine();
                        // 从系统标准输入读入一字符串
                    } // 继续循环
                    os.close(); // 关闭 Socket 输出流
                    is.close(); // 关闭 Socket 输入流
                    socket.close(); // 关闭 Socket
                    server.close(); // 关闭 ServerSocket
                } catch (Exception e) {
                    System.out.println("Error:" + e);
                    // 出错，打印出错信息
                }
            }
        }
```

程序运行结果如图 11.2 所示。

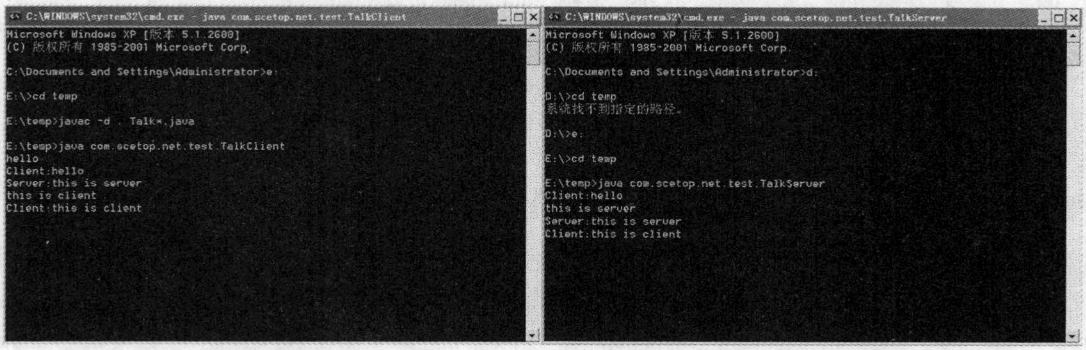

```
C:\WINDOWS\system32\cmd.exe - java com.scetop.net.test.TalkClient
Microsoft Windows XP [版本 5.1.2600]
(C) 版权所有 1985-2001 Microsoft Corp.

C:\Documents and Settings\Administrator>e:

E:\>cd temp

E:\temp>javac -d . Talk*.java

E:\temp>java com.scetop.net.test.TalkClient
hello
Client:hello
Server:this is server
this is client
Client:this is client
```

```
C:\WINDOWS\system32\cmd.exe - java com.scetop.net.test.TalkServer
Microsoft Windows XP [版本 5.1.2600]
(C) 版权所有 1985-2001 Microsoft Corp.

C:\Documents and Settings\Administrator>d:

D:\>cd temp
系统找不到指定的路径。

D:\>e:

E:\>cd temp

E:\temp>java com.scetop.net.test.TalkServer
Client:hello
this is server
Server:this is server
Client:this is client
```

图 11.2　Socket 编程运行结果

11.5　实训操作

（1）编辑并编译下列服务器端程序。

```
import java.io.*;
import java.net.*;
import java.awt.*;
import java.awt.event.*;
import javax.swing.*;
public class Server extends JFrame {
    private JTextField enterField;
    private JTextArea displayArea;
```

```
    private ObjectOutputStream output;
    private ObjectInputStream input;
    private ServerSocket server;
    private Socket connection;
    private int counter = 1;
    public Server(){
        super("Server");
        Container container = getContentPane();
        enterField = new JTextField();
        enterField.setEnabled( false );
        enterField.addActionListener(new ActionListener() {
            public void actionPerformed( ActionEvent event ){
                sendData(event.getActionCommand());
            }
        }   // end anonymous inner class
        ); // end call to addActionListener
        container.add( enterField, BorderLayout.NORTH );
        displayArea = new JTextArea();
        container.add(new JScrollPane(displayArea),BorderLayout.CENTER);
        setSize( 300, 150 );
        setVisible( true );
    }
    public void runServer(){
        try {
            server = new ServerSocket( 8888, 100 );
            while ( true ) {
                waitForConnection();
                getStreams();
                processConnection();
                closeConnection();
                ++counter;
            }
        }catch ( EOFException eofException ) {
            System.out.println( "Client terminated connection" );
        }catch ( IOException ioException ) {
            ioException.printStackTrace();
        }
    }
    private void waitForConnection() throws IOException{
        displayArea.setText( "Waiting for connection\n" );
        connection = server.accept();
        displayArea.append( "Connection " + counter + " received from: " +connection.
getInetAddress().getHostName() );
    }
    private void getStreams() throws IOException{
        output = new ObjectOutputStream(connection.getOutputStream());
        output.flush();
```

```
            input = new ObjectInputStream(connection.getInputStream());
            displayArea.append( "\nGot I/O streams\n" );
        }
        private void processConnection() throws IOException{
            String message = "SERVER>>> Connection successful";
            output.writeObject( message );
            output.flush();
            enterField.setEnabled( true );
            do {
                try {
                    message = ( String ) input.readObject();
                    displayArea.append( "\n" + message );
                    displayArea.setCaretPosition(displayArea.getText().length());
                }catch ( ClassNotFoundException classNotFoundException ) {
                    displayArea.append("\nUnknown object type received" );
                }
            } while ( !message.equals( "CLIENT>>> TERMINATE" ) );
        }
        private void closeConnection() throws IOException{
            displayArea.append( "\nUser terminated connection" );
            enterField.setEnabled( false );
            output.close();
            input.close();
            connection.close();
        }
        private void sendData( String message ){
            try {
                output.writeObject( "SERVER>>> " + message );
                output.flush();
                displayArea.append( "\nSERVER>>>" + message );
            }catch ( IOException ioException ) {
                displayArea.append( "\nError writing object" );
            }
        }
        public static void main( String args[] ){
            Server application = new Server();
            application.setDefaultCloseOperation(JFrame.EXIT_ON_CLOSE );
            application.runServer();
        }
    }   // end class Server
```

（2）编辑并编译下列客户端程序。

```
import java.io.*;
import java.net.*;
import java.awt.*;
import java.awt.event.*;
```

```
import javax.swing.*;
public class Client extends JFrame {
        private JTextField enterField;
        private JTextArea displayArea;
        private ObjectOutputStream output;
        private ObjectInputStream input;
        private String message = "";
        private String chatServer;
        private Socket client;
        public Client( String host ){
                super( "Client" );
        chatServer = host;
        Container container = getContentPane();
                enterField = new JTextField();
        enterField.setEnabled( false );
        enterField.addActionListener(new ActionListener() {
                public void actionPerformed(ActionEvent event){
                                sendData( event.getActionCommand() );
                        }
                }   // end anonymous inner class
                ); // end call to addActionListener
                container.add( enterField, BorderLayout.NORTH );
        displayArea = new JTextArea();
        container.add(new JScrollPane(displayArea),BorderLayout.CENTER);
        setSize( 300, 150 );
        setVisible( true );
        }
        public void runClient(){
                try {
                        connectToServer();
                        getStreams();
                        processConnection();
                        closeConnection();
        }catch ( EOFException eofException ) {
                System.out.println( "Server terminated connection" );
                }catch ( IOException ioException ) {
                        ioException.printStackTrace();
                }
        }
        private void getStreams() throws IOException{
        output = new ObjectOutputStream(client.getOutputStream());
        output.flush();
        input = new ObjectInputStream(client.getInputStream());
        displayArea.append( "\nGot I/O streams\n" );
        }
        private void connectToServer() throws IOException{
        displayArea.setText( "Attempting connection\n" );
```

```
            client = new Socket(InetAddress.getByName(chatServer),8888);
        displayArea.append( "Connected to: " + client.getInetAddress().getHostName() );
        }
        private void processConnection() throws IOException{
        enterField.setEnabled( true );
        do {
                    try {
                            message = ( String ) input.readObject();
                            displayArea.append( "\n" + message );
                            displayArea.setCaretPosition(
                            displayArea.getText().length());
                    }catch ( ClassNotFoundException classNotFoundException ) {
                            displayArea.append( "\nUnknown object type received" );
                    }
            } while ( !message.equals( "SERVER>>> TERMINATE" ) );
        }
        private void closeConnection() throws IOException{
        displayArea.append( "\nClosing connection" );
        output.close();
        input.close();
        client.close();
        }
        private void sendData( String message ){
        try {
                output.writeObject( "CLIENT>>> " + message );
                output.flush();
                displayArea.append( "\nCLIENT>>>" + message );
                }catch ( IOException ioException ) {
                        displayArea.append( "\nError writing object" );
                }
        }
        public static void main( String args[] ){
                Client application;
                if ( args.length == 0 )
                        application = new Client( "127.0.0.1" );
                else
                        application = new Client( args[ 0 ] );
                application.setDefaultCloseOperation(JFrame.EXIT_ON_CLOSE);
                application.runClient();
        }
}   // end class Client
```

（3）首先执行 Server 程序。如果要在同一台机器上进行实验，则运行 Client 程序时无须任何参数；如果在两台机器上进行实验，则要在运行 Client 程序时附加运行 Server 程序的机器的 IP 地址。观察程序运行结果，仔细阅读程序以了解 TCP Socket 编程的一般流程。

（4）编写一个简单的基于 TCP Socket 的应用程序，客户端向服务端提交圆的半径值，服务端计算该圆的面积返回给客户端（该程序采用命令行方式即可，无须 GUI 界面）。

（5）根据本章 11.4 节内容完成聊天应用程序的开发和部署工作。

习　题

选择题

1．URL url = new URL(http://freemail.263.net);，那么 url.getFile()得到的结果是（　　）。

A．263　　B．net

C．null　　D．""

2．关于 TCP/IP 协议，下面哪几点是错误的？（　　）

A．TCP/IP 协议由 TCP 协议和 IP 协议组成

B．TCP 和 UDP 都是 TCP/IP 协议传输层的子协议

C．Socket 是 TCP/IP 协议的一部分

D．主机名的解析是 TCP/IP 的一部分

3．下面哪些 URL 是合法的？（　　）

A．http://166.111.136.3/index.html

B．ftp://166.111.136.3/incoming

C．ftp://166.111.136.3:-1/

D．http://166.111.136.3.3

4．以下哪几种方法表示本机？（　　）

A．localhost　　B．255.255.255.255

C．127.0.0.1　　D．123.456.0.0

5．以下哪几种服务使用 TCP 协议？（　　）

A．HTTP　　B．FTP

C．SMTP　　D．NEWS

6．以下正确地创建 Socket 的语句有（　　）。

A．Socket a = new Socket(80);

B．Socket b = new Socket("130.3.4.5",80);

C．ServerSocket c = new Socket(80);

D．ServerSocket d = new Socket("130.3.4.5",80);

7．以下关于阻塞函数的论述，正确的有（　　）。

A．阻塞函数是指无法返回的函数

B．阻塞函数是指网络过于繁忙，函数必须等待

C．阻塞函数是指有外部事件发生才会返回的函数

D．阻塞函数如果不能马上返回，就会进入等待状态，把系统资源让给其他线程

8．以下正确的论述有（　　）。

A．ServerSocket.accept 是阻塞的

B．BufferedReader.readLine 是阻塞的

C．DatagramSocket.receive 是阻塞的

D．DatagramSocket.send 是阻塞的

第 12 章　数据库应用

本章要点：

- ➢ JDBC
- ➢ JDBC-API
- ➢ 查询
- ➢ 删除
- ➢ 修改
- ➢ 插入

数据库是管理和组织信息和数据的系统，而关系数据库是目前使用最多的一种数据库系统。Java 的各种应用程序都涉及数据库的操作，因此 Java 程序对数据库的访问是极其重要的功能。

本章并不专门介绍数据库管理系统本身的知识，而是重点介绍在 Java 环境中如何使用数据库，对数据库中的数据进行查询、添加、删除和修改等访问以及操作数据库的相关方法。

12.1　JDBC

JDBC 由一组用 Java 语言编写的类和接口组成。JDBC 为使用数据库及工具的开发人员提供了一个标准的 API，使他们能够用纯 Java API 来编写数据库应用程序。

12.1.1　JDBC 概述

JDBC 是 Java 数据库连接（Java Database Connectivity）的简称。通过 JDBC，程序员能够用 Java 语言来访问任何关系型数据库，例如 Oracle、SQL Server、Access、MySQL 等。在本书中，我们主要采用 MySQL 数据库。使用 JDBC 我们能够执行 SQL 语句的查询、修改、删除、更新、添加等操作，使用 JDBC 也能与多个数据源进行交互。

简单地说，JDBC 访问数据库的步骤如下：

（1）建立数据库的连接；

（2）向数据库发送 SQL 语句；

（3）返回数据库处理结果。

我们在进行数据库连接时，主要采用两种方式。第一种方式是通过 JDBC 驱动连接。每一种数据库，不同的厂商都提供了连接数据库的 JDBC 驱动程序，我们可以利用该驱动程序进行连接。第二种方式是采用 JDBC-ODBC 桥接器进行连接。JDBC-ODBC 桥接器是将所有的 JDBC 调用转换为 ODBC 调用，然后将其发送给 ODBC 驱动程序，再由 ODBC 驱动程序将调用传送给数据库服务器。JDBC-ODBC 使得应用程序可以访问所有支持 ODBC 的数据库，即使这些数据库不支持 JDBC。

12.1.2 JDBC API

我们在进行数据库编程时，主要用到 java.sql 包中的类和接口。利用该包中的类和接口，可以将数据保存到数据库中，可以更新、查询、添加、删除数据库中的行。下面介绍几个重要的类和接口。

1. Driver 接口

使用该接口可以加载驱动程序。

如果使用 JDBC-ODBC 桥接器，加载方式为：

```
Class.forName("sun.jdbc.odbc.JdbcOdbcDriver");
```

如果使用 JDBC 加载 SQL Server 驱动，方式为：

```
Class.forName("com.microsoft.jdbc.sqlserver.SQLServerDriver");
```

如果使用 JDBC 加载 Oracle 驱动，方式为：

```
Class.forName("oracle.jdbc.driver.OracleDriver");
```

如果使用 JDBC 加载 DB2 驱动，方式为：

```
Class.forName("COM.ibm.db2.jdbc.app.DB2Driver");
```

2. DriverManage 类

DriverManage 是用于管理 JDBC 驱动程序的类，它在数据库和相应驱动程序之间建立连接。另外，DriverManage 类也处理诸如驱动程序登录时间限制及登录和跟踪消息的显示等事务。主要用途是通过 getConnection()方法来获得 Connection 对象的引用。其方法格式如下：

static Connection getConnection(String url)：连接指定的库。

static Connection getConnection(String url, String user,String password)：连接指定的库，使用用户名 user 和密码 password。

其中数据库连接标志 url 的模式为：

```
jdbc:<subprotocol>:<subname>     协议:子协议:子名
```

协议只有“jdbc”一种；子协议用来识别数据库驱动程序，不同的数据库子协议不同；子名属于专门的驱动程序，不同的专有驱动程序可以采用不同的实现。如以下几种方式：

JDBC-ODBC 对应的 url 为：

```
jdbc:odbc:数据库名
```

SQL Server 数据库对应的 url 为：

```
jdbc:microsoft:sqlserver://localhost:1433;DatabaseName=数据库名称
```

DB2 数据库对应的 url 为：

```
jdbc:db2:数据库名
```

3. Connection 接口

Connection 对象是通过 DriverManage.getConnection()方法获得，表示驱动程序提供的与数据库连接的对话。经常使用的方法有如下几种：

Statement createStatement()：创建 SQL 语句。

PreparedStatement prepareStatement(String sql)：把 SQL 语句提交到数据库进行预编译。

CallableStatement prepareCall(String sql)：处理存储过程。

4. Statement 接口

Statement 对象用于执行 SQL 语句，语句包括查询、修改、添加、删除等。实际上有三种 Statement 对象，它们都作为在给定连接上执行 SQL 语句的包容器：Statement、PreparedStatement（它从 Statement 继承而来）和 CallableStatement（它从 PreparedStatement 继承而来）。它们都专用于发送特定类型的 SQL 语句：Statement 对象用来执行不带参数的简单 SQL 语句；PreparedStatement 对象用于执行带或不带 IN 参数的预编译 SQL 语句；CallableStatement 对象用于执行对数据库已存储过程的调用。

Statement 的常用方法有如下几种：

ResultSet executeQuery(String sql)：运行查询语句，返回 ResultSet 对象。

int executeUpdate(String sql)：运行更新操作（修改或插入），返回更新的行数。

boolean execute(String sql)：执行一个修改或插入语句，返回的布尔值表示语句是否被执行成功。

当建立了到某个数据库的连接之后，就可用该连接发送 SQL 语句。Statement 对象用 Connection 的方法 createStatement()创建。例如：

```
Connection conn=DriverManager.getConnection("jdbc:odbc:test");
Statement stmt=conn.createStatement();
ResultSet rs=stmt.executeQuery("select * from student");
```

5. ResultSet 接口

该对象保存了执行查询数据库语句后产生的结果的一个集合。其常用方法有如下几种：

boolean next()：把当前的指针向下移动一位。

void close()：释放 ResultSet 对象资源。

boolean absolute(int rows)：将结果集合移动到指定行。

get×××(String column)或 get×××(int column)：获得字段值，×××可以为 Byte、Date、Float、Double、Boolean、Object、Blob、Clob、String、Int、Long。当参数为整型时，表示列数，第一列为 1，第二列为 2……

12.1.3 Java 访问数据库的步骤

利用 MySQL 驱动程序 mysql-connector-java-3.0.16-ga-bin.jar，可以连接到 MySQL 数据库。使用时需要首先到网站上下载驱动程序，然后在项目中导入 MySQL 驱动。方法为：右键单击项目，打开“Build Path”弹出式菜单，选择“Add External Archives”选项，打开“JAR Selected”对话框，选中“mysql-connector-java-3.0.16-ga-bin.jar”文件，单击“打开”按钮即可。这时项目中已经添加了 MySQL 驱动，如图 12.1 所示。

图 12.1　添加 MySQL 驱动后的界面

【例 12-1】　通过 JDBC 驱动连接 dbtest 数据库中的 bookinfo 表，对图书信息进行查询操作。

```
package com.db;
import java.sql.Connection;
import java.sql.DriverManager;
import java.sql.ResultSet;
import java.sql.SQLException;
import java.sql.Statement;
public class ShowTest {
	public static void main(String []args){
		Connection conn=null;
		Statement stmt=null;
		ResultSet rs=null;
		try {
			Class.forName("com.mysql.jdbc.Driver");
			conn = DriverManager.getConnection("jdbc:mysql://localhost:3306/dbtest", "root","123");
			stmt=conn.createStatement();
			String sql="select * from bookinfo";
			rs=stmt.executeQuery(sql);
			while(rs.next()){
				System.out.print("书号为："+rs.getInt("id"));
				System.out.print("书名为："+rs.getString("bookname"));
				System.out.print("作者为："+rs.getString(3));
				System.out.print("出版日期为："+rs.getDate("date"));
				System.out.print("出版社为："+rs.getString(5));
				System.out.print("类别为："+rs.getString("catelogy"));
				System.out.println("ISBN 为："+rs.getString("isbn"));
			}
		} catch (ClassNotFoundException e) {
			e.printStackTrace();
		} catch (SQLException e) {
			e.printStackTrace();
		}
	}
}
```

程序的运行结果如图 12.2 所示。

```
Problems  @ Javadoc  Declaration  Console
<terminated> ShowTest [Java Application] C:\Program Files\MyEclipse 6.0\jre\bin\javaw.exe (Jun 15, 2011 8:41:22 PM)
书号为：1书名为：java程序设计作者为：汪美出版日期为：2011-12-23出版社为：清华大学出版社类别为：计算机ISBN为：9-123-34234
书号为：2书名为：基于JAVA的web开发作者为：孙璐出版日期为：2009-12-12出版社为：电子工业出出版社类别为：计算机ISBN为：9-456-342134
书号为：3书名为：dsp程序作者为：李明出版日期为：2007-01-12出版社为：机械工业出版社类别为：电子ISBN为：2-344-766785
书号为：4书名为：Sql Service 2005数据库分析与设计作者为：张穆出版日期为：2007-04-23出版社为：清华大学出版社类别为：计算机ISBN为：8-123-45435
```

图 12.2 查询操作所显示的结果

12.2 查询记录

12.2.1 根据条件查询记录

根据条件查询记录可以采用 SQL 语句中的 where 子句来实现。where 子句是用来决定哪些行在查询结果中，哪些行应该删除。使用 where 子句应注意，对于所有运算符，在检验数字类型的数据时，不必使用单引号来标记被比较的数据。

【例 12-2】 根据图书价格和出版社进行查询。

```
package com.db;
import java.awt.Container;
import java.awt.FlowLayout;
import java.sql.Connection;
import java.sql.DriverManager;
import java.sql.ResultSet;
import java.sql.SQLException;
import java.sql.Statement;
import javax.swing.JFrame;
import javax.swing.JLabel;
import javax.swing.JList;
import javax.swing.JTextArea;
import javax.swing.JTextField;
import javax.swing.event.ListSelectionEvent;
import javax.swing.event.ListSelectionListener;
public class QueryByCon {
        public static void main(String []args){
                new Myfrm();
        }
}
class Myfrm implements ListSelectionListener{
        JFrame frm=new JFrame("按条件查询");
        String str[]={"清华大学出版社","电子工业出版社","机械工业出版社"};
        JList lst=new JList(str);
        JTextArea ta=new JTextArea(5,100);
        JTextField tfmoney=new JTextField(10);
        String pub;
```

```
public Myfrm(){
    frm.setSize(700,300);
    frm.setLocation(200,200);
    Container contentpane=frm.getContentPane();
    contentpane.setLayout(new FlowLayout());
    contentpane.add(new JLabel("请输入图书的价格在"));
    contentpane.add(tfmoney);
    contentpane.add(new JLabel("以上"));
    contentpane.add(new JLabel("请选择出版社:"));
    contentpane.add(lst);
    contentpane.add(ta);
    lst.addListSelectionListener(this);
    frm.setVisible(true);
}
public void valueChanged(ListSelectionEvent e) {
    if(lst.isSelectedIndex(0)){
        pub="清华大学出版社";
    }
    else if(lst.isSelectedIndex(1)){
        pub="电子工业出版社";
    }
    else if(lst.isSelectedIndex(2)){
        pub="机械工业出版社";
    }
    executeDb();
}
public void executeDb(){
    Connection conn=null;
    Statement stmt=null;
    ResultSet rs=null;
    String condition="price>="+tfmoney.getText()+" and "+"publisher= "+"'"+pub+"'";
    try {
        Class.forName("com.mysql.jdbc.Driver");
        conn = DriverManager.getConnection("jdbc:mysql://localhost:3306/dbtest", "root","123");
        stmt=conn.createStatement();
        String sql="select * from bookinfo where "+condition;
        rs=stmt.executeQuery(sql);
        while(rs.next()){
            ta.append(" 书号为："+rs.getInt("id"));
            ta.append(" 书名为："+rs.getString("bookname"));
            ta.append(" 作者为："+rs.getString(3));
            ta.append(" 出版日期为："+rs.getDate("date"));
            ta.append(" 出版社为："+rs.getString(5));
            ta.append(" 类别为："+rs.getString("catelogy"));
            ta.append(" ISBN 为："+rs.getString("isbn"));
            ta.append(" 价格为："+rs.getInt("price"));
            ta.append("\n");
```

```
                }
            } catch (ClassNotFoundException e) {
                e.printStackTrace();
            } catch (SQLException e) {
                e.printStackTrace();
            }
        }
    }
```

程序的运行结果如图 12.3 所示。

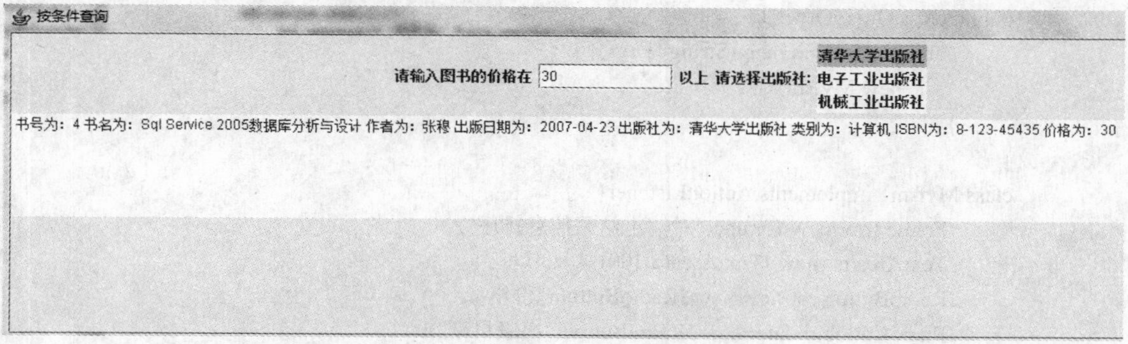

按条件查询

请输入图书的价格在 30 以上 请选择出版社: 清华大学出版社 电子工业出版社 机械工业出版社

书号为：4 书名为：Sql Service 2005数据库分析与设计 作者为：张穆 出版日期为：2007-04-23出版社为：清华大学出版社 类别为：计算机 ISBN为：8-123-45435 价格为：30

图 12.3　条件查询

需要注意的是，查询的 SQL 语句为：

```
condition="price>="+money+" and "+"publisher= "+"'"+pub+"'";
String sql="select * from bookinfo where "+condition;
```

where 子句用来决定查询条件。注意：语句中 where 后面一定有空格；查询条件 condition 变量中，每一部分条件用双引号括起来，例如“"price>="”、“"publisher="”和“" and "”；and 前后必须有空格。查询条件的值如果是字符串，则必须用单引号括起来；如果是整型变量，则不需要。

12.2.2　对查询的记录进行排序输出

关系数据库的一个特点是表中列和行的顺序并不重要。数据库也不按顺序来处理它们。这就意味着随便按照哪种顺序从数据库中检索记录都很简单。一般来说，查询结果按照它们最初被插入的顺序来返回。在查看查询结果时，你可能愿意看到那些结果按照具体某列的内容来排序。Order by 子句就是用来对查询结果排序。

【例 12-3】　按照价格、出版日期或出版社对图书信息表进行升序或降序排列。

```
package com.db;
import java.awt.Container;
import java.awt.FlowLayout;
import java.awt.event.ActionEvent;
import java.awt.event.ActionListener;
import java.sql.Connection;
import java.sql.DriverManager;
```

```
import java.sql.ResultSet;
import java.sql.SQLException;
import java.sql.Statement;
import javax.swing.ButtonGroup;
import javax.swing.JButton;
import javax.swing.JFrame;
import javax.swing.JLabel;
import javax.swing.JRadioButton;
import javax.swing.JTextArea;

public class QueryOrderBy {
    public static void main(String []args){
        new Myfrm1();
    }
}
class Myfrm1 implements ActionListener{
    JFrame frm=new JFrame("对输出结果信息排序");
    JTextArea ta=new JTextArea(5,100);
    JRadioButton rbprice=new JRadioButton("价格");
    JRadioButton rbdate=new JRadioButton("出版日期");
    JRadioButton rbpublisher=new JRadioButton("出版社");
    JRadioButton rbasc=new JRadioButton("升序");
    JRadioButton rbdesc=new JRadioButton("降序");
    ButtonGroup bg1=new ButtonGroup();
    ButtonGroup bg2=new ButtonGroup();
    JButton btn=new JButton("查    询");
    String strorder=null; //排序方式子串
    public Myfrm1(){
        frm.setSize(700,300);
        frm.setLocation(200,200);
        Container contentpane=frm.getContentPane();
        contentpane.setLayout(new FlowLayout());
        contentpane.add(new JLabel("请选择排序方式："));
        contentpane.add(rbprice);
        contentpane.add(rbdate);
        contentpane.add(rbpublisher);
        bg1.add(rbprice);
        bg1.add(rbdate);
        bg1.add(rbpublisher);
        contentpane.add(new JLabel("请选择升序或降序："));
        contentpane.add(rbasc);
        contentpane.add(rbdesc);
        bg2.add(rbasc);;
        bg2.add(rbdesc);
        contentpane.add(ta);
        contentpane.add(btn);
        btn.addActionListener(this);
```

```
            frm.setVisible(true);
        }
        public void executeDb1(){
            Connection conn=null;
            Statement stmt=null;
            ResultSet rs=null;
            try {
                Class.forName("com.mysql.jdbc.Driver");
                conn = DriverManager.getConnection("jdbc:mysql://localhost:3306/dbtest", "root","123");
                stmt=conn.createStatement();
                String sql="select * from bookinfo "+strorder;
                rs=stmt.executeQuery(sql);
                while(rs.next()){
                    ta.append(" 书名为："+rs.getString("bookname"));
                    ta.append(" 作者为："+rs.getString(3));
                    ta.append(" 出版日期为："+rs.getDate("date"));
                    ta.append(" 出版社为："+rs.getString(5));
                    ta.append(" 类别为："+rs.getString("catelogy"));
                    ta.append(" ISBN 为："+rs.getString("isbn"));
                    ta.append(" 价格为："+rs.getInt("price"));
                    ta.append("\n");
                }
            } catch (ClassNotFoundException e) {
                e.printStackTrace();
            } catch (SQLException e) {
                e.printStackTrace();
            }
        }
        public void actionPerformed(ActionEvent e) {
            ta.setText("");
            if(e.getSource()==btn){
                if(rbprice.isSelected() && rbasc.isSelected())
                    strorder="order by price asc";
                else if(rbprice.isSelected() && rbdesc.isSelected())
                    strorder="order by price desc";
                else if(rbdate.isSelected() && rbasc.isSelected())
                    strorder="order by date asc";
                else if(rbdate.isSelected() && rbdesc.isSelected())
                    strorder="order by date desc";
                else if(rbpublisher.isSelected() && rbasc.isSelected())
                    strorder="order by publisher asc";
                else if(rbpublisher.isSelected() && rbdesc.isSelected())
                    strorder="order by publisher desc";
                executeDb1();
            }
        }
    }
```

程序运行结果如图 12.4 所示。

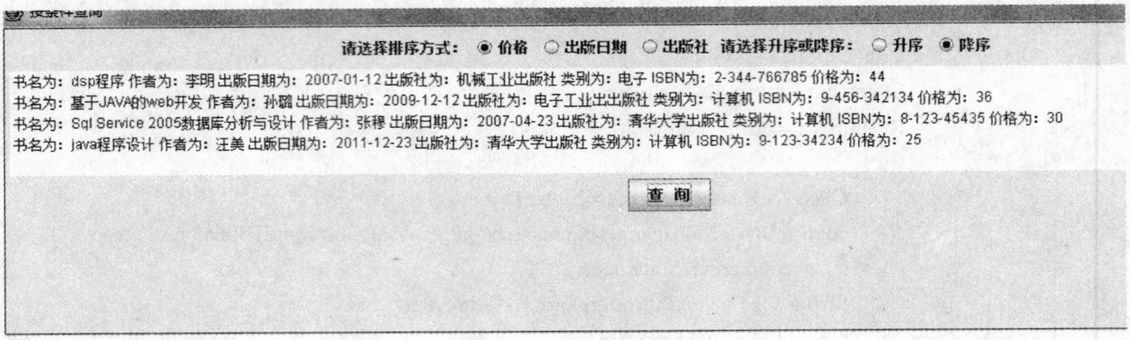

图 12.4 对查询结果进行排序

12.2.3 通配符查询

通配符查询可以通过 like 子句来实现。like 子句可用来创建与字符串模式相匹配的简单表达式。在需要查找具体某些相同内容的字符串，或者已知字符串的一部分但不知道这个字符串时，可以用它来查询到需要的字符串。like 子句也可以用 not 运算符来求反。

SQL 语句对于模式匹配表达式提供了两种通配符："%"和"_"。使用"%"代替一个或多个字符；下画线"_"代替一个字符。

【例 12-4】 对 bookinfo 数据库查询"出版社"含有"工业"两个字的记录。

```
package com.db;
import java.awt.Container;
import java.awt.FlowLayout;
import java.awt.event.ActionEvent;
import java.awt.event.ActionListener;
import java.sql.Connection;
import java.sql.DriverManager;
import java.sql.ResultSet;
import java.sql.SQLException;
import java.sql.Statement;
import javax.swing.JButton;
import javax.swing.JFrame;
import javax.swing.JOptionPane;
import javax.swing.JTextArea;
public class QueryLike {
    public static void main(String []args){
        new Myfrm2();
    }
}
class Myfrm2 implements ActionListener{
    JFrame frm=new JFrame("通配符查询");
    JTextArea ta=new JTextArea(5,100);
    JButton btn=new JButton("查    询");
```

```
        String pub=null;   //通配符查询
        public Myfrm2(){
            frm.setSize(700,300);
            frm.setLocation(200,200);
            Container contentpane=frm.getContentPane();
            contentpane.setLayout(new FlowLayout());
            contentpane.add(ta);
            contentpane.add(btn);
            btn.addActionListener(this);
            frm.setVisible(true);
        }
        public void executeDb1(){
            Connection conn=null;
            Statement stmt=null;
            ResultSet rs=null;
            try {
                Class.forName("com.mysql.jdbc.Driver");
                conn = DriverManager.getConnection("jdbc:mysql://localhost:3306/dbtest", "root","123");
                stmt=conn.createStatement();
                String sql="select * from bookinfo where publisher like '%"+pub+"%'";
                rs=stmt.executeQuery(sql);
                while(rs.next()){
                    ta.append(" 书名为："+rs.getString("bookname"));
                    ta.append(" 作者为："+rs.getString(3));
                    ta.append(" 出版日期为："+rs.getDate("date"));
                    ta.append(" 出版社为："+rs.getString(5));
                    ta.append(" 类别为："+rs.getString("catelogy"));
                    ta.append(" ISBN 为："+rs.getString("isbn"));
                    ta.append(" 价格为："+rs.getInt("price"));
                    ta.append("\n");
                }
            } catch (ClassNotFoundException e) {
                e.printStackTrace();
            } catch (SQLException e) {
                e.printStackTrace();
            }
        }
        public void actionPerformed(ActionEvent e) {
            ta.setText("");
            pub=JOptionPane.showInputDialog("输入所查询的出版社：");
            executeDb1();
        }
    }
```

该程序是查询“出版社”含有“工业”的所有记录。SQL 语句为“"select * from bookinfo where publisher like '%"+pub+"%'"”。如果用户输入的是“工业”，则“工业”前后有“%”代表“工业”两个字的前面和后面可以有多个字符。如果把 SQL 语句中的“%”改为“_”，则程序的运行结果没有任何记录，因为下画线只代表一个字符。

程序的运行结果如图 12.5 所示。

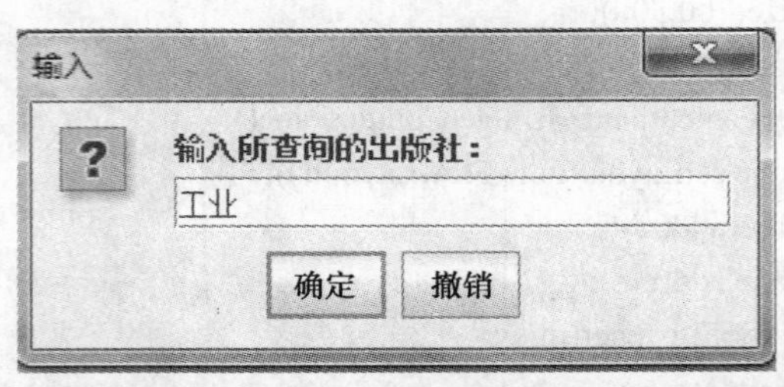

通配符查询

孙璐 出版日期为：2009-12-12 出版社为：电子工业出出版社 类别为：计算机 ISBN为：9-456-342134 价格为：36

期为：2007-01-12 出版社为：机械工业出版社 类别为：电子 ISBN为：2-344-766785 价格为：44

查 询

图 12.5 通配符查询

12.2.4 prepareStatement()方法的应用

在进行条件查询中，查询的参数的值可以先用“?”代替，随后再设置其值，这样可以使 SQL 语句更加清晰明了，而且可以减少书写的错误。它的优势在多条件查询中尤为突出。

【例 12-5】 修改例 12-3 中的程序来体会“?”的用法。

```
package com.db;
import java.awt.Container;
import java.awt.FlowLayout;
import java.sql.Connection;
import java.sql.DriverManager;
import java.sql.PreparedStatement;
import java.sql.ResultSet;
import java.sql.SQLException;
import java.sql.Statement;
import javax.swing.JFrame;
import javax.swing.JLabel;
import javax.swing.JList;
import javax.swing.JTextArea;
import javax.swing.JTextField;
import javax.swing.event.ListSelectionEvent;
import javax.swing.event.ListSelectionListener;
public class QueryPrepare {
    public static void main(String []args){
        new Myfrm3();
    }
```

```
}
class Myfrm3 implements ListSelectionListener{
    JFrame frm=new JFrame("PrepareStatement 的用法");
    String str[]={"清华大学出版社","电子工业出版社","机械工业出版社"};
    JList lst=new JList(str);
    JTextArea ta=new JTextArea(5,100);
    JTextField tfmoney=new JTextField(10);
    String pub;
    public Myfrm3(){
        frm.setSize(700,300);
        frm.setLocation(200,200);
        Container contentpane=frm.getContentPane();
        contentpane.setLayout(new FlowLayout());
        contentpane.add(new JLabel("请输入图书的价格在"));
        contentpane.add(tfmoney);
        contentpane.add(new JLabel("以上"));
        contentpane.add(new JLabel("请选择出版社:"));
        contentpane.add(lst);
        contentpane.add(ta);
        lst.addListSelectionListener(this);
        frm.setVisible(true);
    }
    public void valueChanged(ListSelectionEvent e) {
        if(lst.isSelectedIndex(0)){
            pub="清华大学出版社";
        }
        else if(lst.isSelectedIndex(1)){
            pub="电子工业出版社";
        }
        else if(lst.isSelectedIndex(2)){
            pub="机械工业出版社";
        }
        executeDb();
    }
    public void executeDb(){
        Connection conn=null;
        Statement stmt=null;
        ResultSet rs=null;
        String m=tfmoney.getText();
        int money=Integer.parseInt(m);
        try {
            Class.forName("com.mysql.jdbc.Driver");
            conn = DriverManager.getConnection("jdbc:mysql://localhost:3306/dbtest", "root","123");
            String sql="select * from bookinfo where price>=? and publisher=?";
            PreparedStatement ps=conn.prepareStatement(sql);
            ps.setInt(1,money);
            ps.setString(2,pub);
```

```
				rs=ps.executeQuery();
				while(rs.next()){
					ta.append(" 书号为："+rs.getInt("id"));
					ta.append(" 书名为："+rs.getString("bookname"));
					ta.append(" 作者为："+rs.getString(3));
					ta.append(" 出版日期为："+rs.getDate("date"));
					ta.append(" 出版社为："+rs.getString(5));
					ta.append(" 类别为："+rs.getString("catelogy"));
					ta.append(" ISBN 为："+rs.getString("isbn"));
					ta.append(" 价格为："+rs.getInt("price"));
					ta.append("\n");
				}
			} catch (ClassNotFoundException e) {
				e.printStackTrace();
			} catch (SQLException e) {
				e.printStackTrace();
			}
		}
	}
```

在该程序中，SQL 语句的条件参数的值我们用“?”代替，首先通过 prepareStatement(String sql)方法将 SQL 语句提交到数据库进行预编译，然后调用 PreparedStatement 的方法对象设置“?”的值。注意：根据表中字段类型的不同调用不同的“set+类型”方法。在该例子中，price 的字段类型为货币类型 money，而我们得到用户输入的值为字符串类型，需要把它转换成 float 类型，调用 setInt(1,money)方法给 price 参数赋值。在 SQL 中，参数的下标是从 1 开始的，这点需要大家注意。

12.3 更新记录

更新记录实际上是对数据库的某一条记录的某些字段进行修改。更新记录是使用 update 语句来实现。其一般格式如下：

```
String sql="update 表名 set 字段名 1=参数值 1,字段名 2=参数值 2,…where 字段名＝参数值";
Statement stmt=null;
stmt.executeUpdate( sql );
```

update 语句一共有三部分。第一部分指出更新的是哪一张表。第二部分是 set 子句，指出其中要更新的列和要插入的值。第三部分 where 子句用来指定表中哪些行将要被更新。如果只对表中的某一行进行更改，则在 where 子句使用主关键字来做条件。如果没有 where 子句，则会更新表中的所有记录。

更新的 SQL 语句通过 Statement 对象的 executeUpdate(String sql)方法来完成数据库的更新操作。

【例 12-6】 更新 bookinfo 表中的记录。

```
package com.db;
import java.awt.Container;
```

```
import java.awt.FlowLayout;
import java.awt.event.ActionEvent;
import java.awt.event.ActionListener;
import java.sql.Connection;
import java.sql.DriverManager;
import java.sql.ResultSet;
import java.sql.SQLException;
import java.sql.Statement;
import java.text.SimpleDateFormat;
import javax.swing.JButton;
import javax.swing.JFrame;
import javax.swing.JLabel;
import javax.swing.JOptionPane;
import javax.swing.JTextArea;
import javax.swing.JTextField;

public class UpdateTest {
        public static void main(String []args){
                new Myfrm4();
        }
}
class Myfrm4 implements ActionListener{
        JFrame frm=new JFrame("更新图书信息");
        JTextField tfname=new JTextField(10);
        JTextField tfauthor=new JTextField(10);
        JTextField tfdate=new JTextField(10);
        JTextField tfpub=new JTextField(10);
        JTextField tfcatelogy=new JTextField(10);
        JTextField tfisbn=new JTextField(10);
        JTextField tfprice=new JTextField(10);
        JTextArea ta=new JTextArea(5,30);
        String num=null; //待查询的编号
        JButton btnupdate=new JButton("修改记录");
        public Myfrm4(){
                frm.setSize(700,300);
                frm.setLocation(200,200);
                Container contentpane=frm.getContentPane();
                contentpane.setLayout(new FlowLayout());
                contentpane.add(new JLabel("书名："));
                contentpane.add(tfname);
                contentpane.add(new JLabel("作者："));
                contentpane.add(tfauthor);
                contentpane.add(new JLabel("出版日期："));
                contentpane.add(tfdate);
                contentpane.add(new JLabel("出版社："));
                contentpane.add(tfpub);
                contentpane.add(new JLabel("图书类别："));
```

```
        contentpane.add(tfcatelogy);
        contentpane.add(new JLabel("ISBN："));
        contentpane.add(tfisbn);
        contentpane.add(new JLabel("价格："));
        contentpane.add(tfprice);
        contentpane.add(btnupdate);
        contentpane.add(ta);
        frm.setVisible(true);
        btnupdate.addActionListener(this);
        num=JOptionPane.showInputDialog("请输入图书编号：");
        executeDb4();
    }
    public void executeDb4(){
        Connection conn=null;
        Statement stmt=null;
        ResultSet rs=null;
        try {
            Class.forName("com.mysql.jdbc.Driver");
            conn = DriverManager.getConnection("jdbc:mysql://localhost:3306/dbtest", "root","123");
            stmt=conn.createStatement();
            String sql="select * from bookinfo where id="+num;
            rs=stmt.executeQuery(sql);
            while(rs.next()){
                tfname.setText(rs.getString("bookname"));
                tfauthor.setText(rs.getString(3));
                SimpleDateFormat sdf=new SimpleDateFormat("yyyy-mm-dd");
                tfdate.setText(sdf.format(rs.getDate("date")));
                tfpub.setText(rs.getString(5));
                tfcatelogy.setText(rs.getString("catelogy"));
                tfisbn.setText(rs.getString("isbn"));
                tfprice.setText(Integer.toString(rs.getInt("price")));
                ta.append("\n");
            }
        } catch (ClassNotFoundException e) {
            e.printStackTrace();
        } catch (SQLException e) {
            e.printStackTrace();
        }
    }
    public void actionPerformed(ActionEvent e) {
        //修改记录
        if(e.getSource()==btnupdate){
            Connection conn=null;
            Statement stmt=null;
            ResultSet rs=null;
            try {
                Class.forName("com.mysql.jdbc.Driver");
```

```
                        conn=DriverManager.getConnection("jdbc:mysql://localhost:3306/dbtest", "root","123");
                        stmt=conn.createStatement();
                        stmt.executeUpdate("update bookinfo set bookname='"+tfname.getText()+"'
                        where id="+num);
                        stmt.executeUpdate("update bookinfo set author='"+tfauthor.getText()+"' where
                        id="+num);
                        stmt.executeUpdate("update bookinfo set date='"+tfdate.getText()+"' where
                        id="+num);
                        stmt.executeUpdate("update bookinfo set publisher='"+tfpub.getText()+"' where
                        id="+num);
                        stmt.executeUpdate("update bookinfo set catelogy='"+tfcatelogy.getText()+"'
                        where id="+num);
                        stmt.executeUpdate("update bookinfo set isbn='"+tfisbn.getText()+"' where
                        id="+num);
                        stmt.executeUpdate("update   bookinfo   set   price="+Integer.parseInt(tfprice.
                        getText())+" where id="+num);
                        //显示所有记录
                        rs=stmt.executeQuery("select * from bookinfo");
                        while(rs.next()){
                            ta.append(" 书号为："+rs.getInt("id"));
                            ta.append(" 书名为："+rs.getString("bookname"));
                            ta.append(" 作者为："+rs.getString(3));
                            ta.append(" 出版日期为："+rs.getDate("date"));
                            ta.append(" 出版社为："+rs.getString(5));
                            ta.append(" 类别为："+rs.getString("catelogy"));
                            ta.append(" ISBN 为："+rs.getString("isbn"));
                            ta.append(" 价格为："+rs.getInt("price"));
                            ta.append("\n");
                        }
                    }catch (ClassNotFoundException e1) {
                        e1.printStackTrace();
                    }catch (SQLException e2) {
                        e2.printStackTrace();
                    }
                }
            }
        }
```

在该程序中，首先让用户输入需要修改的用户编号，程序根据用户编号在数据库中查询图书的相关信息并显示，然后用户对信息进行修改，单击“更新”按钮后对数据库进行更新操作，最后显示数据库中记录。程序的运行结果如图 12.6 所示。

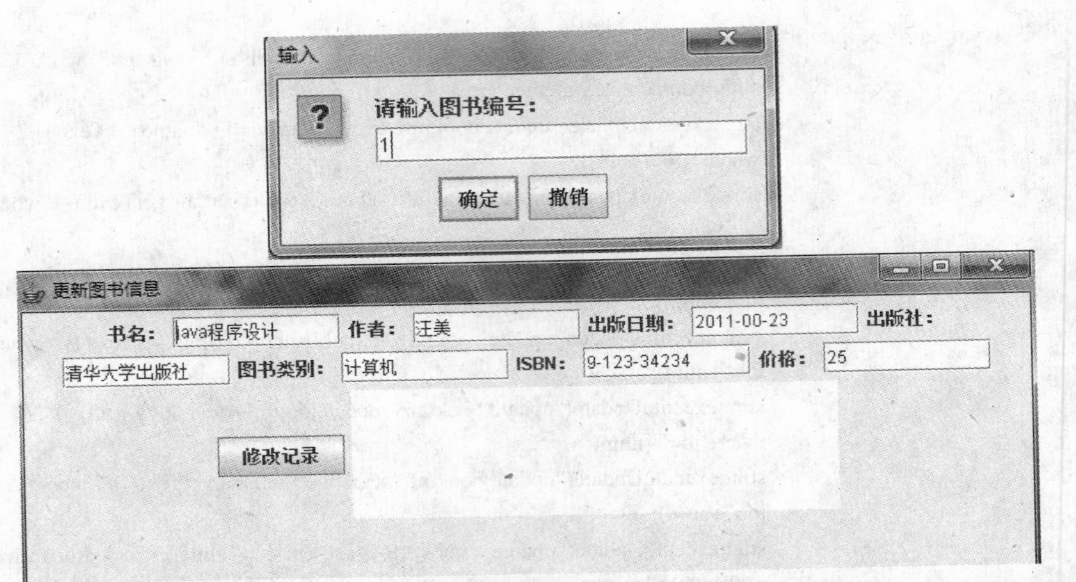

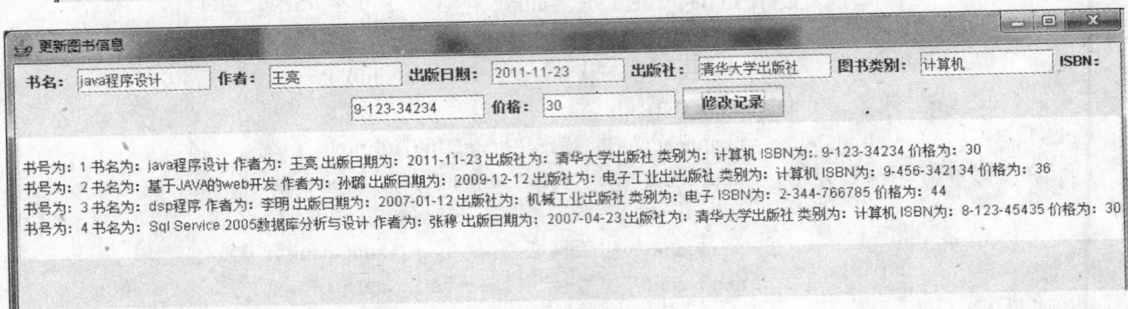

图 12.6　修改图书信息

12.4　添加记录

添加记录实际上是向数据库表的最后一行插入记录。其添加语句的格式如下：

```
String sql="insert into 表名 values ( 参数 1,参数 2,…,参数 n )";
Statement stmt;
stmt.executeUpdate ( sql );
```

SQL 语句中圆括号中参数的个数和表中字段的个数相同，参数的顺序和表中字段的顺序相同。添加记录的 SQL 语句实际上是根据圆括号中参数的顺序依次给表中各个字段赋值。

如果添加记录时只给部分字段赋值，或参数的顺序和字段的顺序不同时，可以采用如下格式：

```
insert into 表名(字段 1,字段 2,…,字段 n)values(参数 1,参数 2，…,参数 n);
```

在这种格式中，参数 1 的值赋值给字段 1，参数 2 的值赋值给字段 2，以此类推。

如果表中的字段为字符型或日期型，则参数应以单引号括起来。如果表中的字段为其他类型（例如整型、货币型），则不需要用单引号括起来。

【例 12-7】 给 bookinfo 表中添加一条记录。

```
package com.db;

import java.awt.Container;
import java.awt.FlowLayout;
import java.awt.event.ActionEvent;
import java.awt.event.ActionListener;
import java.sql.Connection;
import java.sql.DriverManager;
import java.sql.PreparedStatement;
import java.sql.ResultSet;
import java.sql.SQLException;
import java.sql.Statement;
import javax.swing.JButton;
import javax.swing.JFrame;
import javax.swing.JLabel;
import javax.swing.JTextArea;
import javax.swing.JTextField;

public class InsertOne {
        public static void main(String []args){
                new Myfrm5();
        }
}
class Myfrm5 implements ActionListener{
        JFrame frm=new JFrame("添加图书信息");
        JTextField tfname=new JTextField(10);
        JTextField tfauthor=new JTextField(10);
        JTextField tfdate=new JTextField(10);
        JTextField tfpub=new JTextField(10);
        JTextField tfcatelogy=new JTextField(10);
        JTextField tfisbn=new JTextField(10);
        JTextField tfprice=new JTextField(10);
        JTextArea ta=new JTextArea(5,30);
        JButton btninsert=new JButton("添加记录");
        public Myfrm5(){
                frm.setSize(700,300);
                frm.setLocation(200,200);
                Container contentpane=frm.getContentPane();
                contentpane.setLayout(new FlowLayout());
                contentpane.add(new JLabel("书名："));
                contentpane.add(tfname);
                contentpane.add(new JLabel("作者："));
                contentpane.add(tfauthor);
                contentpane.add(new JLabel("出版日期："));
                contentpane.add(tfdate);
```

```
        contentpane.add(new JLabel("出版社："));
        contentpane.add(tfpub);
        contentpane.add(new JLabel("图书类别："));
        contentpane.add(tfcatelogy);
        contentpane.add(new JLabel("ISBN："));
        contentpane.add(tfisbn);
        contentpane.add(new JLabel("价格："));
        contentpane.add(tfprice);
        contentpane.add(btninsert);
        contentpane.add(ta);
        frm.setVisible(true);
        btninsert.addActionListener(this);
    }
    public void executeDb5(){
        Connection conn=null;
        Statement stmt=null;
        ResultSet rs=null;
        PreparedStatement ps=null;
        try {
            Class.forName("com.mysql.jdbc.Driver");
            conn = DriverManager.getConnection("jdbc:mysql://localhost:3306/dbtest", "root","123");
            String sql="insert into bookinfo values(0,'"+tfname.getText()+"','"+tfauthor.getText()+"',";
            sql+="'"+tfdate.getText()+"','"+tfpub.getText()+"','"+tfcatelogy.getText()+"',";
            sql+="'"+tfisbn.getText()+"',"+Integer.parseInt(tfprice.getText())+")";
            stmt=conn.createStatement();
            stmt.executeUpdate(sql);
            //显示所有记录
            rs=stmt.executeQuery("select * from bookinfo");
            while(rs.next()){
                ta.append(" 书号为："+rs.getInt("id"));
                ta.append(" 书名为："+rs.getString("bookname"));
                ta.append(" 作者为："+rs.getString(3));
                ta.append(" 出版日期为："+rs.getDate("date"));
                ta.append(" 出版社为："+rs.getString(5));
                ta.append(" 类别为："+rs.getString("catelogy"));
                ta.append(" ISBN 为："+rs.getString("isbn"));
                ta.append(" 价格为："+rs.getInt("price"));
                ta.append("\n");
            }
      }catch (ClassNotFoundException e1) {
            e1.printStackTrace();
      }catch (SQLException e2) {
            e2.printStackTrace();
      }
    }
    public void actionPerformed(ActionEvent e) {
        if(e.getSource()==btninsert){
```

```
                executeDb5();
            }
        }
}
```

运行结果如图 12.7 所示。

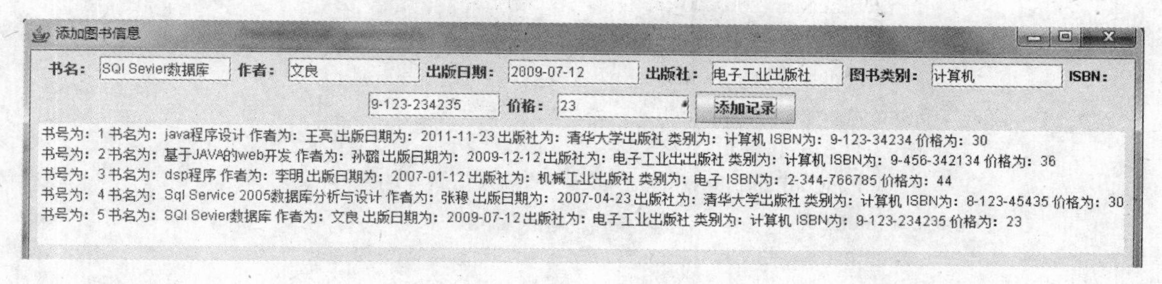

图 12.7　添加图书信息

12.5　删除记录

采用 delete 语句可以在表中删除记录。其结构非常简单：

```
String sql="delete from 表名 where 条件";
Statement stmt=null;
stmt.executeUpdate( sql );
```

where 子句为可选项，用它来限制 delete 语句删除的行数。如果不写 where 子句，则表中的所有的行都会被删除。通过使用 where 子句，可以指定想要删除的行所必须满足的条件，只有满足条件的记录才能被删除。

【例 12-8】　删除 bookinfo 表中“价格”在 30 元以下的记录。

```
package com.db;
import java.awt.Container;
import java.awt.FlowLayout;
import java.sql.Connection;
import java.sql.DriverManager;
import java.sql.ResultSet;
import java.sql.SQLException;
import java.sql.Statement;
import javax.swing.JFrame;
import javax.swing.JOptionPane;
import javax.swing.JTextArea;

public class DelByNum {
    public static void main(String []args){
        new Myfrm6();
    }
}
class Myfrm6 {
```

```
    JFrame frm=new JFrame("按条件查询");
    JTextArea ta=new JTextArea(5,100);
    String num=null;
    public Myfrm6(){
        frm.setSize(700,300);
        frm.setLocation(200,200);
        Container contentpane=frm.getContentPane();
        contentpane.setLayout(new FlowLayout());
        contentpane.add(ta);
        frm.setVisible(true);
        num=JOptionPane.showInputDialog("请输入待删除的编号:");
        executeDb6();
    }
    public void executeDb6(){
        Connection conn=null;
        Statement stmt=null;
        ResultSet rs=null;
        try {
            Class.forName("com.mysql.jdbc.Driver");
            conn = DriverManager.getConnection("jdbc:mysql://localhost:3306/dbtest", "root","123");
            stmt=conn.createStatement();
            //删除记录
            String sql1="delete from bookinfo where id="+num;
            stmt.executeUpdate(sql1);
            //查询记录
            String sql2="select * from bookinfo";
            rs=stmt.executeQuery(sql2);
            while(rs.next()){
                ta.append(" 书号为："+rs.getInt("id"));
                ta.append(" 书名为："+rs.getString("bookname"));
                ta.append(" 作者为："+rs.getString(3));
                ta.append(" 出版日期为："+rs.getDate("date"));
                ta.append(" 出版社为："+rs.getString(5));
                ta.append(" 类别为："+rs.getString("catelogy"));
                ta.append(" ISBN 为："+rs.getString("isbn"));
                ta.append(" 价格为："+rs.getInt("price"));
                ta.append("\n");
            }
        } catch (ClassNotFoundException e) {
            e.printStackTrace();
        } catch (SQLException e) {
            e.printStackTrace();
        }
    }
}
```

程序的运行结果如图 12.8 所示。

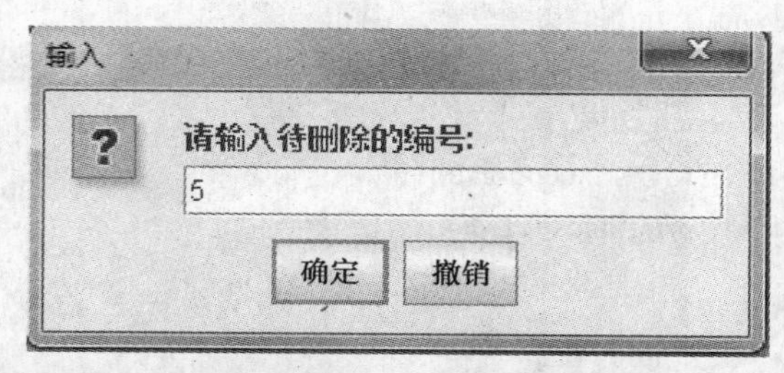

删除记录

1 书名为：java程序设计 作者为：王亮 出版日期为：2011-11-23 出版社为：清华大学出版社 类别为：计算机 ISBN为：9-123-34234 价格为：30

2 书名为：基于JAVA的web开发 作者为：孙踊 出版日期为：2009-12-12 出版社为：电子工业出出版社 类别为：计算机 ISBN为：9-456-342134 价格为：36

3 书名为：dsp程序 作者为：李明 出版日期为：2007-01-12 出版社为：机械工业出版社 类别为：电子 ISBN为：2-344-766785 价格为：44

4 书名为：Sql Service 2005数据库分析与设计 作者为：张穆 出版日期为：2007-04-23 出版社为：清华大学出版社 类别为：计算机 ISBN为：8-123-45435 价格为：30

图 12.8 删除图书信息

12.6 案例：学生成绩管理系统

12.6.1 数据库的相关操作

在一个项目中，数据库的连接经常用到，所以一般情况下我们把对数据库的连接单独地放到一个类中。com.db.DBConn.java 代码如下：

```
package com.db;
import java.sql.Connection;
import java.sql.DriverManager;
import java.sql.SQLException;
public class DBConn {
    static Connection conn=null;
    //静态方法：获取数据库的连接
    public static Connection getDBConnection(){
        try {
            Class.forName("com.mysql.jdbc.Driver");
            conn=DriverManager.getConnection("jdbc:mysql://localhost:3306/info","root","t2");
        } catch (ClassNotFoundException e) {
            e.printStackTrace();
        } catch (SQLException e) {
            e.printStackTrace();
        }
        return conn;
    }
    //静态方法：关闭连接
```

```
	public static void closeConn(){
		if(conn!=null)
			try {
				conn.close();
			} catch (SQLException e) {
				e.printStackTrace();
			}
	}
}
```

对学生表的所有操作：添加、删除、修改、查询放到一个类中。代码如下：

```
com.dao.StudentDao.java 类代码
package com.dao;
import java.sql.Connection;
import java.sql.ResultSet;
import java.sql.SQLException;
import java.sql.Statement;
import java.util.ArrayList;
import java.util.List;
import com.db.DBConn;
import com.po.Student;
//该类中放对学生表 student 的所有操作：添加、删除、修改、查询
public class StudentDao {
	Connection conn=null;
	Statement stmt=null;
	ResultSet rs=null;
	//查询表中的所有记录
	public List findAll(){
		String sql="select * from student";
		List lst=new ArrayList();
		conn=DBConn.getConn();
		try {
			stmt=conn.createStatement();
			rs=stmt.executeQuery(sql);
			while(rs.next()){
				System.out.println(rs.getString("username"));
				//把结果进行保存：保存到 list
				//保存查询结果：保存记录（每个学生的所有信息）
				//把每一条记录转换成类的对象，保存的是对象
				Student stu=new Student();
				stu.setAge(rs.getInt("age"));
				stu.setDb2score(rs.getInt("db2score"));
				stu.setId(rs.getInt("id"));
				stu.setJavascore(rs.getInt("javascore"));
				stu.setNumber(rs.getString("number"));
				stu.setSex(rs.getString("sex"));
```

```
                stu.setUsername(rs.getString("username"));
                lst.add(stu);
            }
        } catch (SQLException e) {
            e.printStackTrace();
        }
        return lst;
    }
    //在学生表中插入记录
    public boolean insertOne(Student stu){
        //ssql="insert into student values(0,'sunlu','1001','w',22,98,78)";
        String sql="insert into student values(0,'"+stu.getUsername();
        sql+="','"+stu.getNumber()+"','"+stu.getSex()+"',"+stu.getAge()+",";
        sql+=stu.getJavascore()+","+stu.getDb2score()+")";
        conn=DBConn.getConn();
        try {
            stmt=conn.createStatement();
            stmt.executeUpdate(sql);
            return true;
        } catch (SQLException e) {
            e.printStackTrace();
        }
        return false;
    }
    //根据学号查询学生的相关信息
    public Student findByNum(String num){
        String sql="select * from student where number='"+num+"'";
        conn=DBConn.getConn();
        try {
            stmt=conn.createStatement();
            rs=stmt.executeQuery(sql);
            while(rs.next()){
                //把找到的一条记录转化成学生类的对象
                Student stu=new Student();
                stu.setAge(rs.getInt("age"));
                stu.setDb2score(rs.getInt("db2score"));
                stu.setJavascore(rs.getInt("javascore"));
                stu.setNumber(rs.getString("number"));
                stu.setSex(rs.getString("sex"));
                stu.setUsername(rs.getString("username"));
                return stu;
            }
        } catch (SQLException e) {
            e.printStackTrace();
        }
        return null;
```

```
    }
    //根据学号进行删除操作
    public boolean delByNum(String num){
        String sql="delete from student where number='"+num+"'";
        conn=DBConn.getConn();
        try {
            stmt=conn.createStatement();
            stmt.executeUpdate(sql);
            return true;
        } catch (SQLException e) {
            e.printStackTrace();
        }
        return false;
    }
    //根据学号进行修改操作
    public boolean updateByNum(Student stu){
        conn=DBConn.getConn();
        try {
            stmt=conn.createStatement();
            stmt.executeUpdate("update student set username='"+stu.getUsername()+"' where
            number='"+stu.getNumber()+"'");
            stmt.executeUpdate("update student set age='"+stu.getAge()+"' where number='"
            +stu.getNumber()+"'");
            stmt.executeUpdate("update student set sex='"+stu.getSex()+"' where number='"
            +stu.getNumber()+"'");
            stmt.executeUpdate("update student set javascore='"+stu.getJavascore()+"' where number='"
            +stu.getNumber()+"'");
            stmt.executeUpdate("update student set db2score='"+stu.getDb2score()+"' where number='"
            +stu.getNumber()+"'");
            return true;
        } catch (SQLException e) {
            e.printStackTrace();
        }
        return false;
    }
}
```

在做项目的过程中，经常需要对表进行查询，查询的结果需要保存起来。或是在修改记录时，传递的参数会非常多。这时候我们需要把一条记录作为一个整体来看，一张表对应成一个类。学生表所对应的类如下：

```
package com.po;
public class Student {
//表中每一个字段作为类中的成员变量、属性
    private int id;
    private String username;
```

```
private String sex;
private int age;
private int javascore;
private int db2score;
private String number;

//产生 get()方法和 set()方法
public int getId() {
        return id;
}
public void setId(int id) {
        this.id = id;
}
public String getUsername() {
        return username;
}
public void setUsername(String username) {
        this.username = username;
}
public String getSex() {
        return sex;
}
public void setSex(String sex) {
        this.sex = sex;
}
public int getAge() {
        return age;
}
public void setAge(int age) {
        this.age = age;
}
public int getJavascore() {
        return javascore;
}
public void setJavascore(int javascore) {
        this.javascore = javascore;
}
public int getDb2score() {
        return db2score;
}
public void setDb2score(int db2score) {
        this.db2score = db2score;
}
public String getNumber() {
        return number;
}
```

```
        public void setNumber(String number) {
            this.number = number;
        }
    }
```

12.6.2 主界面设计

本章主要研究对数据库的基本操作，所以该项目主界面设计较为简单。代码如下：

```
package com.frame;
import java.awt.FlowLayout;
import java.awt.event.ActionEvent;
import java.awt.event.ActionListener;
import javax.swing.JButton;
import javax.swing.JFrame;
public class MainFrame implements ActionListener {
    private JFrame frm=new JFrame("学生信息管理系统");
    private JButton btnInsert=new JButton("输入学生信息");
    private JButton btnFind=new JButton("查询学生信息");
    private JButton btnShow=new JButton("显示所有学生信息");
    private JButton btnDel=new JButton("删除学生信息");
    JButton btnUpdate=new JButton("修改所有学生信息");
    private JButton btnClose=new JButton("关闭所有窗口");
    public MainFrame(){
        frm.setSize(300,300);
        frm.getContentPane().setLayout(new FlowLayout());
        frm.getContentPane().add(btnInsert);
        frm.getContentPane().add(btnFind);
        frm.getContentPane().add(btnShow);
        frm.getContentPane().add(btnDel);
        frm.getContentPane().add(btnUpdate);
        frm.getContentPane().add(btnClose);
        btnInsert.addActionListener(this);
        btnFind.addActionListener(this);
        btnShow.addActionListener(this);
        btnClose.addActionListener(this);
        btnDel.addActionListener(this);
        btnUpdate.addActionListener(this);
        frm.setVisible(true);
    }
    public static void main(String []args){
        new MainFrame();
    }
    public void actionPerformed(ActionEvent e) {
        if(e.getSource()==btnInsert){
            InsertFrame insertFrm=new InsertFrame();
```

```
                insertFrm.show();
            }
            else if(e.getSource()==btnFind){
                FindOrUpdateFrame findFrm=new FindOrUpdateFrame();
                findFrm.setTitle("查询窗口");
                findFrm.btnUpdatex.setEnabled(false);
                findFrm.setVisible(true);
            }
            else if(e.getSource()==btnShow){
                ShowFrame showFrm=new ShowFrame();
                showFrm.show();
            }
            else if(e.getSource()==btnDel){
                DelFrame delFrm=new DelFrame();
                delFrm.show();
            }
            else if(e.getSource()==btnUpdate){
                FindOrUpdateFrame UpdateFrm=new FindOrUpdateFrame();
                UpdateFrm.setTitle("更新窗体");
                UpdateFrm.btnUpdatex.setEnabled(true);
                UpdateFrm.setVisible(true);
            }
            else{
                System.exit(0);
            }
        }
    }
```

系统主界面如图 12.9 所示。

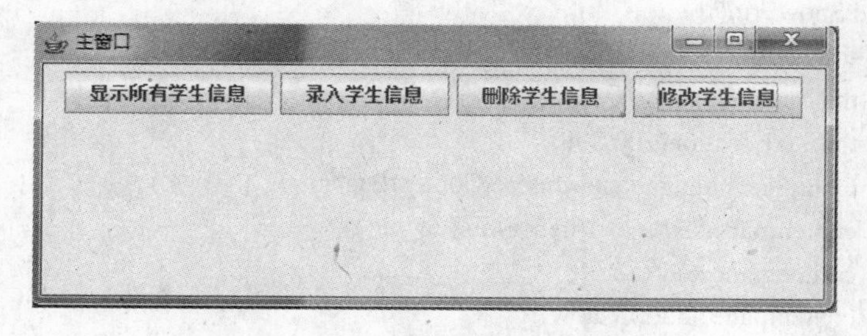

图 12.9　系统主界面

12.6.3　查询模块设计

查询模块用于显示所有用户的信息。查询模块的界面如图 12.10 所示。

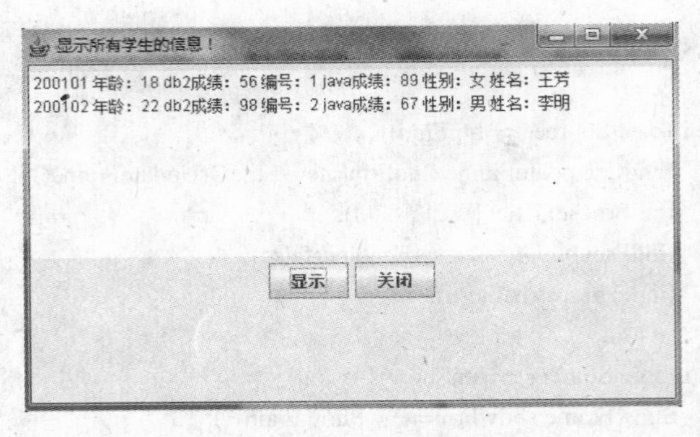

图 12.10　显示所有学生界面

查询模块代码如下：

```
package com.form;
import java.awt.Container;
import java.awt.FlowLayout;
import java.awt.event.ActionEvent;
import java.awt.event.ActionListener;
import java.util.List;
import javax.swing.JButton;
import javax.swing.JFrame;
import javax.swing.JTextArea;
import com.dao.StudentDao;
import com.po.Student;
public class ShowFrm extends JFrame implements ActionListener{
    JTextArea ta=new JTextArea(8,50);
    JButton btnshow=new JButton("显示");
    JButton btnclose=new JButton("关闭");
    public ShowFrm(){
        this.setSize(500,300);
        this.setTitle("显示所有学生的信息！");
        this.setLocation(200,200);
        Container contentpane=this.getContentPane();
        contentpane.setLayout(new FlowLayout());
        contentpane.add(ta);
        contentpane.add(btnshow);
        contentpane.add(btnclose);
        btnshow.addActionListener(this);
        btnclose.addActionListener(this);
        this.setVisible(true);
    }
    public void actionPerformed(ActionEvent e) {
        if(e.getSource()==btnclose){
            this.dispose();
        }
        else if(e.getSource()==btnshow){
```

```
                StudentDao stuDao=new StudentDao();
                List lst=stuDao.findAll();
                //把保存的结果进行显示
                for(int i=0;i<lst.size();i++){
                    Student stu=(Student) lst.get(i);
                    ta.append("学号："+stu.getNumber());
                    ta.append(" 年龄："+stu.getAge());
                    ta.append(" db2 成绩："+stu.getDb2score());
                    ta.append(" 编号："+stu.getId());
                    ta.append(" java 成绩："+stu.getJavascore());
                    ta.append(" 性别："+stu.getSex());
                    ta.append(" 姓名："+stu.getUsername());
                    ta.append("\n");
                }
            }
        }
    }
```

12.6.4 添加记录模块设计

添加记录模块的界面如图 12.11 所示。

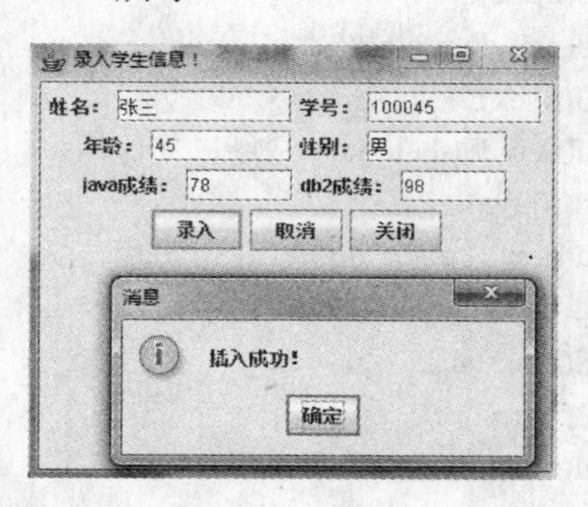

图 12.11 添加界面

添加记录模块代码如下：

```
package com.form;
import java.awt.Container;
import java.awt.FlowLayout;
import java.awt.event.ActionEvent;
import java.awt.event.ActionListener;
import javax.swing.JButton;
import javax.swing.JFrame;
import javax.swing.JLabel;
import javax.swing.JOptionPane;
import javax.swing.JTextField;
import com.dao.StudentDao;
import com.po.Student;
public class InsertFrm extends JFrame implements ActionListener{
```

```
JTextField tfnum=new JTextField(10);
JTextField tfname=new JTextField(10);
JTextField tfage=new JTextField(8);
JTextField tfsex=new JTextField(8);
JTextField tfjava=new JTextField(6);
JTextField tfdb2=new JTextField(6);
JButton btninput=new JButton("录入");
JButton btncancel=new JButton("取消");
JButton btnclose=new JButton("关闭");
public InsertFrm(){
    this.setSize(350,300);
    this.setLocation(200, 200);
    this.setTitle("录入学生信息！");
    Container contentpane=this.getContentPane();
    contentpane.setLayout(new FlowLayout());
    contentpane.add(new JLabel("姓名："));
    contentpane.add(tfname);
    contentpane.add(new JLabel("学号："));
    contentpane.add(tfnum);
    contentpane.add(new JLabel("年龄："));
    contentpane.add(tfage);
    contentpane.add(new JLabel("性别："));
    contentpane.add(tfsex);
    contentpane.add(new JLabel("java 成绩："));
    contentpane.add(tfjava);
    contentpane.add(new JLabel("db2 成绩："));
    contentpane.add(tfdb2);
    contentpane.add(btninput);
    contentpane.add(btncancel);
    contentpane.add(btnclose);
    btninput.addActionListener(this);
    btncancel.addActionListener(this);
    btnclose.addActionListener(this);
    this.setVisible(true);
}
public void actionPerformed(ActionEvent e) {
    if(e.getSource()==btnclose){
        this.dispose();
    }
    else if(e.getSource()==btncancel){
        tfname.setText("");
        tfsex.setText("");
        tfage.setText("");
        tfjava.setText("");
        tfdb2.setText("");
        tfnum.setText("");
    }
```

```
        else if(e.getSource()==btninput){
            //步骤 1：得到用户输入的值
            String name=tfname.getText();
            String sex=tfsex.getText();
            String num=tfnum.getText();
            int age=Integer.parseInt(tfage.getText());
            int java=Integer.parseInt(tfjava.getText());
            int db2=Integer.parseInt(tfdb2.getText());
            //步骤 2：把得到的值转换成学生类的一个对象
             Student stu=new Student();
             stu.setAge(age);
             stu.setDb2score(db2);
             stu.setJavascore(java);
             stu.setNumber(num);
             stu.setSex(sex);
             stu.setUsername(name);
            //步骤 3：把对象作为参数，调用方法完成插入操作
             StudentDao stuDao=new StudentDao();
             boolean b=stuDao.insertOne(stu);
             if(b==true)
                    JOptionPane.showMessageDialog(this, "插入成功！");
             else
                    JOptionPane.showMessageDialog(this, "插入失败！");
        }
    }
}
```

12.6.5 修改记录模块设计

修改记录模块的界面如图 12.12 所示。

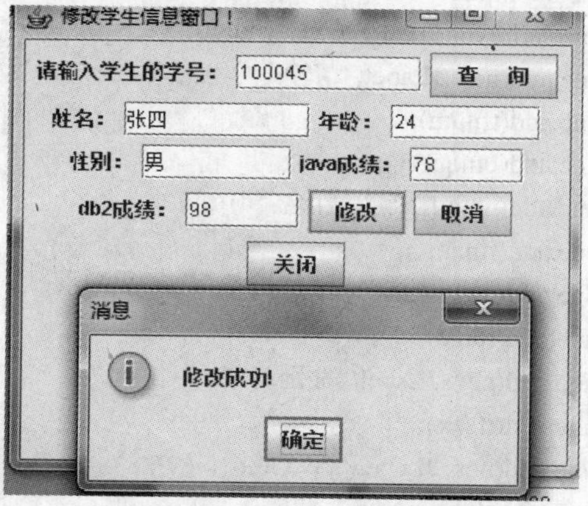

图 12.12 修改记录界面

修改记录模块代码如下：

```
package com.form;
import java.awt.Container;
import java.awt.FlowLayout;
import java.awt.event.ActionEvent;
import java.awt.event.ActionListener;
import javax.swing.JButton;
import javax.swing.JFrame;
import javax.swing.JLabel;
import javax.swing.JOptionPane;
import javax.swing.JTextField;
import com.dao.StudentDao;
import com.po.Student;
//用户输入学号，显示用户的相关信息
public class ShowByNumFrm extends JFrame implements ActionListener{
    JTextField tfnum=new JTextField(10);
    JButton btnquery=new JButton("查        询");
    JTextField tfname=new JTextField(10);
    JTextField tfage=new JTextField(8);
    JTextField tfsex=new JTextField(8);
    JTextField tfjava=new JTextField(6);
    JTextField tfdb2=new JTextField(6);
    JButton btnupdate=new JButton("修改");
    JButton btncancel=new JButton("取消");
    JButton btnclose=new JButton("关闭");
    public ShowByNumFrm(){
        this.setSize(350,300);
        this.setLocation(200, 200);
        this.setTitle("修改学生信息窗口！");
        Container contentpane=this.getContentPane();
        contentpane.setLayout(new FlowLayout());
        contentpane.add(new JLabel("请输入学生的学号："));
        contentpane.add(tfnum);
        contentpane.add(btnquery);
        contentpane.add(new JLabel("姓名："));
        contentpane.add(tfname);
        contentpane.add(new JLabel("年龄："));
        contentpane.add(tfage);
        contentpane.add(new JLabel("性别："));
        contentpane.add(tfsex);
        contentpane.add(new JLabel("java 成绩："));
        contentpane.add(tfjava);
        contentpane.add(new JLabel("db2 成绩："));
        contentpane.add(tfdb2);
        contentpane.add(btnupdate);
        contentpane.add(btncancel);
```

```
            contentpane.add(btnclose);
            btnupdate.setEnabled(false);
            btnquery.addActionListener(this);
            btnupdate.addActionListener(this);
            btnclose.addActionListener(this);
            btncancel.addActionListener(this);
            this.setVisible(true);
    }
    public void actionPerformed(ActionEvent e) {
            if(e.getSource()==btnclose)
                    this.dispose();
            else if(e.getSource()==btncancel){
                    btnupdate.setEnabled(false);
                    tfname.setText("");
                    tfsex.setText("");
                    tfage.setText("");
                    tfjava.setText("");
                    tfdb2.setText("");
            }
            else if(e.getSource()==btnquery){
                    String num=tfnum.getText();
                    btnupdate.setEnabled(true);
                    StudentDao stuDao=new StudentDao();
                    Student stu=stuDao.findByNum(num);
                    if(stu!=null){
                            tfname.setText(stu.getUsername());
                            tfsex.setText(stu.getSex());
                            tfage.setText(Integer.toString(stu.getAge()));
                            tfjava.setText(Integer.toString(stu.getJavascore()));
                            tfdb2.setText(Integer.toString(stu.getDb2score()));
                    }
                    else if(stu==null){
                            JOptionPane.showMessageDialog(this, "该学号不存在，请重新查询！");
                            tfnum.setText("");
                    }
            }
            else if(e.getSource()==btnupdate){
                    //步骤1：获取用户输入的值
                    String num=tfnum.getText();
                    String name=tfname.getText();
                    String sex=tfsex.getText();
                    int age=Integer.parseInt(tfage.getText());
                    int java=Integer.parseInt(tfjava.getText());
                    int db2=Integer.parseInt(tfdb2.getText());
                    //步骤2：转换成类的对象
                    Student stu=new Student();
                    stu.setAge(age);
```

```
            stu.setDb2score(db2);
            stu.setJavascore(java);
            stu.setNumber(num);
            stu.setSex(sex);
            stu.setUsername(name);
            //步骤 3：把对象作为参数，调用数据库操作完成修改
            StudentDao stuDao=new StudentDao();
            boolean b=stuDao.updateByNum(stu);
            if(b==true)
                JOptionPane.showMessageDialog(this, "修改成功!");
            else
                JOptionPane.showMessageDialog(this, "修改失败！!");
        }
    }
}
```

12.6.6 删除记录模块设计

在主界面的“btndel”按钮的单击事件中添加如下代码：

```
        else if(e.getSource()==btndel){
            String num=JOptionPane.showInputDialog("请输入待删除的学生的学号:");
            System.out.println("num="+num);
            //判断学生表是否有该学生
            StudentDao stuDao=new StudentDao();
            Student stu=stuDao.findByNum(num);
            if(stu==null){
            JOptionPane.showMessageDialog(mainfrm, "没有这个学生，不能进行删除操作！");
            }
            else if(stu!=null){
                //删除操作
                boolean b=stuDao.delByNum(num);
                if(b==true)
                    JOptionPane.showMessageDialog(mainfrm, "删除成功！");
                else
                    JOptionPane.showMessageDialog(mainfrm, "删除失败！");
            }
        }
        else if(e.getSource()==btnupdate){
            new ShowByNumFrm();
        }
    }
```

12.7 实训操作

建立一个 Book 数据库，包括书名、作者、出版社、出版时间和 ISBN，完成图书管理信

息系统，实现图书信息的添加、删除、修改和查询功能。

习　题

一、选择题

1．以下哪些方法属于 ResultSet 接口的方法？（　　）

A．addBath( )　　B．next( )　　C．getInt( )　　D．getResultSet( )

2．以下哪些方法属于 PreparedStatement 接口的方法？（　　）

A．addBath( )　　B．connect( )　　C．execute( )　　D．first( )

3．以下哪些对象由 Connection 创建？（　　）

A．Statement 对象　　B．PreparedStatement 对象　　C．ResultSet 对象

4．使用 Java 代码实现从表 table1 中取出所有数据信息，代码如下（假设可以直接调用数据库连接 conn），下面对代码描述正确的是（　　）。

```
public List getInfo(){
    List list=new ArrayList();
    String sql="select * from table1";
    PrearedStatement pst=conn.prepareStatement();
    Result rs=pst.executeQuery();
    if(rs.next()){
            list.add(rs.get(1));
    }
    return list;
}
```

A．返回 list 集合，包含一条信息

B．返回 list 集合，包含所有数据信息

C．程序发生编译错误，无法运行

D．编译通过，运行时出错

二、简答题

1．结构化查询语句 SQL 的特点及作用是什么？

2．SQL 的添加、删除、修改和查询语句各是什么？

3．在 Java 中如何建立对于数据库的连接？

4．为什么要建立数据源？如何建立数据源？

5．通过窗口界面访问数据库的 Java 应用程序分为哪些层？

三、编程题

1．编写一个数据库程序，完成登录页面的实现。

2．编写一个数据库程序，实现录入学生成绩、修改学生成绩和查询学生成绩的功能。

第13章　综合案例

本章实现一个公共聊天室应用程序项目。该项目涉及Java面向对象程序设计、Java异常处理、Java多线程编程、Java GUI设计、Java网络编程、Java I/O处理、Java数据库编程等各章知识点，是一个培养学生Java综合开发能力的案例项目。

13.1　公共聊天室程序说明

计算机系创业孵化室已经开发了自己的网站，网站作为计算机系创业孵化工作及学生创业孵化学习的交流介质，包含类似最新的通知和公告、创业孵化信息、学习资源。网站建立的目的是鼓励学生及创业孵化指导教师更多地访问网站，并且帮助老师和学生在学习时保持联系，进行一些正式的网络会议和学习交流讨论会，以便教师和学生可以坐在办公室和宿舍或教室中交流和讨论创业孵化工作及学习问题。

因此，经创业孵化指导教师及学生建议，计算机系创业孵化室领导决定在网站上建立聊天应用程序。

经过讨论，确定了聊天应用程序的需求为：

- 第一次使用聊天应用程序的用户可以通过填写个人信息来注册；
- 已经注册用户可以在验证他的登录信息之后登录；
- 允许登录用户查看其他在线用户的列表；
- 允许登录用户在公共聊天室中进行学习交流。

13.2　公共聊天室程序设计

13.2.1　登录流程

聊天应用程序仅仅允许注册用户登录和聊天，用户登录要求输入用户名和密码。设计用户登录页面原型如图13.1所示。它接收用户在聊天应用程序中使用的用户名和密码，用户可以选择取消登录操作，第一次使用聊天应用程序的用户可以选择在应用程序上注册。

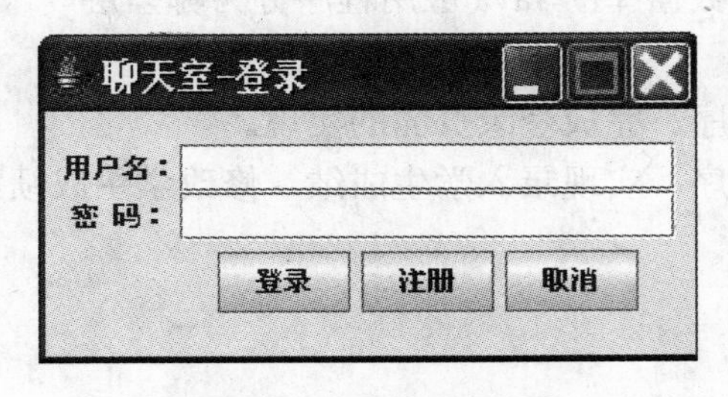

图13.1　聊天室登录界面

用户要完成登录校验工作，则必须与聊天服务器进行交互，登录信息将被提交给聊天服务器并由聊天服务器完成校验工作。在成功验证以后，将把用户导向聊天室，如图 13.2 所示描述了登录界面与聊天服务器之间的交互作用。

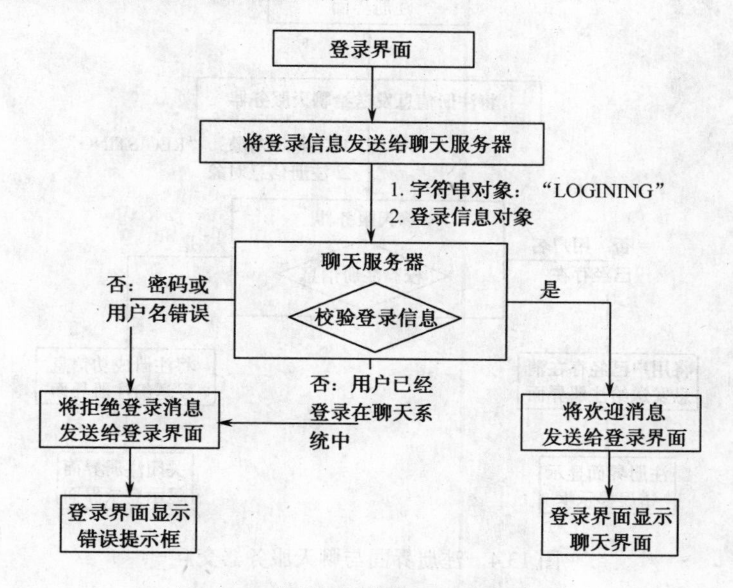

图 13.2　登录界面与聊天服务器交互

13.2.2　注册流程

聊天应用程序允许新用户在登录之前在应用程序中注册，新用户可以自由地选择任何用户名和口令，只要用户名不与现存用户名匹配。注册界面将接受来自用户的信息：用户名、密码、确认密码、真实姓名、电子邮箱、年龄、性别。在聊天应用程序中，我们将使用关系数据库存储用户的基本信息。设计新用户注册界面原型如图 13.3 所示。

聊天室-注册

注册信息

用户名：
密　码：
确认密码：
真实姓名：
电子邮箱：
年　龄：（18-60）
性　别：　男

确定　取消

图 13.3　聊天室注册界面

在接受用户注册请求之前，注册过程需要对用户的输入进行校验。要求：

- 用户名、密码、确认密码、真实姓名、电子邮箱不能为空；
- 指定年龄必须在 18～60 之间；
- 密码与确认密码的输入内容必须完全一致。

用户注册请求仍然是交给聊天服务器来处理，注册界面与聊天服务器之间的交互作用如图 13.4 所示。

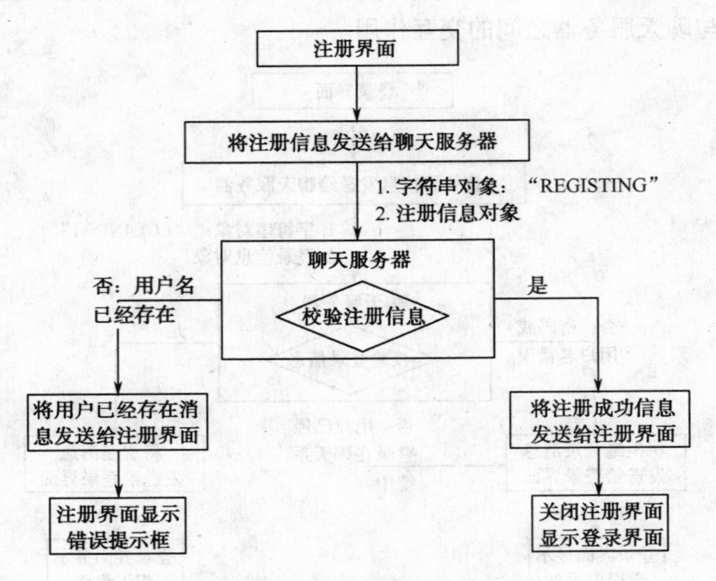

图 13.4　注册界面与聊天服务器交互

13.2.3　聊天流程

在用户成功登录后，可以查看聊天界面。在这里，用户可以查看其他在线用户发送的消息，可以看见在线用户的名称。设计聊天室主界面原型如图 13.5 所示。

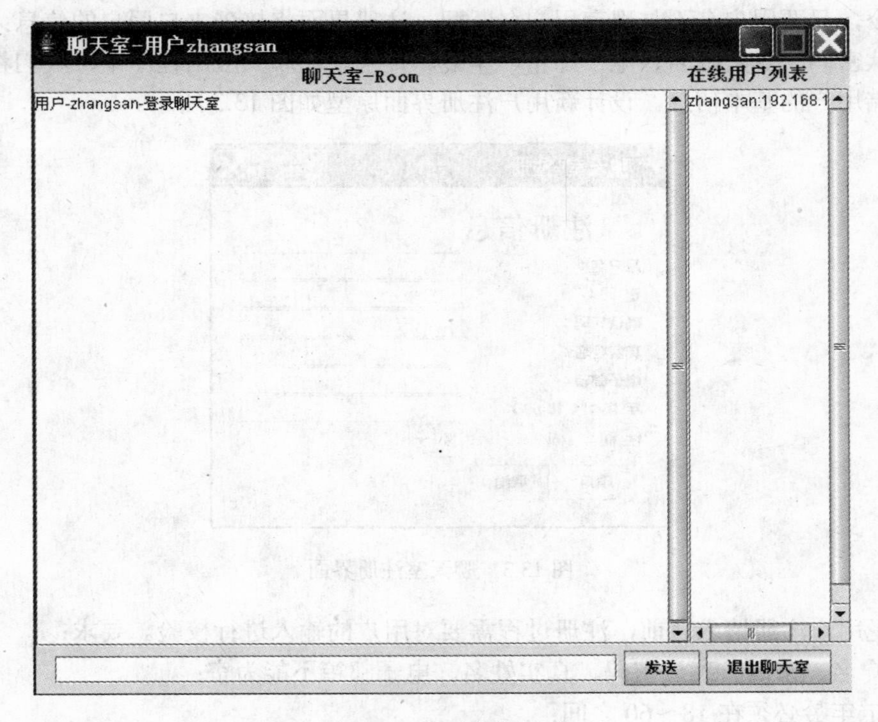

图 13.5　聊天室主界面

聊天界面要求能执行下面功能：

- 显示在线用户列表；
- 显示公共聊天室中的其他用户发送的消息；
- 当用户通过单击“退出聊天室”按钮或者关闭聊天界面退出时，在其他用户的聊天界面上就无法看见此用户；
- 自动更新聊天室和在线用户列表。

用户聊天及退出聊天等请求同样也是由聊天服务器来处理，聊天界面与聊天服务器之间的交互作用如图 13.6 所示。

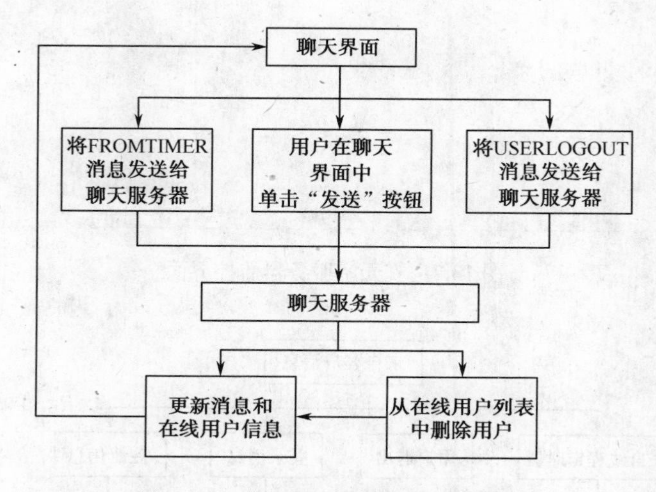

图 13.6　聊天界面与聊天服务器交互

13.2.4　聊天服务器

聊天服务器运行在计算机上，而且协调在线用户之间的信息交换过程。另外，服务器将控制用户登录、用户注册、用户退出登录等操作，它将跟踪在线用户。

聊天服务器需要实现的功能：

- 保存在线用户列表；
- 更新每个客户聊天界面上的消息；
- 验证登录请求；
- 注册新用户；
- 处理用户退出聊天室。

为了更好地监控登录用户行为，聊天服务器也采用 GUI 设计。在聊天服务器界面中一方面显示登录用户列表及登录用户 IP，另一方面监控用户登录和退出登录信息，其界面原型如图 13.7 所示。

聊天应用程序中所有客户请求信息都交给聊天服务器来处理，如图 13.8 所示显示了聊天服务器与聊天应用程序的客户接口之间的交互作用。

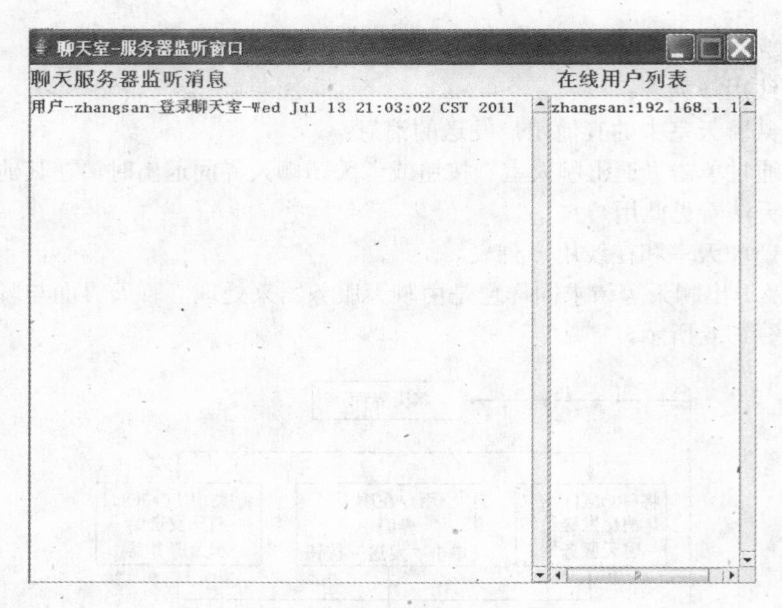

图 13.7　聊天室服务器监控界面

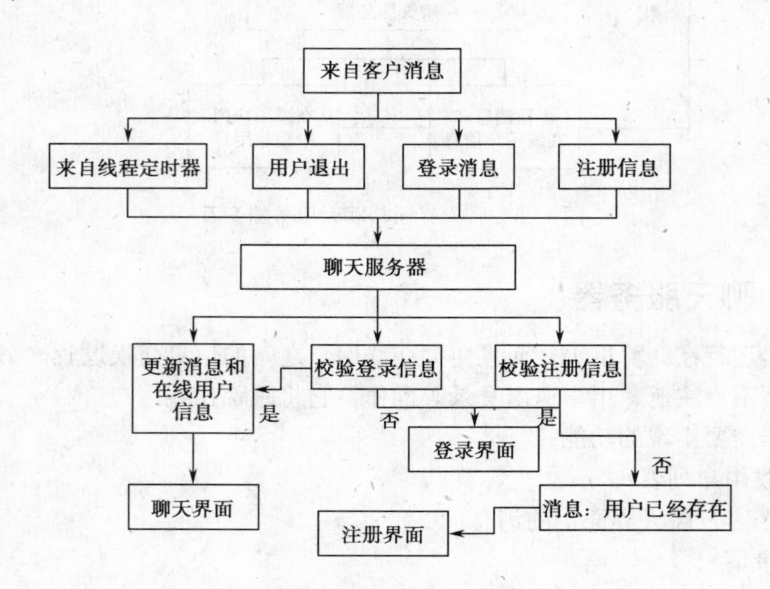

图 13.8　聊天服务器与应用程序客户接口交互

13.3　案例：公共聊天室应用程序

13.3.1　数据处理实现

1. 构建数据

在聊天应用程序中，采用关系数据库来保存聊天用户的基础信息，包括用户名、密码、真实姓名、电子邮箱、年龄、性别等。案例采用 SQL Server 2005 作为数据存储器，在其中建立数据库为 chatdb，构建一张数据表 chat_user，SQL 语句如代码所示：

```
create table chat_user(
        id int identity(1,1) primary key,
        username varchar(20) not null,
        password varchar(25)   not null,
        email varchar(80) not null,
        chinaname varchar(80) not null,
        age int not null,
        sex char(2) not null,
        constraint UK_username unique(username)
);
```

2. 构建 VO（Value Object，值对象）

聊天应用程序严格遵循面向对象程序设计思想来构造。当用户登录或用户注册的时候，需要向聊天服务器提交登录信息和注册信息。我们在实现中，对用户登录信息和注册信息按照面向对象的方式来封装，因此建立两个 VO 用以封装基础信息。

登录信息封装 VO 为 LoginVO，其详细代码如下所示：

```
package com.scetop.chat.vo;
import java.io.Serializable;
/**
*登录账户 VO 对象
*/
public class LoginVO implements Serializable{
    private String username;
    private String password;
    private String userip;
    //此处省略对应属性的 getter()和 setter()方法
}
```

注册信息封装 VO 为 ChatUser，其详细代码如下所示：

```
package com.scetop.chat.vo;
import java.io.Serializable;

/**
*注册聊天室用户 VO
*/
public class ChatUser implements Serializable{
    //私有属性
    private int id;
    private String username="";
    private String password="";
    private String email="";
    private String chinaname="";
    private int age=0;
    private String sex;
    //构造函数
    public ChatUser() {}
```

```
        //略去访问私有属性的 getter()、setter()方法
    }
```

3. 数据访问组件

定义数据访问组件，其中定义了登录校验接口、注册用户接口、根据用户名查找用户信息接口、根据 ID 号查找用户信息接口。其详细代码如下所示：

```
package com.scetop.chat.dao;

import java.sql.Connection;
import java.sql.PreparedStatement;
import java.sql.ResultSet;
import java.sql.SQLException;
import java.sql.Statement;
import com.scetop.chat.common.ChatDb;
import com.scetop.chat.vo.ChatUser;
import com.scetop.chat.vo.LoginVO;

public class ChatUserDAO {
    private Connection conn = null;
    private Statement stmt = null;
    private PreparedStatement pstmt = null;
    private ResultSet rs = null;
    private ChatDb chatDb = null;//通用的数据连接对象，其中定义获取数据库连接对象接口
    // 及关闭数据库对象接口
    // 聊天室用户登录校验，登录接口返回一个 int 类型值
    // 该值大于 0 则表示登录成功，否则表示登录失败
    public int loginValidate(LoginVO loginVO) {
        int id = 0;
        // 获取数据库操作对象
        chatDb = new ChatDb();
        conn = chatDb.getCon();
        // 构建 SQL 语句
        String validatestr = "select * from chat_user where username=? and password=?";
        try {
            // 构建预处理对象
            pstmt = conn.prepareStatement(validatestr);
            // 给占位符赋值
            pstmt.setString(1, loginVO.getUsername());
            pstmt.setString(2, loginVO.getPassword());
            // 执行查询，返回结果集
            rs = pstmt.executeQuery();
            // 迭代结果集，是否存在对应用户信息
            if (rs.next()) {
                id = rs.getInt("id");
            }
        } catch (SQLException e) {
```

```
            e.printStackTrace();
        } finally {
            chatDb.closedb(rs, stmt, pstmt, conn);//关闭数据库对象，释放资源
        }
        return id;
    }
    // 注册为聊天室用户，注册接口返回一个 int 类型值
    // 如果该值大于 0 则表示注册成功，否则注册失败
    public int registUser(ChatUser chatUser) {
        int id = 0;
        // 获取数据库操作对象
        chatDb = new ChatDb();
        conn = chatDb.getCon();
        // 构建 SQL 语句
        String registuserstr = "insert into chat_user values(?,?,?,?,?,?)";
        try {
            // 构建预处理对象
            pstmt = conn.prepareStatement(registuserstr);
            // 给占位符赋值
            pstmt.setString(1, chatUser.getUsername());
            pstmt.setString(2,chatUser.getPassword());
            pstmt.setString(3,chatUser.getEmail());
            pstmt.setString(4,chatUser.getChinaname());
            pstmt.setInt(5,chatUser.getAge());
            pstmt.setString(6,chatUser.getSex());
            // 执行更新，返回整数值
            id = pstmt.executeUpdate();
        } catch (SQLException e) {
            e.printStackTrace();
        } finally {
            chatDb.closedb(rs, stmt, pstmt, conn);
        }
        return id;
    }
    // 数据定义确定 username 为唯一，故可根据用户名精确查找用户信息
    public ChatUser findByName(String username) {
        ChatUser chatUser = null;
        // 获取数据库操作对象
        chatDb = new ChatDb();
        conn = chatDb.getCon();
        // 构建 SQL 语句
        String findbynamestr = "select * from chat_user where username=?";
        try {
            // 构建预处理对象
            pstmt = conn.prepareStatement(findbynamestr);
            // 给占位符赋值
            pstmt.setString(1, username);
```

```
            // 执行查询，返回结果集
            rs = pstmt.executeQuery();
            // 迭代结果集，是否存在对应用户信息
            if (rs.next()) {
                chatUser = new ChatUser();
                chatUser.setId(rs.getInt("id"));
                chatUser.setUsername(username);
                chatUser.setAge(rs.getInt("age"));
                chatUser.setChinaname(rs.getString("chinaname"));
                chatUser.setEmail(rs.getString("email"));
                chatUser.setPassword(rs.getString("password"));
                chatUser.setSex(rs.getString("sex"));
            }
        } catch (SQLException e) {
            e.printStackTrace();
        } finally {
            chatDb.closedb(rs, stmt, pstmt, conn);
        }
        return chatUser;
    }
    // 根据 ID 查找聊天用户信息
    public ChatUser findByID(int id) {
        ChatUser chatUser = null;
        // 获取数据库操作对象
        chatDb = new ChatDb();
        conn = chatDb.getCon();
        // 构建 SQL 语句
        String findbyidstr = "select * from chat_user where id=?";
        try {
            // 构建预处理对象
            pstmt = conn.prepareStatement(findbyidstr);
            // 给占位符赋值
            pstmt.setInt(1, id);
            // 执行查询，返回结果集
            rs = pstmt.executeQuery();
            // 迭代结果集，是否存在对应用户信息
            if (rs.next()) {
                chatUser = new ChatUser();
                chatUser.setId(id);
                chatUser.setUsername(rs.getString("username"));
                chatUser.setAge(rs.getInt("age"));
                chatUser.setChinaname(rs.getString("chinaname"));
                chatUser.setEmail(rs.getString("email"));
                chatUser.setPassword(rs.getString("password"));
                chatUser.setSex(rs.getString("sex"));
            }
        } catch (SQLException e) {
```

```
                e.printStackTrace();
            } finally {
                chatDb.closedb(rs, stmt, pstmt, conn);
            }
            return chatUser;
        }
    }
```

13.3.2 登录实现

在登录界面中，当用户单击“登录”按钮时，首先向服务器发送一个登录标志“USERLOGINING”，把从登录界面获得的登录信息封装成 LoginVO 对象传递给服务器，而且在服务器端验证信息，同时从服务器中读取反馈标志：如果标志为“WELCOME”，则表示登录校验成功，界面显示聊天界面；如果标志为“HAVELOGIN”，则表示聊天室已经存在该账户，显示错误提示；如果标志为“LOGINFAIL”，则表示登录校验失败，显示错误提示。

登录界面提供了一个选项，以允许初次使用这个应用程序的用户在聊天应用程序中注册。通过在登录界面上单击“注册”按钮，用户就可以访问注册界面。

如果用户决定放弃登录请求，则单击登录界面上的“取消”按钮即可。

登录操作实现的关键代码如下所示：

```
    public void actionPerformed(ActionEvent ev) {
        Object o = ev.getSource();//获取产生动作事件的事件源对象
        if (o == jbtn_cancel) {//单击“取消”按钮，关闭界面，系统退出
            this.dispose();
            System.exit(0);
        } else if (o == jbtn_regist) {//单击“注册”按钮，显示注册界面，关闭登录界面
            new ChatUserRegist();
            this.dispose();
        } else {//单击“登录”按钮，与聊天服务器建立连接
            //封装登录用户对象
            loginVO = new LoginVO();
            loginVO.setUsername(tf_name.getText().trim());
            loginVO.setPassword(new String(pf_pwd.getPassword()));
            String userip,user_ip="";
            //获取本机 IP 地址
            try {
                userip=InetAddress.getLocalHost().toString();
                user_ip=userip.substring(userip.indexOf("/")+1);
                System.out.println("IP 地址："+user_ip);
            } catch (UnknownHostException e) {
                e.printStackTrace();
            }
            loginVO.setUserip(user_ip);
            try {
                //与服务器建立连接，hostinfo 封装主机信息
                toServer = new Socket(hostinfo.getHostInfo().getHostip(),
```

```
                        hostinfo.getHostInfo().getHostportn());
                        //创建流对象（读取服务器信息、向服务器发送信息）
                        oisfromserver = new ObjectInputStream(toServer.getInputStream());
                        oopstoserver=new ObjectOutputStream(toServer.getOutputStream());
                        // 向服务器发送登录信息：登录标志和登录对象
                        oopstoserver.writeObject("USERLOGINING");
                        oopstoserver.reset();
                        oopstoserver.writeObject(loginVO);
                        // 读取服务器返回信息
                        String fromServer = (String) oisfromserver.readObject();
                        if (fromServer.equals("WELCOME")) {//登录成功，显示聊天室界面
                            new ChatClient(loginVO);
                            this.dispose();
                        } else if(fromServer.equals("HAVELOGIN")){//如果聊天室已经存在该账号，
                        //错误提示
                            showhaslogindlg();
                        }else if(fromServer.equals("LOGINFAIL")){//用户名密码错误，错误提示
                            showloginerrdlg();
                        }
                    } catch (UnknownHostException e1) {
                        e1.printStackTrace();
                    } catch (IOException e1) {
                        e1.printStackTrace();
                    } catch (ClassNotFoundException e1) {
                        e1.printStackTrace();
                    }
                }
            }
            //      登录信息错误的提示
            public void showloginerrdlg() {
                JOptionPane.showMessageDialog(this, "用户名或密码出错，登录失败！", "错误信息",
    JOptionPane.ERROR_MESSAGE);
            }
            //      账号已经登录的错误提示
            public void showhaslogindlg(){
                JOptionPane.showMessageDialog(this, "该账号用户已经在聊天室，不能重复登录！", "错
误信息",JOptionPane.ERROR_MESSAGE);
            }
```

13.3.3 注册实现

在注册界面中，当用户单击“注册”按钮时，首先会执行注册信息的输入校验，如果输入校验出错，则显示错误提示。如果输入校验成功则向服务器发送一个注册标志“USERREGISTING”，再把注册信息封装成 ChatUser 对象传递给服务器，而且在服务器端执行注册，同时从服务器中读取反馈标志：如果标志为“REGISTSUCC”，则表示注册新用户成功，界面显示登录界面；如果标志为“USEREHASEXISTS”，则表示数据表中已经存在该账户

名的账户信息，显示错误提示；如果标志为“REGISFAIL”，则表示注册失败，显示错误提示。

如果用户决定放弃注册请求，则单击注册界面上的“取消”按钮即可。

注册操作实现的关键代码如下所示：

```
public void actionPerformed(ActionEvent ae) {
    Object o = ae.getSource();
    if (o == jbtn_cancel) {//单击“取消”按钮，显示登录界面，注册界面退出
        this.dispose();
        new ChatUserLogin();
    } else {//单击“注册”按钮
        if (inputValidate() == 1) {// 注册信息输入校验成功
            // 封装注册信息
            ChatUser chatuser = new ChatUser();
            chatuser.setUsername(username);
            chatuser.setPassword(password);
            chatuser.setChinaname(chinaname);
            chatuser.setEmail(email);
            chatuser.setAge(intAge);
            chatuser.setSex(cb_sex.getSelectedItem().toString());
            try {
                toServer = new Socket(hostinfo.getHostInfo().getHostip(),
                        hostinfo.getHostInfo().getHostportn());
                oisfromserver=new ObjectInputStream(toServer.getInputStream());
                oopstoserver=new ObjectOutputStream(toServer.getOutputStream());
                // 向服务器发送注册信息
                oopstoserver.writeObject("USERREGISTING");
                oopstoserver.reset();
                oopstoserver.writeObject(chatuser);
                // 读取服务器返回信息
                String fromServer = (String) oisfromserver.readObject();
                if(fromServer.equals("REGISTSUCC")){//注册成功
                    new ChatUserLogin();
                    this.dispose();
                }else if(fromServer.equals("USERHASEXISTS")){//存在相同用户名
                    showUserHasExistdlg();
                }else if(fromServer.equals("REGISFAIL")){//注册失败
                    showRegFaildlg();
                }
            } catch (UnknownHostException e) {
                e.printStackTrace();
            } catch (IOException e) {
                e.printStackTrace();
            } catch (ClassNotFoundException e) {
                e.printStackTrace();
            }
        }
    }
```

```
}
public int inputValidate() {//注册输入校验：返回 1 表示通过检验，否则输入校验失败
    int inputc = 0;
    username = tf_name.getText().trim();
    password = new String(pf_pwd.getPassword());
    confpwd = new String(pf_cfpwd.getPassword());
    chinaname = tf_cname.getText().trim();
    email = tf_email.getText().trim();
    age = tf_age.getText().trim();
    try {
        intAge = Integer.parseInt(age);
    } catch (NumberFormatException e) {
        showAgeErrordlg();
    }
    if (username.length() > 0 && password.length() > 0
            && confpwd.length() > 0 && chinaname.length() > 0
            && email.length() > 0 && intAge > 18 && intAge < 60
            && password.equals(confpwd)) {
        inputc = 1;
    } else {
        showRegErrordlg();
    }
    return inputc;
}
public void showAgeErrordlg() {  //年龄不符合的错误提示
    JOptionPane.showMessageDialog(this, "注册账号年龄必须为整数！", "注册错误信息",
JOptionPane.ERROR_MESSAGE);
}
public void showRegErrordlg() {  //注册信息校验失败的错误提示
    JOptionPane.showMessageDialog(this, "注册信息不符合要求，请核对和重新注册！", "注
册错误信息",JOptionPane.ERROR_MESSAGE);
}
public void showRegFaildlg() {    //注册失败的错误提示
    JOptionPane.showMessageDialog(this, "注册失败！可能是服务器出错，请重新注册", "注
册错误信息",JOptionPane.ERROR_MESSAGE);
}
public void showUserHasExistdlg() {    //注册账号重复的错误提示
    JOptionPane.showMessageDialog(this, "注册账号已经存在，请重新注册", "注册错误信息
",JOptionPane.ERROR_MESSAGE);
}
```

13.3.4 聊天实现

在成功登录后，用户可以查看聊天界面。在这里，用户可以与其他的在线用户聊天。聊天界面的上半部分将显示在线用户发送的消息，而且列出了在线用户。聊天界面提供文本框，用户可以在其中输入消息，并通过单击“发送”按钮来发送消息，此外界面还有“退出聊天

室”按钮，它将关闭聊天界面。

在聊天界面中，我们通过多线程方式来定期更新聊天服务器所维护的消息和在线用户信息，在聊天界面中显示这些信息。

聊天实现的关键代码如下所示：

```
public void doChat() {//聊天定时处理，刷新用户列表和消息列表
    try {
        initConnect();
        streamToServer.writeObject("FROMTIMER");
        refreshUserList();
        refreshMsgvec();
    } catch (IOException e) {
        e.printStackTrace();
    }
}
public void refreshMsgvec() {//刷新消息列表
    try {
        Vector<String> vectormsg = (Vector<String>) streamFromServer.readObject();
        jtaroom.setText("");
        Enumeration<String> iteamsg=vectormsg.elements();
        while(iteamsg.hasMoreElements()){
            jtaroom.append(iteamsg.nextElement() + "\n");
        }
    } catch (IOException e) {
        e.printStackTrace();
    } catch (ClassNotFoundException e) {
        e.printStackTrace();
    }
}
public void refreshUserList() {//刷新用户列表
    try {
        HashMap<String, LoginVO> userlist = (HashMap) streamFromServer.readObject();
        jtauser.setText("");
        Iterator<String> iterlist = userlist.keySet().iterator();
        while (iterlist.hasNext()) {
            String username = iterlist.next();
            LoginVO login_vo = userlist.get(username);
            jtauser.append(login_vo.getUsername() + ":"
                    + login_vo.getUserip() + "\n");
        }
    } catch (IOException e) {
        e.printStackTrace();
    } catch (ClassNotFoundException e) {
        e.printStackTrace();
    }
}
```

```
public void run() {//线程体，定时 5 秒
    while (true) {
        try {
            doChat();
            Thread.sleep(5000);
        } catch (InterruptedException e) {
            e.printStackTrace();
        }
    }
}
public void doWhenExit() {//退出聊天
    try {
        initConnect();
        streamToServer.writeObject("USERLOGOUT");
        streamToServer.reset();
        streamToServer.writeObject(loginVO);

        disConnect();
        if(clientTread.isAlive()){
            clientTread.stop();
        }
    } catch (UnknownHostException e) {
        e.printStackTrace();
    } catch (IOException e) {
        e.printStackTrace();
    }
}
public ChatClient(LoginVO loginVO) {//聊天界面构造函数
    this.loginVO = loginVO;
    initClienF(loginVO);
    clientTread = new Thread(this);
    clientTread.start();
}
public void initConnect() {//创建与聊天服务器的连接
    try {
        toServer = new Socket(hostinfo.getHostInfo().getHostip(), hostinfo
                .getHostInfo().getHostportn());
        streamFromServer = new ObjectInputStream(toServer.getInputStream());
        streamToServer = new ObjectOutputStream(toServer.getOutputStream());
    } catch (UnknownHostException e) {
        e.printStackTrace();
    } catch (IOException e) {
        e.printStackTrace();
    }
}
public void disConnect(){//断开与聊天服务器的连接
    try {
```

```
                if(streamToServer!=null)
                    streamToServer.close();
                if(streamFromServer!=null)
                    streamFromServer.close();
                if(toServer!=null)
                    toServer.close();
            } catch (IOException e) {
                e.printStackTrace();
            }
        }
        public void actionPerformed(ActionEvent ae) {       //处理动作事件
            Object o = ae.getSource();
            if (o == jbtn_logout) {//如果单击“退出聊天室”按钮
                doWhenExit();
                this.dispose();
            } else if (o == jbtn_send) {//单击“发送”按钮
                try {
                    initConnect();
                    message = jtfmsg.getText().trim();
                    streamToServer.writeObject(loginVO.getUsername() + ":::"+ message);
                    jtfmsg.setText("");
                    refreshMsgvec();
                } catch (UnknownHostException e) {
                    e.printStackTrace();
                } catch (IOException e) {
                    e.printStackTrace();
                }
            }
        }
```

13.3.5 聊天服务器实现

聊天服务器的实现定义了两个类：一个主类 ChatServer，另一个是针对每一个客户端的连接类 ClientConnect。

主类 ChatServer 一方面构建聊天服务器 GUI，另一方面利用多线程技术不断处理来自客户的任何连接请求，并返回响应。其关键实现代码如下所示：

```
        // 服务器监听消息：显示用户登录、用户退出登录等信息
        static Vector<String> servermessageVec = new Vector<String>();
        public ChatServer() {
            initF();     //初始化聊天服务器界面
            jtamsg.append("服务器启动..........\n");
            try {
                serverSocket = new ServerSocket(hostinfo.getHostInfo()
                        .getHostportn());
                serverThread = new Thread(this);
                serverThread.start();
```

```
            } catch (IOException e) {
                e.printStackTrace();
            }
        }
        public void run() {
            try {
                while (true) {
                    Iterator<String> iteruserlist = ClientConnect.userList.keySet().iterator();
                    jtauser.setText("");
                    while (iteruserlist.hasNext()) {
                        String username = iteruserlist.next();
                        LoginVO loginvo = ClientConnect.userList.get(username);
                        jtauser.append(username + ":" + loginvo.getUserip() + "\n");
                    }
                    if (!ChatServer.servermessageVec.isEmpty()) {
                        jtamsg.setText("");
                        Enumeration<String> iteamsg=ChatServer.servermessageVec.elements();
                        while(iteamsg.hasMoreElements()){
                            jtamsg.append(iteamsg.nextElement() + "\n");
                        }
                    }
                    fromClient = serverSocket.accept();
                    new ClientConnect(fromClient);
                }
            } catch (IOException e) {
                e.printStackTrace();
            }
        }
```

客户端连接类 ClientConnect 构建具体客户的输入/输出套接字流，然后读取来自客户的消息，它可以从客户端接受 4 种消息：

- “FROMTIMER”消息：客户端定时器发出的更新聊天信息和更新用户列表的消息；
- “USERLOGINING”消息：用户登录消息；
- “USERREGISTING”消息：用户注册消息；
- “USERLOGOUT”消息：用户退出登录消息。

客户端连接类 ClientConnect 关键实现代码如下所示：

```
        // 用户列表
        static HashMap<String, LoginVO> userList;
        // 消息列表
        static Vector<String> messageVec;
        String message=" ";
        static {
            userList = new HashMap<String, LoginVO>();
            messageVec = new Vector<String>();
            messageVec.clear();
        }
```

```
    public ClientConnect(Socket fromClient) {
        String msg = "";
        try {
            streamToClient = new ObjectOutputStream(fromClient
                    .getOutputStream());
            streamFromClient = new ObjectInputStream(fromClient
                    .getInputStream());
            msg = (String) streamFromClient.readObject();
            if (msg.equals("FROMTIMER")) {// 聊天室界面时间更新消息
                streamToClient.writeObject(userList);// 刷新用户列表
                streamToClient.reset();
                streamToClient.writeObject(messageVec);// 刷新消息列表
            } else if (msg.equals("USERLOGINING")) { // 用户登录
                // 读取登录用户对象
                LoginVO loginVO = (LoginVO) streamFromClient.readObject();
                if (userList.containsKey(loginVO.getUsername())) {
                    // 如果用户已经进入聊天室
                    streamToClient.writeObject("HAVELOGIN");
                } else {// 用户新登录
                    if (chatUserDao.loginValidate(loginVO) > 0) {// 登录成功
                        streamToClient.writeObject("WELCOME");
                        messageVec.addElement("用户-" + loginVO.getUsername()
                                + "-登录聊天室");
                        ChatServer.servermessageVec.addElement("用户-"+ loginVO.
getUsername() + "-登录聊天室-"+new Date());
                        userList.put(loginVO.getUsername(), loginVO);
                    } else {// 登录失败
                        streamToClient.writeObject("LOGINFAIL");
                    }
                }
            } else if (msg.equals("USERREGISTING")) { // 用户注册
                // 读取注册用户对象
                ChatUser chatUser = (ChatUser) streamFromClient.readObject();
                if (chatUserDao.findByName(chatUser.getUsername()) != null) {
                    // 注册用户名不能重复
                    streamToClient.writeObject("USERHASEXISTS");
                } else {// 不存在注册用户名
                    int regint = chatUserDao.registUser(chatUser);// 执行注册
                    if (regint > 0) {// 注册成功
                        streamToClient.writeObject("REGISTSUCC");
                    } else {// 注册失败
                        streamToClient.writeObject("REGISFAIL");
                    }
                }
            } else if (msg.equals("USERLOGOUT")) {// 用户退出登录
                // 读取退出登录用户对象
                LoginVO loginVO = (LoginVO) streamFromClient.readObject();
```

```
                    userList.remove(loginVO.getUsername());
                    messageVec.addElement("用户-" + loginVO.getUsername() + "-退出聊天室");
                    ChatServer.servermessageVec.addElement("用户-"
                            + loginVO.getUsername() + "-退出聊天室-"+new Date());
                } else {
                    message=message+msg;
                    messageVec.addElement(message);
                    streamToClient.writeObject(messageVec);
                }
            } catch (IOException e) {
                e.printStackTrace();
            } catch (ClassNotFoundException e) {
                e.printStackTrace();
            }
        }
```

至此，已经完成了聊天应用程序的开发工作。在 MyEclipse 中将聊天应用程序分别打包为服务器应用程序和客户应用程序即可运行。